普通高等院校风景园林专业"十三五"规划精品教材

园林植物景观设计

主编 刘雪梅

参编 胡海燕　张　妤　董　冬

樊俊喜　王　琳　丁砚强

崔怡凡

华中科技大学出版社

中国·武汉

内 容 提 要

本书分为上、下两篇:总论,各论。总论主要综述了园林植物造景的概念、作用和发展趋势,阐述了园林植物的观赏特性,园林植物景观设计的基本原理、基本原则、配置方式和景观设计的程序、表现手法;各论部分分别论述园林植物与水体、山石、建筑、道路、城市广场、居住区、附属绿地、公园绿地景观设计的原则、园林植物种类的选择和造景形式。

本书根据园林专业创新人才的培养要求而编写,力求从内容到形式都能体现相应专业教育的发展方向。

本书适合风景园林专业、园林专业、城市规划专业、建筑学专业和艺术设计专业的本科生、大专生使用,同时也可供相关专业人员参考。

图书在版编目(CIP)数据

园林植物景观设计/刘雪梅主编.—武汉:华中科技大学出版社,2014.5(2022.1重印)
ISBN 978-7-5680-0004-8

Ⅰ.①园… Ⅱ.①刘… Ⅲ.①园林植物-景观设计-高等学校-教材 Ⅳ.①TU986.2

中国版本图书馆 CIP 数据核字(2014)第 100185 号

园林植物景观设计   刘雪梅 主编

责任编辑:张秋霞
封面设计:潘 群
责任校对:刘 竣
责任监印:张贵君
出版发行:华中科技大学出版社(中国·武汉)   电话:(027)81321913
　　　　　武汉市东湖新技术开发区华工科技园   邮编:430223
录　排:华中科技大学惠友文印中心
印　刷:武汉开心印印刷有限公司
开　本:850mm×1065mm 1/16
印　张:17.25
字　数:479千字
版　次:2022年1月第1版第5次印刷
定　价:49.80元

总　　序

　　《管子》一书《权修》篇中有这样一段话："一年之计,莫如树谷;十年之计,莫如树木;百年之计,莫如树人。一树一获者,谷也;一树十获者,木也;一树百获者,人也。"这是管仲为富国强兵而重视培养人才的名言。

　　"十年树木,百年树人"即源于此。它的意思是说,培养人才是国家的百年大计,既十分重要,又不是短期内可以奏效的事。"百年树人"并不是非得100年才能培养出人才,而是比喻培养人才的远大意义,要重视这方面的工作,并且要预先规划,长期、不间断地进行。

　　当前,我国风景园林业发展形势迅猛,急缺大量的风景园林应用型人才。全国各地设有风景园林专业的学校众多,但能够做到既符合当前改革形势又适用于目前教学形式的优秀教材却很少。针对这种现状,急需推出一系列切合当前教育改革需要的高质量优秀专业教材,以推动应用型本科教育办学体制和运作机制的改革,提高教育的整体水平,并且有助于加快改进应用型本科办学模式、课程体系和教学方法,形成具有多元化特色的教育体系。

　　这套系列教材整体导向正确,科学精练,编排合理,指导性、学术性、实用性和可读性强,符合学校、学科的课程设置要求。以风景园林专业指导委员会的专业培养目标为依据,注重教材的科学性、实用性、普适性,尽量满足同类专业院校的需求。教材内容上大力补充新知识、新技能、新工艺、新成果,注意理论教学与实践教学的搭配比例,结合目前教学课时减少的趋势适当调整了篇幅。根据教学大纲、学时、教学内容的要求,突出重点、难点,体现了建设"立体化"精品教材的宗旨。

　　以发展社会主义教育事业、振兴高等院校教育教学改革、促进高校教育教学质量的提高为己任,对我国高等教育的理论与思想、办学方针、体制、教育教学内容改革等进行了广泛深入的探讨,以提出新的理论、观点和主张。希望这套教材能够真实体现我们的初衷,真正能够成为精品教材,得到大家的认可。

中国工程院院士

2007 年 5 月

前　言

　　随着中国社会经济的快速发展,园林建设的发展也大踏步前进,中国政府相继提出建设"园林城市""生态城市""森林城市""低碳城市"等口号,人们以更严谨的态度对待园林发展,以更科学的态度研究植物景观。植物是园林景观的"灵魂",植物造景在现代园林中扮演着越来越重要的角色。

　　园林植物景观设计是风景园林专业、景观设计专业、艺术设计专业的重要课程。本书是根据园林专业创新人才培养的要求而编写的,力求从内容到形式上都体现出本专业教育的发展方向。

　　本书由多位从事相关专业教学的教师,通过总结多年的教学实践和分析丰富的案例,参考国内外相关教材和资料编撰而成。全书共 13 章,包括两部分:总论和各论。第一章至第五章为总论部分,综述了园林植物造景的概念、作用及发展趋势,阐述园林植物的观赏特性,园林植物景观设计的基本原理、基本原则、配置方式和景观设计程序、表现手法;第六章至十三章为各论部分,分别论述园林植物与水体、山石、建筑、道路、城市广场、居住区、附属绿地、公园绿地景观设计的原则、园林植物种类的选择和造景形式。

　　参加本书编写的人员有:天津城建大学刘雪梅(第二章、第三章、第九章),淮南师范学院董冬(绪论、第十章),西北农林科技大学胡海燕(第四章、第七章),大连工业大学艺术设计学院张妤(第六章、第八章),西北农林科技大学樊俊喜(第十一章、第十二章),西北农林科技大学丁砚强(第十三章),天津城建大学王琳(第五章),天津城建大学崔怡凡(第一章)。大连工业大学艺术设计学院2010 级景观专业学生陈蓬勃、冯睿珂、李梦楠手绘部分插图;天津城建大学崔怡凡、许晨阳参与部分校对工作,书中部分图例来源于金煜主编的《园林植物景观设计》及张先慧主编的《景观红皮书Ⅰ》,谨此致谢。

　　由于编者的水平和能力有限,书中难免有疏漏和不足之处,恳请使用本书的教师、学生和相关专业人士提出宝贵建议,以便在修订中改正。

编　者
2014 年 12 月

目　　录

上篇　总　　论

下篇　各　　论

上篇　总　　论

第一章　绪　论

植物是构成世界的基本要素之一。自从有人类以来，植物一直和人类共存于同一个空间。植物象征着生命与希望，常被人类赋予特殊的个性。远古时代的人直接感受自然界的各种现象，在自然的环境下繁衍生息，因此更能体验到来源于自然界的神奇力量。他们认为树木是一种不可理解的超越自然的物体。树木在秋季逐渐落叶、冬季肃穆伫立、春季又复苏再生、夏季茂盛成林，这一切都使人感到树木如同上帝一样神圣。据《冰洲远古文集》记载，树木的根深达地狱，绿色的树冠深入天堂。因此它把天堂、人间和地狱联结在一起，只有通过树木作为媒介，人类和天堂的联系才能实现。

在不少传说中，都认为人类的生命是由于树木萌芽、生长而产生的。很多部族都相信他们的祖先曾经是树木，因此把树木敬奉为保护神。在一些有关仙女的传说中，树木是从死人的墓地里生长出来的，这象征着死者对后人的关心。即使到了今天，人们还在墓地种植树木，以显示生命未因死亡而终止。

植物自古以来在人类生活和社会文化中都占据着非常重要的地位。虽然我们今天所生活的环境与远古时代环境差别很大，但人们仍然保留着对植物的依恋，人们生活的环境中依然栽植大量植物。随着时代的发展，人类对植物的神秘感趋于淡化，继而代之的是对植物的景观价值和生态效益的认识。人类对其居住地周围植物的认识经历了"神话—艺术—科学"三个发展阶段，以至于今天产生了专门研究如何在人们生活的环境中种植植物的学科——植物造景。

第一节　园林植物造景的概念

园林植物造景也常称作园林植物配置、园林植物设计、园林种植设计等，均强调以植物作为造景主体的设计过程。

苏雪痕认为，植物造景是应用乔木、灌木、藤本及草本植物来创造景观，通过充分发挥植物本身的形体、线条、色彩、风韵等美感，配植成一幅幅美丽动人的画面，以供人们观赏。

《中国大百科全书》中提到，按植物的生态习性和园林布局的要求，合理配置园林中的各种植物（如乔木、灌木、花卉、草皮和地被植物等），以发挥它们的园林功能和观赏特性。

《园林基本术语标准》中提到，利用植物进行园林设计时，在讲究构图、形式等艺术要求和文化寓意的同时，也要考虑其生态习性和植物种类的多样性，注重人工植物群落配置的科学性，形成合理的复层混合结构。

综上所述，植物造景最初的定义强调"造景"，即不同植物组合的景观视觉效应。随着生态园林建设的深入、发展和景观生态学、全球生态学等多学科的引入，以及近年来低碳园林的提出，植物景观的内涵也随着景观的概念范围不断扩大而扩展。植物造景不再仅仅是利用植物来营造视觉艺术效果的景观，它还包含生态上的景观、文化上的景观甚至更深更广的含义。

作者认为,园林植物造景可定义为:通过处理植物自身以及与其他景观要素之间的关系,充分展示其单体与群体的形式美,创造符合园林植物的生物学特性,充分发挥生态效应、文化价值及美学价值的园林景观。

第二节 园林植物造景在景观设计中的作用

园林植物的种类繁多,形态各异,有高逾百米的巨大乔木,也有矮至寸许的草坪和地被植物;有直立的,也有攀援和匍匐的;树形也各具姿态,如圆锥形、卵圆形、伞形、圆球形等。植物的叶、花、果更是色彩丰富,绚丽多姿。同时,园林植物作为活体材料,在其生长发育过程中呈现出鲜明的季节性特色和兴盛、衰亡的自然规律。可以说,世界上没有其他生物能像植物这样富有生机而又变化万千。丰富多彩的植物种类为营造园林景观提供了广阔的天地,但对植物造景功能的整体把握和对各类植物景观不同功能的领会是营造植物景观的基础和前提。园林植物是影响园林景观的重要因素。

一、园林植物造景的景观作用

(一)植物造景的空间影响功能

1. 利用植物组合空间

植物本身是一个三维实体,是园林景观中组成空间结构的主要成分。枝繁叶茂的高大乔木可视为单体建筑,各种藤本植物爬满棚架及屋顶,绿篱整形修剪后颇似墙体,平坦整齐的草坪像地毯一样铺展于地面,因此,植物也像建筑、山水和其他构筑物一样,具有构成、分隔以及引起空间变化的功能。常见的植物空间形式如下。

(1)开敞空间。植物所组成的空间,不阻碍观赏者的水平视线向远处眺望,如低矮的绿篱、草坪等,其视线穿透性最好,隔离感最低(图 1-1)。

图 1-1 植物开敞空间

(2)封闭空间。植物所形成的空间,阻挡了观赏者的水平视线。如密植的灌木丛等,在垂直方向上具有很强的隔离感,水平穿透性很弱(图1-2)。

图 1-2　植物垂直封闭空间

(3)半开敞空间。植物的一面高于视线,另一面则低于视线的空间形式(开一面、屏一面),对外起引导的作用,对内起障景、控制视线的作用。如密林围合的草坪,向内的草坪为开敞一面,而草坪边缘的密林则为封闭一面(图1-3)。

图 1-3　植物半开敞空间

(4)覆盖空间。高大乔木所组成的空间,其上部覆盖封顶视线不可透,但水平视线可透。人在其中可远观山水、树下纳凉(树冠交织构成天棚)。如树阵广场、密林小径等都具有良好的遮阴效果,同时水平视线开敞又避免了空间的压抑感(图1-4)。

(5)全封闭空间。植物空间的各个方向全部封闭,视线均不可透。如密林空间,结合了乔灌草复层结构,可形成最强的隔离感和最弱的穿透性。

图 1-4　植物覆盖空间

总之,植物组合空间的形式丰富多样。应依据空间的功能灵活应用,结合虚实透漏、季相变化。因此,在各种园林空间(如山水空间、建筑空间、植物空间等)中,由植物组合或植物复层构成的空间是最多见的。

2. 利用植物界定空间、强化空间特性

(1)柔化空间。植物具有发芽、生长、落叶的自然现象,并且可以进行人工修剪。植物的枝叶扶疏,摇曳生姿,透露出生命的气息,故其所界定的空间,具有不同于人造物的软调特性。如居住区中常用绿篱围合建筑基础,用于柔化建筑与地面间生硬的联系。

(2)渗透性。一般情况下,相对于实体建筑或构筑物而言,植物对于音乐、光线及气流等的阻隔度要小,有利于加强相邻空间的渗透和联系。

(3)成长与消失。以植物作为空间界定物,会因其生长而增加该空间的封闭性,亦会因其死亡或损伤而降低空间的封闭性。因此,以植物作为空间界定物,其效果并非是长久不变的。所以在设计之初,应考虑到植物生长的快慢、养护管理水平等因素,选择合适的植物种类和正确的造景方式,以保证园林景观的持续性和稳定性。

(二)植物造景的艺术功能

1. 利用园林植物造景表现时序变化

园林植物随着季节的变化表现出不同的季相特征,春季繁花似锦,夏季绿树成荫,秋季硕果累累,冬季枝干遒劲。这种盛衰荣枯的生命节律,为我们创造园林四时演变的时序景观提供了条件。根据植物的季相变化,将不同花期的植物搭配种植,使得同一地点在不同时期产生某种特有的景观,令人体会到时令的变化,给人以不同的感受。

利用园林植物表现时序景观,必须对植物材料的生长发育规律和四季的景观表现有深入的了解。自然界花草树木的色彩变化是非常丰富的,春天开花的植物很多,加之叶、芽的萌发,给人以山花烂漫、生机盎然的景观效果。夏季开花的植物也较多,但更显著的季相特征是绿荫匝地,林草茂盛。金秋时节开花的植物较少,但也有丹桂飘香、秋菊傲霜,而丰富多彩的秋叶秋果更使秋景美不胜收。隆冬草木凋零,山寒水瘦,呈现的是萧条悲壮的景观。四季的演替使植物呈现不同的季相,而把植物的不同季相应用到园林艺术中,就构成四时演替的时序景观。

　　例如,可将不同观赏期的植物搭配种植如下。

　　春季景观:迎春花、桃花、紫荆等组成;夏季景观:紫薇、合欢、花石榴等组成;秋季景观:桂花、红枫、银杏等组成;冬季景观:蜡梅、忍冬、南天竹等组成。

2.利用园林植物创造景点

　　园林植物作为营造园林景观的主要材料,本身具有独特的姿态、色彩、风韵之美。不同的园林植物形态各异,变化万千,既可孤植以展示个体之美,又能按照一定的构图方式配置,表现植物的群体美,还可根据各自的生态习性合理安排、巧妙搭配,营造出乔、灌、草结合的群落景观,表现多种植物的组合之美。

　　银杏、毛白杨树干通直,气势轩昂,油松曲遒苍劲,铅笔柏则亭亭玉立,这些树木孤立栽培,即可构成园林主景。秋季变色叶树种如枫香、银杏、重阳木等大片种植可形成"霜叶红于二月花"的景观(图1-5)。许多观果树种如海棠、山楂、石榴等的累累硕果会呈现一派丰收的景象(图1-6)。而竹径通幽、梅影横斜表现的是我国传统园林的清雅。

图 1-5　某市铁道学院法国梧桐林荫道

图 1-6　石榴植物景观

　　许多园林植物芳香宜人,能使人产生愉悦的感受,如桂花、蜡梅、丁香、兰花、月季等。具有香味的园林植物种类非常多,在园林景观设计中可以利用各种香花植物进行配置,营造出"芳香园"景观,也可单独种植成专类园,如丁香园、月季园。香花植物也可种植于人们经常活动的场所,如在夏季纳凉场所附近种植茉莉花和晚香玉等。

　　色彩缤纷的草本花卉更是创造观赏景观的好材料,由于花卉种类繁多,色彩丰富,株体矮小,园林应用十分普遍,形式也多种多样。它们既可露地栽植,又能盆栽摆放组成花坛、花带,或采用各种形式的种植钵,点缀城市环境,创造赏心悦目的自然景观。

3.利用园林植物形成地域景观

植物生态习性的不同和各地气候条件的差异,致使植物的分布呈现地域性。不同的地域环境形成不同的植物景观,如热带雨林及阔叶常绿林相植物景观、暖温带针阔叶混交林相景观等具有不同的特色。根据环境、气候等条件选择适合当地生长的植物种类,营造具有气候、地域特色的景观。例如:棕榈树、大王椰子、假槟榔等营造的是一派热带风光;雪松、悬铃木与大片的草坪形成的疏林草地展现的是欧陆风情。

各个地区在其漫长的植物栽培和应用中形成了其各具地方特色的植物景观,并与当地的文化融为一体,有些植物甚至成为一个国家或一个地区的象征(图1-7、图1-8)。例如北京的国槐和侧柏,云南大理的山茶,深圳的叶子花,海南椰子树等,都具有浓郁的地方特色。

图1-7 武汉大学校园内烂漫的樱花

图1-8 体现热带风光的海南椰子树

4. 利用园林植物进行意境的创作

利用园林植物进行意境的创作是我国传统园林的典型造景风格和宝贵的文化遗产。我国植物的栽培历史悠久,很多诗词歌赋和民风民俗中都留下了歌咏植物的优美篇章,并为各种植物赋予了人格化内容,从欣赏植物的形态美升华到欣赏植物的意境美,达到天人合一的理想境界。

在园林景观创造中可借植物抒发情怀,寓情于景、情景交融。松苍劲古雅,不畏霜雪严寒的恶劣环境,能在严寒中挺立于高山之巅;梅不畏寒冷,傲雪怒放;竹则"未曾出土先有节,纵凌云处也虚心"。这三种植物都具有坚贞不屈、高风亮节的品格,被称作"岁寒三友"。其配植形式、意境高雅,常被用于纪念性园林,以缅怀前人。兰花生于幽谷,叶姿飘逸,清香淡雅,无娇弱之态,无媚俗之意,摆放室内或植于庭院一角,其意境也很高雅。

5. 结合地形装点山水建筑

利用植物的高矮可以强化或弱化地形。若高处植大树、低处植小树,便可增加地势的变化;反之,则可弱化原有的地形。在平坦处可利用植物的高矮搭配形成起伏变化的林冠线。

在堆山、叠石和各类水岸、水面之中,常用植物来美化风景,起补充和加强山水气韵的作用。如常常用藤本植物柔化生硬的驳岸。亭、廊、轩、榭等建筑的内外空间,也须植物的衬托,或用球形灌木引导入口,或用花香兼备的乔木对植,或用高大的乔木作为背景等。正所谓"山得草木而华,水得草木而秀,建筑得草木而媚"。

二、园林植物造景的生态作用

(一)维持大气碳氧平衡

生态平衡是一种相对稳定的动态平衡,大气中气体成分的相对比例是影响生态平衡的重要因素,维持好这种平衡的关键纽带是植物。正常情况下,按体积计算,空气中氮气占78%,氧气占21%,二氧化碳占0.03%。空气中二氧化碳含量的增加会对人体产生危害(表1-1)。据相关数据显示,每公顷森林每天可消耗1000 kg二氧化碳,放出730 kg氧气。另据实验数据显示,只要25 m²草地或10 m²树林就能把一个人一天呼出的二氧化碳全部吸收。这就是人们到公园中感觉神清气爽的原因。城市中,植物是空气中二氧化碳和氧气的调节器。在光合作用中,植物每吸收44 g二氧化碳可放出32 g氧气。由于城市中的新鲜空气来自园林绿地,所以城市园林绿地被称为"城市的肺脏"。北京市某建成区绿地的碳氧平衡如表1-2所示。

表1-1　空气中二氧化碳含量的增加对人体的危害

二氧化碳的含量	0.03%	0.05%	0.07%	0.4%	1%
人的反应	正常	呼吸困难	头痛	呕吐	死亡

表1-2　北京市某建成区绿地的碳氧平衡

	植物株数	绿色叶面积/m²	吸收二氧化碳量(t/d)	释放氧气量(t/d)
落叶乔木类	7 769 602	1 287 384 407	22 637	15 441
常绿乔木类	3 186 445	358 877 738	5 854	4 257
灌木类	6 474 955	56 748 675	777	666

续表

	植物株数	绿色叶面积/m²	吸收二氧化碳量(t/d)	释放氧气量(t/d)
草坪类	30 452 202(m²)	211 947 326	3 266	2 376
花竹类	22 182 826	41 077 418	603	434
总计		1 956 035 564	33 137	230 074
每公顷绿地		104 296 532	1 767	1 230

资料来源:北京园林科研所.北京城市园林绿化生态效益研究.1997.

氧气减少对宏观环境的危害主要表现为"温室效应"。具体表现为:地球上病虫害增加;海平面上升;气候反常,海洋风暴增多;土地干旱,土地沙漠化面积增大。

(二)吸收有毒气体

大气中的污染物按化学成分划分,包括硫氧化物类、氮氧化物类、碳氢化合物类、碳氧化合物类、卤素化合物类和放射性物质。常见的有二氧化硫、氟化氢、氯化物等,其中二氧化硫对人体的危害大(表1-3)。许多园林植物的叶片具有吸收二氧化硫的能力。松树每天可以从 1 m² 的空气中吸收 20 mg 的二氧化硫,每公顷柳杉林每天能吸收 60 kg 的二氧化硫。悬铃木、垂柳、加杨、银杏、臭椿、夹竹桃、女贞、刺槐、梧桐等都具有较强的吸收二氧化硫的能力。另外,女贞、泡桐、刺槐、大叶黄杨等都有很强的吸收氟的能力;构树、合欢、紫荆、木槿等具有较强的抗氯、吸氯能力。

表 1-3　二氧化硫对人体的危害

二氧化硫的浓度	10ppm	50ppm	200ppm
人的反应	难受	晕倒	死亡

(三)阻滞粉尘

城市中的粉尘除了土壤微粒外,还包括细菌和其他金属性粉尘、矿物粉尘等,它们既影响人的身体健康又会造成环境的污染。园林植物的枝叶可以阻滞空气中的粉尘,它相当于一个滤尘器,可以净化空气。合理配置植物,可阻挡粉尘飞扬,净化空气。不同植物的滞尘能力差异很大,榆树、朴树、广玉兰、女贞、大叶黄杨、刺槐、臭椿、紫薇、悬铃木、蜡梅、加杨等植物具有较强的滞尘能力。如悬铃木、刺槐可使粉尘减少23%～52%,使飘尘减少 37%～60%。绿化较好的绿地上空的大气含尘量通常较裸地或街道少 1/3～1/2。一般来说,树冠大而浓密,叶面多毛或粗糙,以及分泌油脂或黏液的植物都具有较强的滞尘能力。

(四)减弱光照和降低噪声

阳光照射到植物上时,一部分阳光被叶面反射,一部分阳光被枝叶吸收,还有一部分阳光透过枝叶投射到地面。由于植物吸收的光波段主要是红橙光和蓝紫光,反射的光波段主要是绿光,所以从光质上说,园林植物的下部和草坪上的光绝大多数是绿光。这种绿光要比铺装地面上的光线柔和得多,对眼睛有良好的保健作用,在夏季还能使人获得精神上的愉悦和宁静。

城市中有很多的噪声污染,如汽车行驶声、空调外机声等,噪声有损人体健康,被认为是城市的社会公害。园林植物具有降低噪声的作用。单株树木的隔音效果虽小,树阵和枝叶浓密的绿篱墙的隔音效果就十分显著了。如宽 40 m 的林带可以降低噪声 10~15 dB;高 6~7 m 的绿带平均能降低噪声 10~13 dB;一条宽 10 m 的绿化带可降低噪声 20%~30%。因此,树木又被称为"绿色消声器"。隔音效果较好的园林植物有:雪松、松柏、悬铃木、梧桐、垂柳、臭椿、榕树等。噪声污染的危害如表 1-4 所示。

表 1-4 噪声污染的危害

噪声/dB	40	60	80	90~100	130	150
对人的影响	干扰休息	干扰工作	疲倦不安	听力受损,神经官能症	短时间内耳膜被击穿	死亡

(五)生态防护

1. 降低气温

植物可以通过蒸腾作用和光合作用吸收热量,有效地调节温度,缓解"热岛效应"。树木浓密的枝叶能有效地遮阴,直接遮挡来自太阳的辐射热和来自地面、墙面等的反射热。同时,植物有强烈的蒸散作用,可以消耗掉太阳辐射能量的 60%~75%,因而能使气温显著降低,明显缩短高温的持续时间。

2. 调节湿度

植物对于改善小环境的空气湿度有很大作用。一株中等大小的杨树,在夏季白天每小时可由叶片蒸腾 5 kg 水到空气中,一天即达 0.5 t。如果在一块场地种植 100 株杨树,相当于每天在该处洒 50 t 水的效果。

不同植物的蒸腾能力相差很大,有目标地选择蒸腾能力较强的植物进行种植对提高空气湿度有明显作用。在北京电视台播放的一个节水广告中,讲述的是通过塑料袋罩住一盆绿色植物来收集水,这就是利用了植物的蒸腾作用。

3. 涵养水源、保持水土

植物涵养水源、保持水土的途径主要有:植物树冠能节流雨水,减少地表径流;草皮及树木枝叶覆盖地表可以阻挡流水冲刷;植物的根系可以固定土壤,同时起到疏理土壤的作用;林地上厚而松的枯枝落叶层能够吸收水分,形成地下径流,加强水分下渗。近年来实施的长江天然防护林工程,就是利用植物涵养水源、保持水土的功能,对长江的水质进行保护的。

4. 通风防风

城市道路绿地、城市滨水绿地是城市的绿色通风走廊,能有效地改变郊区的气流方向,使得郊区空气流向城市。而园林植物的乔、灌、草结合合理密植,可以起到很好的防风效果。

三、园林植物造景的实用功能

(一)遮阴避雨与休憩功能

炎热的夏天,园林树木像一把大伞,为人们遮阴避雨;寒冷的冬天,园林树木像一堵墙为人们抵寒御冷。如园林植物造景中,设置庭荫树以避烈日骄阳之淫威,招缕缕凉风挡袭人之热浪,为人们提供一个凉荫、清新的室外休憩场所(图 1-9、图 1-10)。

图 1-9　广场边缘乔木周围的坐凳为人们提供了遮阴场所

图 1-10　树池里的乔木周边的坐凳为人们提供了遮阴场所

(二)覆盖地表、填充空隙

园林中的地表多数是用植物覆盖,园林植物是既经济又实用的户外地面材料。此外,山间、水岸、庭院中不易组景的狭窄隙地,可以利用植物进行装饰美化。

(三)引导交通

在人行道、车行道、高速公路和停车场种植植物有助于引导交通。种植时所选择的植物品种、种植间距和宽度是影响车辆、行人速度的一个极为重要的因素。对于行人来讲,是由实用和心理两方面的因素来决定是否需要阻碍物,例如种植带刺的多茎植物能很好地引导步行方向。另外,种植植物的高度与面积也是非常重要的。如果植物种得太矮或太稀疏,就不能有效地引导步行交通。最后,植物种植的宽度要取决于种植环境。如果种植区域太窄,行人可一跃而过;如果种植区域太宽,行人无法翻越,人们会穿过植物行走(除非植物有刺),从而形成一条无意识的小路。

(四)避难减灾

城市绿地是改善和维护城市生态安全的重要载体。在地震、火灾等灾害发生时,可作为人们紧急避难、疏散转移或临时安置的重要场所,是城市防灾减灾体系的重要组成部分。城市绿地的防灾避难功能主要是通过园林植物来发挥的,园林植物是发挥防灾避难功能的主体,应充分考虑园林植物在防灾避难功能上的配置手法,可更好地发挥园林植物的避难减灾功能。

(五)康体医疗功能

在园林植物造景中运用生态学理论,倡导健康的生活理念,以人们的生活、游憩、交往、健身、养心等行为方式为根本,利用康体植物营造保健空间,建设人工自然生态环境,使其形成有规律、有功能的系统,提高保健效能。

第三节　现代园林植物造景的发展趋势

一、国外园林植物造景的发展动态

不同国家的人们对植物景观有不同的爱好和观点。在法国、意大利、荷兰的古典园林中,植物景观多数是规则式。这主要始于人类征服一切的思想,通过将植物整形、修剪成各种几何形体和鸟兽形状,来体现其服从人的意志。当然,在总体布局上,这些规则式的植物景观与规则式建筑的线条、外形较为协调一致。如欧洲紫杉修剪成又高又厚的绿墙,与古城堡的城墙非常协调;植于长方形水池四角的植物也常被修剪成正方形或长方形;锦熟黄杨常被修剪成各种模纹或成片的绿毯;修剪成尖塔形的欧洲紫杉通常植于教堂四周。

规则式植物景观易体现庄严、肃穆的气氛,常给人以雄伟的感觉。

与规则式植物景观相对的是自然式植物景观。即模拟自然界的森林、草原、草甸、沼泽等景观和农村的田园风光,结合地形、水体、道路来组织植物景观,以体现植物自然的个体美及群体美。

自然式的植物景观容易体现宁静、深邃、活泼的气氛。

现在,随着科学及经济的飞速发展,人们的艺术修养也不断提高。加之,人们不愿再将大笔金钱浪费在养护管理这些整形的植物景观上,人们更向往自然,追求丰富多彩、变化无穷的自然植物之美。于是,在植物造景中提倡自然美,创造自然的植物景观已成为新的潮流。

随着认识水平的提高,人们除了欣赏植物的景观自然美,更重视植物的生态效应。随着世界人口密度的加大,工业飞速地发展,人类赖以生存的生态环境日趋恶化,工业所产生的废气、废水、废渣造成严重的环境污染,酸雨遍地,危及人类的"温室效应"造成了很多反常的气候。因此,当今世界对园林这一概念已不仅局限在一个公园或一个风景点中,有些国家从国土规划时就开始重视植物景观了。其首先考虑到保护自然植被,并有目的地规划和栽植了大片的绿化带。在一些新城镇建立之前,先在四周营造大片森林,创造良好的生态环境,然后在新城镇附近及中心重点进行美化。

随着人们生活水平的提高及商业性需要,将植物景观引入室内已蔚然成风。有无漂亮的室内、外植物景观已成为宾馆评级的重要考核条件之一。所有这些都体现了人们向往自然、重返自然的心态。

要创造出丰富多彩的植物景观,首先要有丰富的植物材料。一些经济发达的西方国家,本国植物种类有限,就到国外搜寻植物,并大量引入、应用。英、法、俄、美、德等国就是在 19 世纪从中国引进成千上万种植物,为他们的植物造景服务。原产英国的植物种类仅 1700 种,可是经过几百年的引种,至今在英国皇家植物园——邱园(The Royal Botanic Garden,Kew)中已拥有 50000 种来自世界各地的植物。

植物景观的创造,仅靠自然的植物种类还不尽如人意,因此,园艺学科随之迅速发展起来,尤其是在选种、育种方面取得了丰硕的成果。如为了创造高山景观,模拟高山植物匍匐、低矮、叶小、花艳等特点,除了选择一批诸如枸子属(Cotoneaster)植物及花色艳丽的宿根、球根花卉外,一些正常生长可达几十米高的雪松、北美红杉、铁杉、云杉等都培育出了匍地类型。由于岩石园往往面积较小,故需要小比例的植物,于是很多裸子植物都培育出了的低矮树形;为了丰富植物的色彩、体形和线条,很多垂枝形、柱形、球形及彩色枝叶的栽培品种应运而生。这就使得设计师们有更多的材料可以应用,以创造出更美的植物景观。

二、我国园林中植物造景的现状与动态

植物景观既能创造优美的观赏环境,又能改善人类赖以生存的生态环境,这是公认的。然而在现实中往往有两种观点和做法存在。

一是在园林建设中重园林建筑(如假山、雕塑、喷泉、广场等),轻植物景观。

这在许多园林建设的投资比例中表露无遗。更有甚者,认为中国传统的古典园林是写意的自然山水园,山水是园林的骨架,挖湖堆山理所当然,而植物只是毛发而已。

仔细分析中国古典园林,尤其是私人宅园,各园林要素比例的形成是有其历史原因的。私人宅园的面积较小,园主人往往是一家一户的大家庭,需要大量居室、客厅、书房等,因此常常以建筑来划分园林空间,建筑比例当然很大。园中造景及赏景的标准常重意境,不求实际比例,着力画意,常以一亭一木、一石一草构图,一方叠石代巍峨高山,一泓池水示江河湖泊,室内案头置以盆景玩赏,再现咫尺山林,因此,植物种类和用量都很少。这固然能满足一家一户的需要,但不是当今园林植物造景的方向。

当今的人口密度、经济建设和环境条件,甚至人们的喜好与那时相比已相去甚远。故而,在园林建设中,除应保留古典园林中精华的部分,还需提倡和发扬符合时代潮流的植物造景的内容。在园林建设中,造成重建筑而轻植物的另一原因是一些当地的造园家,在园林建设中急于求成,植物景观需较长时间才能见效,而挖湖堆山、叠石筑路和营造各种建筑则见效较快。

二是提倡园林建设中应以植物景观为主。

20 世纪 80 年代,很多人开始有机会了解西方国家的园林建设中植物景观的运用水平,深感我国传统的古典园林已满足不了当前人们游赏及改善生态效应的需要了。因此在园林建设中已有不少有识之士呼吁要重视植物景观。

近年来许多园林单位积极营造森林公园,有的已开始尝试植物群落设计。相关部门也纷纷成立了自然保护区、风景区。此外,园林工作者与环保工作者相互协作对植物抗污染、净化空气及改善环境的功能作了大量的研究。

我国的园林植物造景与国外的园林植物造景相比仍存在着较大的差异。首先,我国植物造景的植物种类很贫乏,这与我国是观赏植物资源大国的地位很不协调。其次是观赏园艺水平较低,尤其体现在育种及栽培养护水平上。一些以我国为分布中心的花卉,如杜鹃、报春、山茶、丁香、百合、月季、翠菊等,不仅没有加以很好的利用,培育出优良的栽培品种,有的甚至退化得不宜再用了。最后,在植物造景的科学性和艺术性上也相差很远。因此,我们不应满足于现有的传统的植物种类和配植方式,应向植物生态等学科进行学习和借鉴,提高植物造景的科学性。

三、现代园林植物造景的特点和趋势

(一)突出地方风格、体现文化特征

园林植物文化是城市精神内涵不可或缺的重要组成部分。现代园林植物造景要注重突出地方风格,体现城市独特的地域文化特征和人文特征。主要可通过以下几种途径实现。

1.注重对市花市树的应用

市花市树是受到广大人民群众广泛喜爱的,同时是比较适应当地气候条件和地理条件的植物。它们本身所具有的象征意义是该地区文明的标志和城市文化的象征。植物造景中,利用市花市树的象征意义与其他植物或景观元素合理配置,不仅可以赋予城市浓郁的文化气息,还体现了城市独特的地域风貌,同时也满足了人们的精神文化需求。

2.注重对乡土植物的运用

乡土植物是指原产于本地区或通过长期引种、栽培和繁殖,被证明已经完全适应本地区的气候和环境,并且生长良好的植物。其具有实用性强、易成活、利于改善当地环境和突出体现当地文化特色等优点。植物造景强调以乡土树种为主,充分利用乡土植物资源,可以保证树种对本地生态条件的适应性,形成较稳定的具有地方特色的植物景观。利用乡土植物造景不仅可以很好地反映地方特色,更重要的是易于管理,能降低管理费用,节约绿化资金。植物造景中注重对乡土植物的运用,也体现了设计者对当地文化的尊重和提炼。

(二)运用生态学理论,遵循植物自然规律

1.植物造景应以生态学理论作指导

植物作为具有生命发展空间的群体,是一个可以容纳众多野生生物的重要栖息地,只有将人与自然和谐共生为目标的生态理念运用到植物造景中,设计方案才更具有可持续性。因此,绿地设计要求以生态学理论为指导,以人与自然共存为目标,达到植物景观在平面上的系统性、空间上的层次性、时间上的相关性。

2.遵循自然界植物群落的发展规律

植物造景中栽培植物群落的种植设计,必须遵循自然界植物群落的发展规律。人工群落中,植物种类、层次结构,都必须遵循和模拟自然群落的规律,才能使景观具有观赏性和持久性。

3.加强对植物环境资源的运用,构建生态保健型植物群落

城市中大量存在的人工植物群落在很大程度上能够改善城市生态环境,提高居民生活质量,同时为野生生物提供适宜的栖息场所。设计师应在熟知植物生理、生态习性的基础上,了解各种植物的保健功效,科学搭配乔木、灌木等植物,构建和谐、有序、稳定的立体植物群落。环保型植物群落

的组成物种一般具有较强的抗逆性和对污染物质具有较强的吸收、吸附能力,如女贞、夹竹桃等,群落的规模大,分布面积广。保健型植物群落的物种不是很丰富,以一些具有有益分泌物质和挥发物质的物种为主,同时群落的结构也较简单,如丁香、桃、玫瑰等。

(三)充分展现植物特色,营造丰富多变的季相

植物景观要重视对季相的营造,讲究春花、夏叶、秋实、冬干,通过合理配植,达到四季有景。或者在植物配置中突出某一季的景色,如春景或秋景,也有兼顾四季景色的。在对植物材料的选择中兼顾对季相的营造,形成丰富多变的植物景观。

(四)提倡和鼓励民众参与,体现园林的人性化设计

园林建设不应该刻意采用复杂的设计,给人们遥不可及的感觉。在园林设计时,应更多地尊重和考虑使用者的感受和需要,追求自然、简单、和谐,提高园林与人的亲和力,培养人们保护环境和亲自参与环境美化的意识。在园林设计和植物造景中,应该推崇人性化设计,设计师应该更多地考虑利用设计要素构筑符合人体尺度和人的需要的园林空间,营造或开阔大气,或安逸宁静的多元化植物空间。

(五)大力开发、利用野生资源,丰富园林素材

现代园林植物造景的另一个趋势发展是越来越重视品种的多样性,充分利用大自然丰富的植物资源。我国拥有博大的种质资源库,园林设计工作者应担负起开发野生植物资源,推广和应用植物新优品种的使命,在丰富城市植物种类、美化城市环境的同时实现城市的生态平衡和稳定。随着更多园林植物新品种的开发和上市,将为园林建设和生物多样性提供更多的植物材料。

第二章　园林植物的观赏特性

　　园林植物是城市景观重要的组成部分,也是城市文化肌理得以展现的主要载体。在园林景观构成中植物是唯一具备生命活力的重要元素。可通过园林植物的形态、色彩、芳香、质地等不同特征,创造出春花烂漫、夏季浓荫、秋季重彩、冬季淡墨的四季演变的时序景观。

　　植物景观设计工作者,应充分地了解和掌握园林植物的观赏特性,才能恰当地运用植物素材,设计出符合人的心理、生理需求的植物景观。

第一节　园林植物的类型

一、乔木

　　乔木是指树体高大的木本植物,通常高度在 5 m 以上,具有明显而高大的主干。依成熟期的高度,乔木可分为大乔木、中乔木和小乔木。大乔木高 20 m 以上,如毛白杨、雪松、悬铃木、银杏等;中乔木高 11~20 m,如合欢、玉兰等;小乔木高 5~10 m,如海棠、丁香、梅花等。依生活习性,乔木还可分为常绿乔木和落叶乔木。依叶片类型,则可分为针叶乔木和阔叶乔木。

　　乔木在自然界的分布,取决于生长季节的长短和水分的供应情况。在无霜期太短的地区或缺雨的沙漠半沙漠地区,乔木一般都不能生长。乔木的形态因种类不同而有很大差别,气候、土壤以及小环境的不同也可影响乔木的形态。例如,生长在森林中的乔木的树冠形态与生长在开阔地的有明显不同,一般后者更为宽阔。乔木的寿命、高度和粗细差别也很大,如一株生长在山东莒县的银杏树,据专家考证树龄已达 3000 多年,而园林中常见的火炬树,往往寿命只有 20~30 年;最高大的乔木高度可达 100 m 以上,如红杉和蓝桉;面包树胸径可达 7.5 m,墨西哥落羽杉和巨杉胸径则可达 10 m 以上。

　　乔木具有高大的体形,以粗壮的树干、变化的树冠在高度上占据了空间。在园林植物群落中,乔木处于群落的顶层,成为构成园林空间的基本结构和骨架。一般大、中乔木,植株高而分枝点低,枝叶密度大,空间封闭感最强;小乔木植株高而分枝点也高,枝叶稀疏,空间封闭感最弱。

　　小乔木的高度一般在 3~6 m,如碧桃、石榴、西府海棠、红枫、茶条槭等,其高度接近人体的视线高度,常用于空间限制与围合,并从垂直面和顶平面两方面限制小空间。

　　乔木的冠形、高低决定林冠线的变化,同一高度级的乔木配置,形成等高的林冠线,简洁而壮观,还能表现某一特殊树种的形态美;不同高度级的乔木配置,则可形成起伏多变的林冠线。如图 2-1 所示为杭州植物园变化丰富的林冠线。

图 2-1　杭州植物园变化丰富的林冠线

二、灌木

灌木是指树体矮小、主干低矮，或无明显主干、分枝点低的树木，通常高 5 m 以下。有些乔木树种因环境条件限制或人为栽培措施也能发育为灌木状。

灌木是构成城市园林系统的骨架之一。如果说整个城市是一个大园林系统，那么灌木就构成了这个系统中的基本骨架。灌木通常具有美丽芳香的花朵、色彩丰富的叶片、诱人可爱的果实，园林景观中往往作为焦点观赏，如月季、连翘、黄刺玫、棣棠、绣线菊、迎春、玫瑰、珍珠梅等，在城市中广泛用于广场、花坛和公园的坡地、林缘、花境、公路中间的分车道隔离带、居住小区的绿化带、绿篱等。

在园林植物群落中灌木处于中间层，在乔木与地面、建筑物与地面之间起连贯和过渡作用。灌木还具有分割空间、屏障视线、引导游览路线的功能，如常用绿篱进行分区和屏障视线，常用的植物有：黄杨、六月雪、大叶黄杨、日本花柏、雀舌黄杨、紫叶小檗、金叶女贞、龟甲冬青、假连翘、法国冬青、海桐、石楠、纹母树、南天竹等。

灌木常用作色带或模纹图案，在大草坪和坡地上可以利用不同的观叶木本植物如大叶黄杨、紫叶小檗、金叶女贞、红叶石楠、金山绣线菊、红花檵木等，组成有气势、尺度大、效果好的模纹。如北京天安门观礼台、三环路上立交桥的绿岛等，就是由宽窄不一的中、矮篱组合成不同图案的纹饰。

三、藤本

藤本是指主茎细长而柔软，不能直立，以多种方式攀附于其他物体向上或匍匐地面生长的藤木及蔓生灌木。据不完全统计，我国的藤本植物约有 1000 种。

藤本植物依攀附方式的不同可分为缠绕类、吸附类、卷须类、蔓生类等。

缠绕类攀援植物依靠自身缠绕支持物而向上延伸生长。此类攀援植物最多，常见的种类中木本的有紫藤（图 2-2）、中华猕猴桃（图 2-3）、金银花、铁线莲、五味子、素馨、鸡血藤、常春油麻藤、使君子、葛藤等,草本的有茑萝、牵牛花、何首乌、红花菜豆、落葵、豌豆等。缠绕类植物的攀援能力都很强。

图 2-2　紫藤(缠绕类)

图 2-3　中华猕猴桃(缠绕类)

　　吸附类攀援植物依靠吸盘和气根而攀援。具有吸盘的植物主要有爬山虎(彩图 1)、五叶地锦等;具有气生根的则有常春藤(彩图 2)、中华常春藤、凌霄、扶芳藤、络石、薜荔、蜈蚣藤、绿萝、龟背竹等,它们的茎蔓可随处生根,并借此依附他物。此类植物攀援能力最强,尤其适于墙面和岩石等垂直面的绿化。

　　卷须类攀援植物依靠特殊的变态器官——卷须而攀援。大多数种类的卷须由茎演变而来,称为茎卷须,如葡萄、山葡萄、蛇葡萄、扁担藤、小葫芦、西番莲、龙须藤等。有些种类的卷须由叶变态而来,称为叶卷须,如炮仗花、香豌豆、嘉兰等。尽管卷须的类别、形式多样,但这类植物的攀援能力都较强。

　　蔓生类植物没有特殊的攀援器官,为蔓生悬垂植物,仅靠细柔而蔓生的枝条攀援,有的种类枝条具有倒钩刺,在攀援中起一定作用,个别种类的枝条先端偶尔缠绕。常见的有蔷薇、木香、南蛇藤、叶子花、藤本月季(彩图 3)、蔓胡颓子、软枝黄蝉、云实等。相对而言,此类植物的攀援能力最弱。

　　随着城市的发展,城市的生态环境日益恶化,城市园林绿化用地面积越来越少,充分利用藤本植物进行垂直绿化是拓展绿化空间、增加城市绿量、提高整体绿化水平、改善生态环境的重要途径。

四、花卉

　　草本花卉是园林绿化的重要植物材料。草本花卉种类繁多、花色艳丽丰富,在园林绿化的应用中有很好的观赏价值和装饰作用。它与地被植物结合,不仅能增强地表的覆盖效果,更能形成独特的平面构图。利用艺术的手法加以调配,可突出体现草本花卉在园林绿化美化中的价值和特点。在城市绿化美化中,草本花卉以其鲜艳亮丽的色彩,创造出五彩缤纷的空间氛围,往往成为植物景观中的视觉焦点。因此在城市的美化中更适宜在节日庆典、各种大型活动中营造气氛。草本花卉在园林中的应用是根据规划布局、园林风格而定,有规则式和自然式两种布置方式。规则式布置有花坛、花池和花台、花箱等;自然式布置有花境、花池和花台、花丛和花群等。北京植物园花境的应用如图 2-4 所示。北京植物园花坛如图 2-5 所示。

图 2-4　北京植物园花境的应用

图 2-5　北京植物园花坛

五、草坪与地被植物

　　草坪与地被植物在园林绿化中的作用虽不如高大的乔木、灌木和明艳的花卉效果那么明显,但却是不可缺少的。草坪与地被植物由于密集覆盖于地表,不仅具有美化环境的作用,而且对环境具有更为重要的生态意义,如保持水土,占领隙地,消灭杂草;减缓太阳辐射,保护视力;调节温度、湿度,改善小气候;净化大气,减少污染和噪声;可作为运动场及游憩场所,可预防自然灾害等。

　　草坪是园林景观的重要组成部分,不仅有着自身独特的生态学特点,而且有着独特的景观效果。在园林绿化布局中,草坪不仅可以作主景,而且能与山、石、水面、坡地以及园林建筑、乔木、灌木、花卉、地被植物等密切结合,组成各种不同类型的景观空间。杭州西湖花港观鱼中乔木、灌木和草花环绕草坪的四周,形成富有层次感的半封闭空间,草坪居中,灌木作草花的背景,乔木作灌木的背景,互相掩映(彩图 4)。

第二节　园林植物的形态

　　园林植物的形态是指单株的外部轮廓,园林植物的形态是重要的观赏要素,如树形有尖塔形、圆柱形、圆球形、垂直形、拱枝形等,不同的形态给人以不同的感觉,园林中利用植物的形态,合理地配置,会创造出不同的景观效果和艺术效果。

一、树形

1.乔木类树形

圆柱形:杜松、塔柏、铅笔柏、钻天杨(图 2-6)、新疆杨(图 2-7)等。

尖塔形:雪松(图 2-8)、日本扁柏、日本金松、冷杉、水杉等。

圆锥形:圆柏(图 2-9)、云杉、池杉、香柏、柳杉、青杆(图 2-10)、白杆等。

卵圆形:香樟(图 2-11)、元宝枫、五角枫、鹅掌楸、乌桕、毛白杨、加杨、枫香等。

伞形:龙爪槐、合欢等。

图 2-6 钻天杨（圆柱形）

图 2-7 新疆杨（圆柱形）

图 2-8 雪松（尖塔形）

图 2-9 圆柏（圆锥形）

图 2-10 青杆（圆锥形）

图 2-11 香樟（卵圆形）

盘伞形:油松(图 2-12)等。

垂枝形:垂柳(图 2-13)、垂枝桃、垂枝榆、垂枝雪松、垂枝海棠等。

图 2-12 油松(盘伞形)

图 2-13 垂柳(垂枝形)

龙枝形:龙爪桑(图 2-14)、龙须柳、龙爪枣(图 2-15)等。

棕榈形:棕榈、椰子、槟榔、苏铁等。

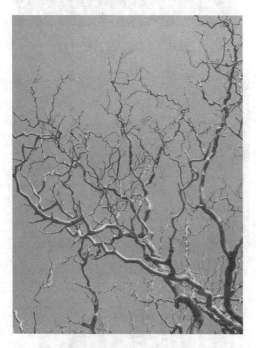

图 2-14 龙爪桑(龙枝形)

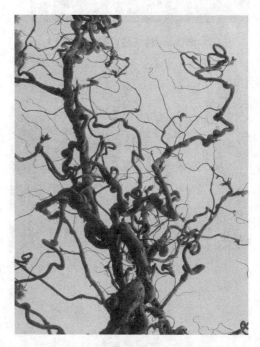

图 2-15 龙爪枣(龙枝形)

一般圆柱形、尖塔形、圆锥形给人以庄严、肃穆、静谧的感觉,多用于规则式园林,或作为花灌木的背景;卵圆形给人以亲切、朴实、浑厚、柔和的感觉;垂枝形给人以轻松、宁静、优雅、飘逸、和谐之美,多用于水边和安静的休息区;龙枝形具有新奇、怪异、扭曲的效果;棕榈形能体现热带风光,使人们联想起阳光、沙滩、海浪。

2. 灌木类树形

圆球形:丁香、黄刺玫、海桐、金银木、琼花、珍珠梅、大叶黄杨、金叶女贞、红花檵木(图 2-16)等。

丛生形:玫瑰、红瑞木、金钟花、棣棠(图 2-17)等。

图 2-16　红花檵木(圆球形)

图 2-17　棣棠(丛生形)

拱枝形:连翘、迎春(图 2-18)、探春、云南黄馨、枸杞等。
匍匐形:铺地柏(图 2-19)、沙地柏、偃柏等。

图 2-18　迎春(拱枝形)

图 2-19　铺地柏(匍匐形)

在灌木类树形中,圆球形、丛生形多有朴实、浑厚之感,最宜栽植于林缘、路边、草坪边和作建筑物基础绿化用;拱枝形具有潇洒的姿态,常植于水岸边、山石旁,最好有一定的高差;匍匐形常作为地被植物,也可用于岩石园配置。

二、叶的观赏特性

叶的观赏特性主要表现在叶的形状、叶的大小等方面。

叶形因叶缘、叶尖、叶基、叶脉、叶序的变化而丰富多彩,如玉簪的弧形脉,领春木叶先端的突尖,丁香叶基心形,槲树叶缘波状。还有一些异形叶,如银杏扇形叶,鹅掌楸马褂形叶,羊蹄甲羊蹄形叶等。就叶的大小而言,一般干旱少雨地区的植物叶片较小,如侧柏、柽柳的叶片长度仅 2～3 mm,热带湿润地区的植物叶片较大,如芭蕉、棕榈、椰子、蒲葵和鱼尾葵,巴西棕的叶片可达 20 多米,大形叶片给人轻松、潇洒的感觉。

三、花的观赏特性

在园林景观中花是人们观赏的焦点,花朵形态的奇特、色彩的缤纷、浓郁或淡雅的芳香,都给人留下深刻的印象。

花的观赏价值主要表现在花的形态、色彩、芳香等方面,花的形态美首先表现在花朵或花序本身的形状上,其次表现在花朵在枝条上的排列方式上,即花相。

园林树木的花相,根据树木开花时有无叶簇分为两种,即纯式和衬式。开花时,叶片尚未展开,全树只见花不见叶,属于先花后叶类,为纯式;在展叶后开花,全树花叶相衬,为衬式。

花相主要有以下类型。

(1)独生花相。花形奇特,花序一个,生于干顶,如苏铁等。

(2)线条花相。花或花序排列在枝条上,形成长的花枝,纯式的有连翘(图 2-20)、金钟花、蜡梅等;衬式的有麻叶绣线菊、三桠绣线菊、棣棠、金银木、猬实(彩图 5)等。

图 2-20　连翘(纯式线条花相)

图 2-21　玉兰(纯式团簇花相)

(3)星散花相。花朵或花序数量少,且散布于树冠的各部位。衬式星散花相是在绿色的树冠底色上,零星散布着花朵,如珍珠梅、鹅掌楸等。

(4)团簇花相。花朵或花序大而多,花感较强烈。纯式团簇花相如玉兰(图 2-21);衬式团簇花相如木本绣球(彩图 6)、丁香、紫薇、木槿、玫瑰、月季、石榴。

(5)覆盖花相。花或花序着生在树冠的表层,形成覆盖状。纯式覆盖花相有毛泡桐;衬式覆盖花相有栾树、七叶树、合欢等。

(6)密满花相。花或花序密生在全树的枝条上,使全树形成一个整体的大的花团,花感最强烈。纯式的如榆叶梅、碧桃、山桃、海棠、樱花、杏(图 2-22)、梨、梅等;衬式的如西府海棠(图 2-23)、锦带花等。

(7)干生花相。花着生于茎干上。种类不多,多产于热带湿润地区,如槟榔、鱼尾葵、木菠萝、可可等。

图 2-22　杏(纯式密满花相)

图 2-23　西府海棠(衬式密满花相)

四、果实的观赏特性

园林植物果实的形状特点为奇、巨、丰。所谓"奇",是指形状奇异有趣,如铜钱树的果实形似铜钱;象耳豆的荚果弯曲,两端浑圆相接,犹如象耳一般;腊肠树的果实好比香肠;秤锤树的果实像秤锤一样;紫珠的果实宛如晶莹剔透的紫色小珍珠;其他各种像气球的,像元宝的,像串铃的,不一而足。所谓"巨",是指单体的果实较大,如柚、菠萝等;或果虽小,而果色鲜艳,果穗较大,如接骨木、葡萄、火棘、冬青等,均有引人注目之效。所谓"丰",是指就全树而言,无论单果或果穗,均具备一定数量,具有较高的观赏效果,如柿、苹果、梨、桃、杏、李、石榴等。

五、枝干的观赏特性

乔、灌木的枝干形态万千,各具特色,有的通直、有的弯曲、有的刚劲、有的纤细。如水杉、池杉、落羽杉、新疆杨、钻天杨等的枝干为直干形;如生长在水边的垂柳、桂香柳等的枝干为斜干形。

乔木干皮也有很高的观赏价值,树皮表面光滑,不开裂,如核桃、紫薇、柠檬桉、槟榔等;树皮呈不规则的片状剥落的有白皮松、悬铃木、木瓜、榔榆等;树皮呈长方形裂纹的有柿树、君迁子等。

第三节　园林植物的色彩

心理学家认为,色彩是人的视觉中最敏感的表现方式,其次是形体和线条。园林植物的色彩十分丰富,有各种不同的叶色、花色和果色,这为植物造景提供了更多的表现形式,可以营造更多色彩丰富的植物色彩景观。随着社会的高速发展,城市建设步伐的加快,植物色彩景观作为城市景观中最灵活、最吸引人的景观,得到了人们的重视和设计师的追捧。

一、叶色

叶的色彩之丰富不逊于花朵,古人"停车坐爱枫林晚,霜叶红于二月花"的绝句就是写照。在应用园林植物时将不同植物按照色彩规律进行组合,可以营造出不同的色彩景观。植物叶片的颜色随一年四季的变化而变化,如银杏叶早春萌芽为浅绿色,秋季变为金黄色;黄栌的叶春季、夏季为绿色,秋季变为红色。叶按色彩分为以下几类。

(一)绿色叶类

绿色是植物最基础的颜色,也是应用最广泛的色彩。绿色给人的感觉是和平、安适、稳重、清新、富有活力和希望。植物的绿色有很多种,有嫩绿、浅绿、深绿、黄绿、褐绿、蓝绿、墨绿、灰绿等。

(1)深绿:油松、圆柏、侧柏、雪松、云杉、山茶、女贞、桂花、国槐、毛白杨、构树、冬青、八角金盘、棕竹、绒毛白蜡等。

(2)浅绿:玉兰、紫薇、池杉、落羽杉、金钱松、七叶树、鹅掌楸、石榴、刺槐、紫荆、芭蕉、榉树等。

(3)蓝绿:绿粉云杉等。

(4)黄绿:水杉、柳树、黄金树等。

(5)灰绿:桂香柳、毛白杨、白杆等。

绿色是园林中最常用的色彩,深绿色的树种主要是常绿阔叶树和针叶树,如油松、白皮松等,这类树种颜色稳重,通常和浅色调的建筑或植物搭配,常用来做背景。也可以将不同明度、不同纯度的绿色植物组合,会收到良好的景观效果。如北京植物园裸子植物区将云杉、青杆、紫杉、白杆、圆柏这些深浅不同的绿色植物组合,形成富有层次的景观。(彩图7)

(二)春色叶类

春季新发生的嫩叶色有显著变化的树种,统称"春色叶树",如香椿、臭椿、月季、五角枫、元宝枫、南天竹、七叶树、山麻秆(彩图8)、石楠等。

春色叶树春季新发生的嫩叶多呈现红色、紫红色和黄色等,在春风的吹拂下,多彩多姿、极具魅力,且均为暖色调,可给乍暖还寒的早春增添暖意。春色叶树色彩亮度较高,宜植于色彩较暗的深绿色背景前面,形成恰当的明暗对比,给人以满树黄花之感,华北地区可以选择白皮松、侧柏、圆柏、龙柏等松柏类为背景。

春色叶树之间的配置也是适宜的,红色系的臭椿、石楠、山茶、桂花和新叶黄色的朴树、柳树、银杏等配置在一起形成春色叶树丛,视觉效果较好。

(三)秋色叶类

秋季叶色有显著变化的树种,统称"秋色叶树"。秋色叶树分为秋季变红和秋季变黄两类。

(1)秋季变红色或紫红色:五叶地锦、爬山虎、黄栌、柿树、五角枫、元宝枫、茶条槭、枫香、樱花、盐肤木、黄连木、鸡爪槭、南天竹、花楸、乌桕、红槲栎、卫矛、山楂、火炬树等。

(2)秋季变黄或黄褐色:银杏、绒毛白蜡、鹅掌楸、加拿大杨、柳树、梧桐、石榴、紫荆、榆树、槐树、白桦、栾树、朴树、水杉、落叶松、金钱松等。

秋色叶树的色彩与昼夜温差有很大关系,昼夜温差大的,叶色更鲜艳;昼夜温差小的,叶色变化不明显。在城市环境中,昼夜温差变化小,有些秋色叶树的叶色变化不显著。因此,在园林景观设计中,设计者应充分掌握叶色的变化,才能设计出色彩斑斓的秋季景观。

在秋色叶树造景中,可以应用单一树种片植,如济南红叶谷深秋观赏黄栌的红叶(彩图9)。还可以将不同秋色叶树种混植,秋色叶树与常绿树的搭配,以及秋色叶树与秋花、秋果植物的搭配,红黄相间"层林尽染"。也可丛植于园中一隅,在华北地区,秋叶红色的黄栌、元宝枫、柿树、卫矛可与秋叶黄色的桑、银杏、白蜡配置。在长江流域,秋叶红色的枫香、乌桕、三角枫、榉树、黄连木则可与秋叶黄色的无患子、鹅掌楸、金钱松、银杏等配置,红黄交织。

(四)常色叶类

有些树的变种或变型,其叶常年呈异色,称为常色叶树。

(1)常年呈红色或紫红色:紫叶李、紫叶小檗、紫叶桃、红枫、红叶椿、红叶石楠、美国黄栌、紫叶矮樱、紫叶梓树等。

(2)常年呈黄色:金叶女贞、金叶连翘、金山绣线菊、金叶槐、金叶榆、金叶雪松、金叶鸡爪槭、金叶接骨木、金叶皂荚、金叶风箱果等。

(3)常年呈银色:银叶菊、高山积雪等。

(4)常年呈彩纹或斑纹:变叶木、金边大叶黄杨、金心大叶黄杨、银边常春藤、星点木、黄金八角金盘等。

常色叶植物是现代园林的新宠,随着园艺科学的发展,常色叶植物的种类日益丰富,同时由于常色叶植物色彩鲜艳、观赏期长,其在城市景观中扮演着越来越重要的角色。常色叶植物分为乔木类、灌木类和草本类。

乔木和小乔木类的常色叶树种均可孤植、丛植于草坪、庭院、山石间或常绿树前,红枫点缀在绿色植物的背景前(彩图 10);乔木和小乔木可以相互搭配,形成色彩和谐、高低相错的空间。如金叶槐、金叶榆、紫叶李、红叶椿配置形成亮丽而优雅的景观。灌木类中,可形成彩色绿篱(彩图 11)、绿墙(图 2-24)或修剪成球形等形体,散植于草坪坡地、林缘、石间,或点缀于雕塑、喷泉周围,或作基础种植材料;常色叶灌木、草本可与一、两年生花卉搭配,组成美丽的镶边、图案,在绿色大草坪背景下可以形成极壮丽的图案。

图 2-24　红叶石楠形成的绿墙

(五)双色叶类

有些树种叶背与叶面的颜色显著不同,在微风中就形成特殊的、闪烁变化的效果,这类树种称为"双色叶树",如银白杨、胡颓子、桂香柳、栓皮栎等。

二、花色

花是园林景观中最重要的要素,花色带给人最震撼、最直接的美感。因此,在景观设计中,应充分掌握植物的花色和花期,才能进行合理的配置。

自然界中的花色多种多样,归纳分为以下四大系列。

图 2-25 杜鹃的应用

(一)红色系花

(1)春季:山桃、榆叶梅、西府海棠、红碧桃、杏树、垂丝海棠、海棠花、贴梗海棠(彩图 12)、樱花、迎红杜鹃(图 2-25)、木棉、牡丹、芍药、红山茶、锦带花、海仙花、红花槐等。

(2)夏季:月季、玫瑰、野蔷薇、石榴、凌霄、美人蕉、凤凰木、扶桑、红王子锦带等。

(3)秋季:紫薇、扶桑、千日红、大丽花等。

(4)冬季:红梅、一品红等。

自然界中,红色花最引人注意,尤其是在红绿互补色的对比时,红花在绿叶的衬托下,更是鲜艳欲滴、醒目热烈。但在安静的休闲区不适合大量使用红色。红色在光线很强的地方过于刺眼,会有疲劳感。可以在冷色调中适当的点缀红色,则会有温暖的感觉。

图 2-26 棣棠(黄色系)

(二)黄色系花

(1)春季:蜡梅、结香、迎春、连翘、金钟花、棣棠(图2-26)、云南素馨、木香(黄色)、金雀儿等。

(2)夏季:金丝梅、金缕梅、鹅掌楸、栾树、黄花槐、黄蝉、黄花夹竹桃、台湾相思等。

(3)秋季:桂花、黄山栾、金合欢等。

(4)冬季:蜡梅等(彩图 13)。

在园林中黄色系花应用较多,因为黄色的纯度最高。在光线充足的地方不适合大片栽植,可以点缀蓝紫色、灰蓝色花作为补色,再加以深绿色的叶子衬托,可营造出清新、自然的画面感。在光线不足时,显得很明快。如在公园的阴暗处配置黄色植物,使人感到愉快、明亮,再点缀白色、橙色的花可以活跃气氛,也可在空间感上起到小中见大的作用。

(三)白色系花

(1)春季:白玉兰、白丁香、梨花、山茶(白)、含笑、流苏(彩图14)、文冠果、鸡麻、石楠、郁李、接骨木、稠李、山楂、木本绣球、刺槐、紫藤(白)、玫瑰(白)、木香、天目琼花(彩图15)、山梅花、太平花、月季(白)等。

(2)夏季:茉莉、花楸、栀子花、七叶树、国槐、广玉兰、木槿(白)、银薇、糯米条、天女花、月季(白)等。

(3)秋季:银薇、木槿(白)、糯米条、九里香、月季(白)等。

(4)冬季:梅花(白)等。

植物中开白花的占多数,白色给人纯净、清雅、洁静、神圣、安适、高尚、无邪、平安的感觉,使人肃然起敬。在色彩对比过于强烈的植物配置中,白色的加入可以使色彩对比缓和,整体色调趋于统一。面积较大的白色花丛会有素雅、冷清的感觉。

(四)蓝色系花

(1)春季:紫玉兰、紫丁香、紫荆、紫藤(彩图16)、泡桐、羊蹄甲、楝树、风信子、鸢尾等。

(2)夏季:木槿、紫薇、八仙花、醉鱼草、荆条、香薷、矮牵牛、飞燕草(彩图17)、耧斗菜、马蔺等。

(3)秋季:木槿、紫薇、醉鱼草、荆条等。

园林植物中蓝色的花很少,蓝紫色的植物多用于营造安静休息区,给人凉爽的感觉。蓝色系花中也可以加一些白色和黄色的植物,可以提亮色彩。

三、果色

现代园林中,观果类植物广泛应用于居住区、校园、街道等地,其果实多在夏季和秋季成熟,色彩多为红色、紫色、橙色、黄色等,园林设计中运用果实的色彩点缀园林可收到成熟、丰收、喜悦的效果。

(1)红色果实:苹果、樱桃、山楂、桃、柿树、荔枝、杨梅、石榴、天目琼花、金银木、冬青、枸杞、火棘、小檗、南天竹、海棠、花椒、枸子、蛇莓等。

(2)黄色果色:银杏、杏、李、梅、梨、橘、橙、柚、沙棘、南蛇藤、木瓜、乳茄、佛手、柠檬、芒果、楝树等。

(3)蓝紫色或黑色果实:葡萄、紫珠、十大功劳、海州常山、女贞、香茶藨子、君迁子、金银花、稠李、朴树等。

(4)白色果实:红瑞木、湖北花楸、雪里果等。

四、枝干的色彩

在我国北方,冬季植物叶片脱落,枝干的形态、色彩往往成为主要的观赏景观,虽然枝干的色彩没有叶色、花色鲜艳、醒目,但具有色彩的枝干,能为色彩单调的冬季,增添新的元素。冬季园林中主要观赏枝干色彩的树种如下。

(1)枝干紫红色或红褐色：山桃、红桦、红瑞木、斑叶稠李、红椴、紫竹等。

(2)枝干青绿色：棣棠、梧桐、迎春、新疆杨、竹、国槐、青榨槭等。

(3)枝干黄色：金枝槐、金竹、金枝垂柳、黄桦、黄金间碧竹等。

(4)枝干白色或灰色：白皮松、白桦、核桃、银白杨、朴树等。

(5)枝干斑驳杂色：悬铃木、榔榆、木瓜、白皮松等。

第四节　园林植物的芳香

芳香植物是指植物组织器官中含有香精油、挥发油或难挥发树胶的一类植物类群，芳香植物兼有香料植物、药用植物、观赏植物的多重属性。据 2006 年统计，目前我国已发现有开发利用价值的芳香植物 400 余种，主要集中在木兰科、蔷薇科、芸香科、木犀科等植物类群。从古至今，芳香植物广泛应用于园林景观中，梅花暗香浮动、荷花香远益清，给人心旷神怡的感受。

一、芳香植物类型

(1)木本类：包括蜡梅、白玉兰、紫玉兰、鹅掌楸、含笑、栀子花、茉莉花、米兰、香樟、海桐、山梅花、金缕梅、笑靥花、云南黄馨、迷迭香、梅、紫丁香、白丁香、暴马丁香、山茶花、牡丹、月季、玫瑰、野蔷薇、木香、桂花、九里香、结香、瑞香、泡桐、刺槐、黄刺玫、桂香柳、核桃、扶芳藤、紫藤、凌霄、醉鱼草等。

(2)草本类：包括紫罗兰、薰衣草、菊花、水仙、藿香、紫苏、月见草、玉簪、藿香蓟、矮牵牛、荷花、香雪兰、香豌豆、百合、花毛茛、香雪球、桂竹香、晚香玉、水仙、昙花等。

二、芳香植物在园林景观中的应用

1.芳香植物专类园

选择具有芳香气味、姿态优美的植物，如木兰科、蔷薇科、蜡梅科、芸香科、木犀科等科属中的植物取其花香；如木瓜、枇杷、柑橘、佛手等植物取其果香；如香樟、松柏类、茶属等植物取其枝叶清香。此类植物适合配置于植物园、综合性公园等公共绿地。

2.植物保健绿地

选择能够挥发有益物质，对人体健康有特殊功效的植物种类，如玫瑰、紫罗兰、茉莉，它们挥发出的香味能杀死肺炎球菌、葡萄球菌；薰衣草的香味可以缓解神经衰弱；菊花的香味对头痛、牙痛有镇痛作用；栀子花香对肝胆疾病有较好的疗效；松柏科植物枝叶散发的气体对结核病等有防治作用。

3.其他特殊功效的芳香绿地

一些植物的香味所发挥的特殊功能可以服务于特殊的人群，如专为盲人而建的芳香园，可以选择由气味相异、便于识别的不同植物组成；另有研究表明，菊花香味和薄荷香气可激发儿童的智慧和灵感，使之萌发求知欲，因此可用于校园中。

第三章 园林植物造景设计基本原理

第一节 园林植物造景的生态原理

植物生活的空间称为生态环境。植物的生态环境与温度、空气、阳光、水分、土壤、生物及人类的活动密切相关。这些对植物的生长发育产生重要影响的因子称为生态因子。研究各生态因子与植物的关系是园林植物景观设计的理论基础。

各生态因子是相互影响、相互联系的。生态因子的共同作用对植物的生长发育起着综合的作用。缺少其中一个因子,植物将不能正常生长。如将水生植物栽植在干旱缺水的环境中,就会生长不良或死亡;如将喜阴植物栽植在阳光充足的环境中,定会生长不良。

对某一种植物,或者是植物的某一生长发育阶段,常常有 1~2 个因子起决定性的作用,这种起决定性作用的因子称主导因子。如华北地区野生的中华秋海棠生长在阴暗潮湿的环境中,其主导因子是阴暗高湿;西北地区生长的梭梭木,其主导因子是干旱。

植物对不同生态环境的需求也形成了自然界中不同生态环境的植物景观,在景观设计中要尊重植物本身的需求,遵循植物长期演化的自然规律。

一、温度对植物的影响

温度因子是植物极其重要的生活因子,温度的变化对植物的生长发育和分布具有重要作用。

(一)季节与植物造景

一年可分为四季,四季的划分是根据每五天为一"候"的平均温度为标准。每候的平均温度为 $10\sim22\ ℃$ 的属于春、秋季,在 $22\ ℃$ 以上的属于夏季,在 $10\ ℃$ 以下的属于冬季。不同地区的四季长短是有差异的。该地区的植物,由于长期适应于该地这种季节性的变化,就形成了一定的生长发育节奏,即物候。在植物景观设计中应充分利用植物的物候期,创造出不同的植物景观。

(1)春季:营造春季景观的植物有山桃、迎春、玉兰、连翘、碧桃、垂柳、旱柳、榆叶梅、丁香类、紫荆、黄刺玫、西府海棠、贴梗海棠、绣线菊类、接骨木、文冠果、玫瑰、杏、山楂、苹果、梨、杜梨、泡桐、棣棠、猥实、海棠类、樱花类等。如杭州西湖的"苏堤春晓"主要栽种垂柳、碧桃形成桃红柳绿的景观,并增添日本晚樱、海棠、迎春、溲疏等花灌木营造西湖的春天。如北京颐和园知春亭采用古人"春江水暖鸭先知"的诗句,小岛建为鸭子的形状,植物选择垂柳、碧桃,感知春天的到来(彩图 18)。

(2)夏季:常用荷花、睡莲、千屈菜、水生鸢尾、荇菜等水生植物来营造夏季清凉的景观。也可用国槐、栾树、黄金树、合欢、月季、石榴、江南槐、美国凌霄、金银花等观花植物,使夏季的色彩更丰富。(彩图 19)

(3)秋季:秋季是色彩最丰富的季节,应充分利用植物色彩的变化和果实的色彩来营造秋季景观。北方可选择的植物有黄栌、五角枫、元宝枫、茶条槭、火炬树、柿树、银杏、白蜡、鹅掌楸、梧桐、榆树、槐树、柳树、石榴、紫叶李、山楂树等(彩图 20)。

(4)冬季:北方落叶树种种植比例高,冬季色彩比较单调,应巧妙运用落叶乔灌木的冬态,营造冬季水墨淡彩的景观。

(二)昼夜变温对植物的影响

一日中气温的最高值与最低值之差称为昼夜差,植物对昼夜温度变化的适应性称为温周期,表现在如下三个方面。

(1)种子的发芽。多数种子在变温条件下发芽良好,在恒温条件下发芽略差。

(2)植物的生长。多数植物在昼夜变温条件下比恒温条件下生长好,原因是有利于营养积累,就像冬季植物的休眠一样,积累营养。

(3)植物的开花结果。昼夜温差大有利于植物的开花、结果,并且果实品质好。我国西北地区的昼夜温差大,因此新疆的瓜果甜,品质好。

(三)温度与植物的分布

温度是影响植物分布的一个极为重要的因素。每一种植物对温度的适应均有一定的范围。根据植物分布区域的温度高低,可分为热带植物、亚热带植物、温带植物和寒带植物等四类,如兰花生长、分布在热带和亚热带,百合主要分布在温带,仙人掌原产热带、亚热带干旱沙漠地带。在园林景观设计中,在不同地区,就应选用适应该区域条件的植物。

二、水分对植物的生态作用

植物的一切生命活动都需要水的参与,如对营养物质的吸收、运输以及光合作用、呼吸作用、蒸腾作用等,必须有水的参与才能进行。水分是植物体的重要组成部分。水是影响植物形态结构、生长发育、繁殖及种子传播等的重要的生态因子。

(一)由水分因子起主导作用的植物类型

1. 旱生植物

在干旱的环境中能长期忍受干旱正常生长、发育的植物类型。本类植物多见于雨量稀少的荒漠地区和干燥的草原地区。根据其形态和适应环境的生理特征分为以下三类。

(1)少浆植物或硬叶旱生植物。体内含水量很少。其主要特征是叶的面积小,多退化成鳞片或刺毛;叶表面有蜡层、角质层;气孔下陷;叶片卷曲等。如柽柳、梭梭木、针茅等。

(2)多浆植物或肉质植物。体内含有大量水分,具有储水组织,能适应干旱的环境。多浆植物有特殊的新陈代谢方式,生长缓慢,在热带、亚热带沙漠中能适应生存。如仙人掌类、芦荟类、光棍树等。

(3)冷生植物或干矮植物。本类植物具有旱生少浆植物的特征,但又有自己的特点,大多体形矮小,多呈团丛状或垫状。

2. 中生植物

大多数植物均属于中生植物,不能忍受过干或过湿,由于中生植物种类众多,对干旱和潮湿的耐受程度方面具有很大的差异。耐旱能力极强的种类具有旱生植物的倾向,耐湿力极强的种类具有湿生植物的倾向。

以中生植物中的木本植物而言,如圆柏、侧柏、油松、酸枣、桂香柳等具有很强的耐旱性,但仍然以在干湿适度的环境下生长最佳;而垂柳、旱柳、桑树、紫穗槐等,具有很强的耐湿力,但仍以在干湿适度的环境下生长最佳。

3.湿生植物

需生长在潮湿的环境中,若在干旱或中生环境下则常导致死亡或生长不良。根据其生态环境可分为以下两种类型。

(1)喜光湿生植物。生长在阳光充足、水分经常饱和或仅有较短的干旱期的地区的湿生植物,例如在沼泽化草甸、河流沿岸生长的鸢尾、半边莲、落羽松、池杉、水松等。由于土壤潮湿、通气不良,故根系较浅。由于地上部分的空气湿度不是很高,叶片上仍有角质层存在。

(2)耐荫湿生植物。生长在光线不足,空气湿度较高,土壤潮湿环境下的湿生植物。例如蕨类植物、海芋、秋海棠类以及多种附生植物。

4.水生植物

生长在水中的植物称水生植物,可分为三种类型。

(1)挺水植物。植物体的大部分露在水面以上的空气中,如芦苇、香蒲、水葱、荷花等。

(2)浮水植物。叶片漂浮在水面的植物,又可分为两种类型。一是半浮水型,根生于水下泥中,仅叶片和花浮在水面,如睡莲、萍蓬草等。二是全浮水型,植物体完全自由地漂浮在水中,如浮萍、满江红、凤眼菜等。

(3)沉水植物。植物体完全沉没在水中,如苦草、金鱼藻等。

(二)水与植物景观

1.空气湿度与植物景观

空气湿度对植物的生长有很大的作用,园林植物造景应充分考虑水分因素,在云雾缭绕的高山上,有着千姿百态的各种植物,它们生长在岩壁上、石缝中、瘠薄的土壤母质上、或附生在其他植物上,这类植物没有坚实的土壤基础,它们的生存与空气湿度休戚相关,如在高温高湿的热带雨林中,高大的乔木常附有蕨类、苔藓。这些自然景观可以模拟再现,只要创造相对空气湿度不低于80%的环境,就可以在展览温室中进行人工的植物景观创造,一段朽木就可以附生很多开花艳丽的气生兰、花与叶都美丽的凤梨科植物。

2.水生植物景观

水生植物包括挺水植物、浮水植物和沉水植物,园林植物景观主要采用挺水植物和浮水植物来营造,可用荷花、睡莲、芡实、慈姑、水葱、芦苇、香蒲等营造夏日池塘的景色(彩图21)。如西湖的曲院风荷,充分利用水面,营造出"接天莲叶无穷碧,映日荷花别样红"的景观。

3.湿生植物景观

在自然界中,湿生植物景观常见于海洋与陆地的过渡地带,这类植物中绝大多数是草本植物。在植物造景中可选择池杉、水松、水杉、红树、垂柳、旱柳、柽柳、黄花鸢尾、千屈菜等(彩图22)。

4.旱生植物景观

在干旱的荒漠、沙漠等地区生长着很多抗旱植物,如我国西北地区生长的桂香柳、柽柳、胡杨、旱柳、皂荚、杜梨、圆柏、侧柏、小叶朴、大叶朴、沙地柏、合欢、紫穗槐、君迁子、胡颓子、国槐、毛白杨、小叶杨等,这些植物是营造旱生植物景观的良好植物。

三、光照对植物的生态作用及景观效果

光是绿色植物的生存条件之一,绿色植物在光合作用过程中依靠叶绿素吸收太阳光能,并利用光能把二氧化碳和水合成有机物,并释放氧气,这是植物与光最本质的联系。光的强度、光质、日照时间的长短都影响着植物的生长和发育。

(一)植物对光照强度的要求

根据植物对光的要求,将植物分为三种生态类型:阳性植物、阴性植物、中性植物。在自然界的植物群落中,可以看到乔木层、灌木层、地被层,各层植物所处的光照条件不同,这是长期适应环境的结果,从而形成了植物对光的不同生态习性。

(1)阳性植物。要求较强的光照,不能忍受荫蔽的植物称为阳性植物。如雪松、油松、白皮松、水杉、刺槐、白桦、臭椿、泡桐、银杏、玉兰、碧桃、榆叶梅、合欢、鹅掌楸、毛白杨等。

(2)阴性植物。在较弱的光照条件下比在全光照下生长良好的植物称为阴性植物。如中华秋海棠、人参、蕨类、三七等许多生长在阴暗潮湿环境中的植物。

(3)中性植物。在充足的阳光下生长最好,但也有一定的耐荫能力,需光度介于阳性和阴性之间。大多数植物属于此类型,在中性植物中有偏喜光和偏耐荫的种类,对光的需求程度有很大的差异,目前没有定量的分界线。例如榆属、朴属、榉属、樱花、枫杨等为中性偏阳;槐属、圆柏、珍珠梅、七叶树、元宝枫、五角枫等为中性稍耐荫;冷杉属、云杉属、铁杉属、粗榧属、红豆杉属、椴属、杜英、荚蒾属、八角金盘、常春藤、八仙花、山茶、桃叶珊瑚、枸骨、海桐、杜鹃花、忍冬、罗汉松、紫楠、棣棠、香榧等为中性耐荫能力较强的植物。

(二)光照时间对植物的影响

每日的光照时数与黑暗时数的交替对植物开花的影响称为光周期现象。按此反应可将植物分为四类。

(1)长日照植物。植物在开花以前需要有一段时期,每日的光照时数大于 14 h 的临界时数称为长日照植物。如果满足不了这个条件则植物将仍然处于营养生长阶段而不能开花。反之,日照时数越长开花越早,如凤仙花、波斯菊、矮牵牛、金莲花、万寿菊等。

(2)短日照植物。植物在开花以前需要有一段时期,每日的光照时数少于 12 h 的临界时数称为短日照植物。日照时数越短则开花越早,但每日的光照时数不得短于维持生长发育所需要的光合作用时间,如金盏菊、矢车菊、天人菊、杜鹃等。

(3)中日照植物。只有在长短时数近于相等时才能开花的植物。

(4)中间性植物。对光照与黑暗的时数长短没有严格的要求,只要发育成熟,无论长日照条件和短日照条件均能开花。

四、土壤对植物的生态作用

植物的生长离不开土壤,土壤是植物生长的基质,对植物的生长起着固着、提供营养和水分的作用。不同的土壤适合生长不同的植物,不同的植物适应不同的土壤,土壤的生态效应对植物的景

观有很大的作用。

(一)土壤的酸碱度与植物生态类型

依植物对土壤酸碱度的要求,可分为以下三种类型。

(1)酸性土植物。在呈酸性土壤上生长最好的植物种类,土壤 pH 值在 6.5 以下称为酸性土植物。例如杜鹃花、山茶、油茶、马尾松、石楠、油桐、吊钟花、三角梅、橡皮树、棕榈等。

(2)中性土植物。在中性土壤上生长最佳的植物种类,土壤 pH 值为 6.5～7.5。绝大多数植物属于此类,如合欢、银杏、桃、李、杏等。

(3)碱性土植物。在呈碱性土壤上生长最好的植物种类,土壤 pH 值在 7.5 以上。如柽柳、紫穗槐、沙棘、沙枣、梭梭木、杠柳等。

(二)土壤中的含盐量与植物类型

我国沿海地区有面积相当大的盐碱土区域,在西北内陆干旱地区中,在内陆湖附近和地下水位过高处也有相当面积的盐碱化土壤,这类盐土、碱土以及各种盐化、碱化的土壤统称盐碱土。

依植物在盐碱土的生长发育类型,可分为以下几种。

(1)喜盐植物。

①旱生喜盐植物。其主要分布于内陆的干旱盐土地区。如乌苏里碱蓬、海蓬子、梭梭木等。

②湿生喜盐植物。其主要分布于沿海海滨地带。如盐蓬、红树、秋茄、老鼠筋等。

(2)抗盐植物。分布于干旱地区和湿地的种类均有。如柽柳、盐地凤毛菊等。

(3)耐盐植物。分布于干旱地区和湿地的种类均有。这些植物能从土壤中吸收盐分,将盐分经植物的茎、叶上的盐腺排出体外,如大米草、二色补血草、红树等。

(4)碱土植物。能适应 pH 值在 8.5 以上和物理性质极差的土壤条件,如藜科、苋科植物等。

(5)盐碱植物。主要分布于我国沿海地区和西北内陆干旱地区,土壤含有盐、碱,在盐碱土上生长的植物统称盐碱植物。

在园林绿化中,较耐盐碱的植物有:柽柳、白榆、加拿大杨、小叶杨、食盐树、桑、旱柳、枸杞、楝树、臭椿、刺槐、紫穗槐、黑松、皂荚、国槐、绒毛白蜡、白蜡、杜梨、桂香柳、合欢、枣树、西府海棠、圆柏、侧柏、胡杨、钻天杨、栾树、火炬树、锦鸡儿、白刺花、木槿、胡枝子、接骨木、金叶女贞、紫丁香、山桃等。

五、空气对植物的生态作用及景观效果

(一)空气污染的概念

空气是由一定比例的氮气、氧气、二氧化碳、水蒸气和固体杂质微粒组成的混合物。按体积计算,在标准状态下,氮气占 78.08%,氧气占 20.94%,稀有气体占 0.93%,二氧化碳占 0.03%,而其他气体及杂质大约占 0.02%。随着现代工业和交通运输的发展,向大气中持续排放的物质的数量越来越多,种类越来越复杂,引起大气成分发生急剧的变化。当大气正常成分之外的物质增多到对人类健康、动植物生长以及气象、气候产生危害的时候,称为空气污染。

(二)城市环境中常见的污染物质

1.一氧化碳

一氧化碳(CO)是一种无色、无味、无臭的易燃有毒气体,是含碳燃料不完全燃烧的产物,在高海拔城市或寒冷的环境中,一氧化碳(CO)的污染问题比较突出。

2.氮氧化物

氮氧化物主要是指一氧化氮(NO)和二氧化氮(NO_2)两种,它们大部分来源于矿物燃料的高温燃烧过程。燃烧含氮燃料(如煤)和含氮化学制品也可以直接释放二氧化氮。一般来说机动车排放的尾气是城市氮氧化物的主要来源之一。

3.臭氧

臭氧(CO_3)是光化学烟雾的代表,主要由空气中的氮氧化物和碳氢化合物在强烈阳光照射下,经过一系列复杂的大气化学反应而形成和富集。虽然在高空平流层的臭氧对地球生物具有重要的防辐射保护作用,但城市低空的臭氧却是一种非常有害的污染物。

4.硫氧化物

硫氧化物主要是指二氧化硫(SO_2)、三氧化硫(SO_3)和硫酸盐,如燃烧含硫煤和石油等。此外,火山活动等自然过程也排出一定数量的硫氧化物。二氧化硫是城市中普遍存在的污染物。空气中的二氧化硫主要来自火力发电和其他行业的工业生产,如固定污染源燃料的燃烧,有色金属冶炼、钢铁、化工、硫厂的生产,另外还有小型取暖锅炉和民用煤炉的排放等来源。二氧化硫是无色气体,有刺激性,在阳光下或空气中某些金属氧化物的催化作用下,易被氧化成三氧化硫。三氧化硫有很强的吸湿性,与水汽接触后形成硫酸雾,其刺激作用比二氧化硫强10倍;这也是酸雨形成的主要原因。人体吸入的二氧化硫,主要影响呼吸道,在上呼吸道很快与水分接触,形成有强刺激作用的三氧化硫,可使呼吸系统功能受损,加重已有的呼吸系统疾病,产生一系列的上呼吸道感染症状,如气喘、气促、咳嗽等。最易受二氧化硫影响的人包括哮喘病、心血管、慢性支气管炎、肺气肿患者以及儿童和老年人。

5.氯气

氯气(Cl_2)是一种有毒气体,它主要通过呼吸道侵入人体并溶解在黏膜所含的水分里,对上呼吸道黏膜造成有害的影响,使呼吸道黏膜浮肿,大量分泌黏液。大气中的氯气含量小,但对人的危害较大。

6.颗粒物质

颗粒物质主要指分散、悬浮在空气中的液态或固态物质,其粒度在微米级,粒径为 $0.0002\sim100$ μm,包括气溶胶、烟、尘、雾和炭烟等多种形态。颗粒物是烟尘、粉尘的总称。有天然来源的颗粒物,如风沙尘土、火山爆发、森林火灾等造成的颗粒物;也有人为来源的颗粒物,如工业活动、建筑工程、垃圾焚烧和车辆尾气等造成的颗粒物。由于颗粒物可以附着有毒金属、致癌物质和致病菌等,因此其危害更大。空气中的颗粒物又可分为降尘颗粒物、总悬浮颗粒物和可吸入颗粒物等。其中可吸入颗粒物能随人体呼吸作用深入肺部,产生毒害作用。

(三)抗污染植物

1.抗二氧化硫强或较强的植物

抗二氧化硫强或较强的植物包括:冷杉、七叶树、黄杨、雪柳、槐树、杨梅树、锦带花、阔叶十大功劳、华山松、冬青、乌桕、圆柏、玉兰、丁香、广玉兰、楝树、女贞、黄栌、朴树、铺地柏、连翘、栾树、海桐、泡桐、夹竹桃、丝绵木、构树、合欢、榆树、梓树、黄金树、银杏、柽柳、枫香、糠椴、皂荚、杜梨、木瓜、珍珠梅、君迁子、枣树、桑树、悬铃木、月季、金银花、稠李、海州常山、白皮松、石榴、蜡梅、木槿、刺槐、紫穗槐、梧桐、接骨木、臭椿、鸢尾、金盏菊、地肤、耧斗菜、凤仙花、晚香玉、金鱼草、蜀葵、美人蕉等。

2. 抗氯气强或较强的植物

抗氯气强或较强的植物包括：枸骨、海桐、女贞、广玉兰、大叶黄杨、石楠、蚊母树、凤尾兰、夹竹桃、香樟、山茶、侧柏、云杉、木槿、五角枫、山楂、丝绵木、皂荚、栾树、绒毛白蜡、沙枣、柽柳、臭椿、紫薇、朴树、梓树、石榴、合欢、接骨木、柿树、桑树、枣树、丁香、红瑞木、黄刺玫、茶条槭、卫矛、小檗、连翘、构树、五叶地锦、紫穗槐、文冠果、金银木等。

3. 抗氟化氢强或较强的植物

抗氟化氢强或较强的植物包括：国槐、臭椿、泡桐、悬铃木、胡颓子、白皮松、侧柏、丁香、山楂、紫穗槐、连翘、金银花、小檗、女贞、大叶黄杨、五叶地锦、刺槐、桑树、接骨木、沙枣、火炬树、君迁子、杜仲、文冠果、紫藤、美国凌霄等。

(四)风对植物的生态作用

空气的流动就形成了风,风对植物有帮助的方面是传授花粉、传播种子。如蒲公英、垂柳、毛白杨、萝藦等植物都是借助风传授花粉和传播种子。

风对植物有害的方面,表现在台风、海潮风、夏季的热干风、冬春的旱风、高海拔的强劲大风。我国沿海城市经常受台风的危害,如浙江的温州,台风经常将高大的乔木连根拔起。华北地区早春的干风,往往造成一些植物的枝梢干枯。高海拔的山上,常生长着低矮、附地的高山草甸,是植物长期适应高山强风的结果。

一般来说,树冠紧密,材质坚韧,根系庞大深广的树种,其抗风力强,如马尾松、黑松、圆柏、榉树、胡桃、白榆、乌桕、樱桃、枣树、葡萄、臭椿、朴树、槐树、樟树、河柳、木麻黄等。树冠庞大,材质硬脆,根系浅的树种,其抗风力弱,如雪松、悬铃木、梧桐、泡桐、刺槐、杨梅树等。

第二节　群落与园林植物景观

自然界中,任何植物都不是独立存在的,总有许多其他植物与之共同生活在一起。这些生长在一起的植物,占据了一定的空间和面积,按照自己的规律生长发育、演变更新,并同环境产生相互作用,称为植物群落或植物群体。按其形成和发展中与人类栽培活动的关系来讲,可分为两类:一类是植物自然形成的,称为自然群落;另一类是人工形成的称为人工群落。

自然群落是由生长在一定地区内,并适应该区域环境综合因子的许多互有影响的植物个体所组成,它有一定的组成结构和外貌,它是依历史的发展而演变的。在环境因子不同的地区,植物群体的组成成分、结构关系、外貌及其演变发展过程等都有所不同。如西双版纳的热带雨林植物群落、沙漠地区的旱生植物群落。

人工群落是把同种或不同种的植物配置在一起形成的,完全由人类的栽培活动而创造的。它的发生、发展规律与自然群落相同,但它的形成与发展,都受人的栽培管理活动所支配。目前我国许多城市公园绿地的植物群落除部分片断化的自然保留地外,多为典型的人工群落,如园林中的树丛、林带、绿篱等。人工群落是按照人的意愿,进行绿化植物种类选择、配置、营造和养护管理,群落层次比较清晰,外来观赏植物比例高,具有明显的园林化外貌和格局。

一、群落的外貌

(1)优势种。在植物群落中数量最多或数量虽不太大但所占面积最大的物种称为优势种,优势种的生活型体现群落的外貌。如华北地区油松林。

(2)密度。群落中植物个体的疏密程度与群落的外貌有着密切的关系,如西双版纳热带雨林植物群落与西北荒漠植物群落的外貌有很大的不同。

(3)种类。群落中种类的多少,对其外貌有很大的影响,种类多天际线丰富,轮廓线变化大;种类单一,呈现高度一致的线条。

(4)色相。各种群落所具有的色彩为色相,如油松林呈深绿色,柳树林呈浅绿色。

(5)季相。由于季节的变化,在同一地区的植物群落会发生形态、色彩的变化称为季相。如黄栌群落春天是绿色,秋季为红色。

(6)群落的分层。自然群落是在长期的历史发育过程中,在不同的气候条件、生境条件下自然形成的群落,各自然群落都有自己独特的层次,如西双版纳热带雨林群落,群落结构复杂,常有6～7层;东北红松林群落,常有2～3层;而荒漠地区的植物群落通常只有一层。通常层次越多,表现出的外貌色相特征也越丰富。

二、园林种植设计的植物群落类型

植物群落是城市绿地的基本构成单位,在城市植物景观设计中提倡自然美,创造自然的植物群落景观,在城市内形成较大面积的自然植被已成为新的潮流。随着城市规模的日益扩大和人们对环境条件需求的日益提高,人们已不仅仅满足于植物的合理搭配,而是将自然引入城市和生态园林等理念应用于城市建设中,建立适合城市生态系统的人工植物群落。

(一)观赏型人工植物群落

观赏型人工植物群落是对景观、生态和人的心理、生理感受进行研究,选择观赏价值高的植物,运用美学原理,科学设计、合理布局,将乔、灌、草复合配置,形成艺术美、生态美、科学美、文化美的人工植物群落。观赏型人工植物群落应注重季节的变化,如春季可营造观花的植物群落,秋季可把握季相变化和观果营造秋季植物群落。

(二)环保型人工植物群落

植物具有吸收、吸附有毒气体和污染物的功能,选择抗污能力强的植物,组合成抗污性较强的复层植物群落,可以改善局部污染环境,促进生态平衡,提高生态效益,美化环境。

(三)保健型人工植物群落

保健型人工植物群落是利用植物挥发的有益物质和分泌物,为达到增强体质、预防疾病、治疗疾病的目的而营造的植物群落。松柏类、核桃等植物具有杀菌功能,尤其适合疗养院、医院等单位应用。

(四)知识型人工植物群落

知识型植物群落的营造注重知识性、趣味性,按植物分类系统或种群系统种植,具有科普性、研究性,对珍贵稀有物种和濒临灭绝物种的引入和保护的人工植物群落,如植物园、动物园等。该群落植物种类丰富,景观多样,既保护和利用了种质资源,同时也激发人们热爱自然和保护环境的意识。

(五)生产型人工植物群落

生产型人工植物群落是指将具有经济价值的乔、灌、草、花,根据不同的建设需要,而营造的人工植物群落,如苗圃、药圃等。

第三节　园林植物的美学原理

一、园林植物色彩美原理

随着城市的不断发展,城市建设的飞速更新,人们也越来越重视与城市建设发展相匹配的城市绿化问题。城市如何美化,怎样的绿化会更符合人们的精神层面要求是值得园林工作者深思的,同样色彩在园林中的作用也在日益增强,色彩的应用越来越广,它已经成为现代文化和社会生活的一个显著标志。园林景观是随季节和时间变化的,设计者要懂得如何合理运用植物本身的色彩、季相的变化、形态的不同创造出令人心情愉悦的园林景观。色彩作为一种造型语言在园林景观运用中发挥着最主要的作用。

美有很多种,不同的人对美的认识不同,所以对美的定义就有所不同,我们无法用固定的形式评判美与丑,人们的经历不同、生活的环境不同、宗教信仰不同以及受教育水平的不同都会导致人们对同一事物表现出不同反应。但是,即使是各方面的背景都不相同,对于美,可以统称为可以带给人感官及心灵上愉悦的事物。

一般情况下,人都是通过视觉获取各种信息,其中色彩是十分重要的信息之一。除了客观上的观察之外,人经常还会通过色彩来对事物的状态、情形和感觉做出判断。色彩被认为是一种可以激发情感、刺激感官的元素。

因此,在园林植物造景设计中色彩是非常重要的元素,是针对目标群体的要求、习惯与兴趣爱好来创造传神的作品时不容忽视的要素。色彩传递给人的信息是非常直接的,在第一眼看见的瞬间就会在人的主观思维中形成一种印象。所以,可以毫不夸张地讲,不同的色彩应用足以左右设计本身的效果和表现力。

(一)色彩的基本知识

1.色彩的概念

色彩是人脑识别反射光的强弱和不同波长所产生的差异的感觉,是最基本的视觉反应之一。物体被光线照射,反射光被人脑接收形成"色彩"的认识。光照是色彩之源,没有光照就不存在色彩,人们在日常生活中用肉眼所见的色彩并不是物体本身的色彩,我们所看到的是物体本身的色彩吸收的太阳光线及环境色之后的颜色。

光波是电磁波的一种,电磁波包括 X 射线、紫外线等很多种,其中人类能够看见的光波称为可见光,根据可见光的电磁波波长由短到长的顺序,可以识别蓝紫色、紫色、青绿色、绿色、黄绿色、黄色、橙色、红色等色彩。光线中包含着很多种色彩,但光线本身却是无色的。

2. 色彩的三属性

色彩有三属性,分别为色相、明度、纯度,一般情况下可以根据色彩的三属性对其进行分类。理解色彩的三属性有助于更好地掌握和运用色彩。

(1)色相,即色彩的相貌,是指物理学或心理学上区别红、黄、蓝等色感的要素之一,同时也指色彩本身。色相的五种基本色为红、黄、绿、蓝、紫,五种中间色为橙、黄绿、青绿、蓝紫、红紫。有了对色相的基本了解,配色实践就变得简单多了。

(2)明度,是指色彩本身的明暗程度,在色彩中明度最高的就是白色,明度最低的是黑色。因此在任何一种色彩中添加白色其明度就会上升,相反添加黑色其明度就会下降。

(3)纯度,是指色彩的鲜艳程度,也就是说每一种颜色色素的饱和程度。达到了饱和状态的色彩即纯度最高,一种颜色越鲜艳说明其纯度越高。由三原色调配而得的其他颜色则纯度越低,也就是颜色越暗淡其纯度越低。不同色相的色彩的纯度不尽相同,其明度也不尽相同。在进行色彩运用时,纯度越高的色彩越容易给人鲜艳热烈、朝气蓬勃的印象,而纯度越低的色彩越容易给人天然朴素、成熟稳重的印象。

色彩的三属性既独立又相互联系,了解色彩的三属性是灵活熟练运用色彩的必修课,掌握好色彩的三属性就不会在色彩运用中出现较大的错误。

3. 有彩色与无彩色

色彩大体上可以分为有彩色和无彩色两类。无彩色通常指的是黑色、白色和黑白两色相混的各种深浅不同的灰色,也称黑白系列。这种在色彩属性中只有明度一个属性的色彩,从物理学角度看它们没有可见光谱,所以不能称为色彩,但是从心理学上讲它又具有完整的色彩特征,应该包括在色彩体系之中。无彩色里没有色相与纯度,只有明度上的变化,类似于深灰、浅灰,深黑、浅黑等。有彩色是指拥有色彩的三个属性的颜色,包括可见光谱中的全部色彩。

4. 色调

色调是指整体色彩外观的重要特征和基本倾向。色调是指色彩的浓淡、强弱程度,是通过色彩的明度、纯度综合表现色彩状态的概念。色调在很多情况下,决定着色彩的印象与感觉,只要在色彩搭配中保持整体画面的色调一致,就能展现统一的配色效果。

色调是人认识色彩过程中非常重要的概念,它体现了一个人的审美感情、趣味和心理需求。色调是每个园林植物景观设计工作者应该了解和掌握的。把握好色调就把握好了整个园林植物配色设计的大方向。

(二)色彩的印象

在色彩三要素中,色相对人心理的影响最大。人在捕捉、认识色彩时,首先识别到的是色相。色相大体上可以分为暖色系和冷色系两大色系。一般来讲,暖色系的色彩体现活跃、兴奋等动感的印象,冷色系色彩体现稳重、安逸等静态的印象。紫色、绿色既不属于暖色系也不属于冷色系,称为中间色,中间色基本不能单独营造冷暖的印象。依照个人的感官情感而定义,整体表现很中性。在设计中应充分利用色彩的这种特性,在不同的环境和气氛中运用不同的冷暖色调。如严寒地带应多用暖色调色彩的组合,使人感觉温暖。而热带宜多用冷色调的色彩组合,使人感觉清凉。初秋宜多用暖色花卉,而夏季多用冷色花卉。色彩对人除了有一定的生理、心理作用,还有一定的保健、康复作用。颜色时时刻刻与人们的生活联系在一起,它影响着人们的精神和情绪。色彩在环境造型中是最容易让人感动的设计要素。色彩可以增加表现力和感染力,通过给人造成的视觉刺激,通过记忆联想、想象产生心理和生理反应而达到心理共鸣,大大增加环境的表现力,从而对环境气氛起到强化和烘托作用。因此在进行植物造景的色彩搭配时应在把握好色彩情感语言的基础上,充分了解地方民众对色彩的情感偏好,使植物造景能通过色彩风貌传达当地人的情感和反映地方特色。

1. 带有暖意的活跃印象

虽然色彩所代表的含义在每个人眼里并不是共通的,因个人的情绪、思想和文化差异而有所出入,但大多数人还是会存在很多共通的特质。在所有的色彩感觉当中,最有特点的就是能使人感受到温暖的暖色系色彩。

以红色和黄色为中心的色彩属于暖色系色彩,其中包括红色、橘红色、橘黄色、黄色等,红色代表着热情、爱、华丽辉煌的生命力以及活力,同时能刺激和兴奋神经系统,增加肾上腺素分泌和增强血液循环。橘红色介于红色与橘色两者之间,与橘黄色一并给人活跃、温暖、朝气蓬勃的感觉,使人感觉明朗;还能产生活力、诱发食欲、有助于机体恢复和保持健康。黄色明亮,且轻快宽厚,带给人轻快的幽默感,也可刺激神经和消化系统,加强逻辑思维。在生理上,由于这几种色光的波长比较长,有扩张、延伸视线的效果,在视觉上有拉近距离感及扩散感。

生活于都市中的人工作压力、生活压力都很大,经常会有心情郁闷、沉重之感。在园林植物造景中,应把暖色系的植物多应用于热烈欢快、喜庆的场合中,如节假日广场上布置的花坛,创造欢快的节日气氛。同时也可多应用于康复中心等地,通过鲜艳、亮丽的色彩鼓励患者。(彩图 23)

2. 带有寒冷的清凉印象

与暖色系相反,冷色系通常会给人以凉爽、清新的感觉,让人镇静。以蓝色为中心的色彩属于冷色系,其中包括蓝色、蓝紫色、蓝绿色等,蓝色代表着冷静、知识与沉着,并给人清凉的感觉。蓝紫色时尚典雅、性感优美,给人神秘感。蓝色在生理上能降低脉搏、调节体内平衡、蓝色的环境使人感觉优雅宁静。而蓝绿色如湖水般清澈忧郁,宛如绿宝石般让人惊艳。冷色系的植物大多给人沉静、稳重的感觉,可用于比较严肃庄重的场合,大面积的运用更能体现厚重感。如南京中山陵大量雪松的应用,给人以庄严肃穆的感觉。(彩图 24)

3. 带有平和的中间色系

相比较暖色系和冷色系,中间色系就比较温和,它既不会让人觉得热烈耀眼也不会使人觉得寒酷冷冽,相反地会给人一种平和之感。中间色系以红色与蓝色之间的颜色为主,这种颜色没有较强的冷暖气息,让人感觉耳目一新。可以运用于装饰性的植物,平和而又不失稳重,以营造浪漫典雅的效果。(彩图 25)

(三)园林植物景观配色的原则

园林植物设计中色彩单体在设计中的影响力很大,而多种色彩的搭配组合能够展现出更加丰富多彩的画面。利用植物的不同色彩进行合理的搭配,会使园林植物的设计质量大大提高。

在选择色彩时,不能单纯根据个人的主观、感性和兴趣来选择,而要考虑到设计作品的用途、目的、季节感、心理效果等。

1. 单色系配色

单色系顾名思义是一种颜色，单色系配色就是利用一种颜色之间的微妙变化形成暧昧、朦胧效果的配色类型，色彩变化比较平缓，并且在同一色相内变化，在园林景观设计中展现出温柔、雅致、浪漫的一面。

在园林景观设计中，可以运用单色系配色的方法创造出比较轻松、舒缓的色彩效果。如北京植物园裸子植物区，雪松、云杉、青杆、白杆、矮紫杉相互搭配深深浅浅的绿色，给人美妙的色彩感受。

2. 类单色系配色

类单色系配色是指在色相、色调上的变化程度比单色系配色稍微大一些的配色类型，单色系配色是指在一种颜色的深浅上起变化，而类单色系配色并不是只在一种颜色上变化，比如浅粉色与粉绿色都给人以粉嫩的感觉，属于类单色系。其配色效果比单色系配色更加清晰。

园林植物应用中，如想制造大面积的画面统一感，可以统一采用浅色调或深色调。如秋季金黄的银杏叶片，随着秋风飘落在绿色的草坪上，黄绿色彩交织，演绎出和谐、温馨的画面。在山谷林间、崎岖小路的闭合空间，用淡色调、类似色处理的花境来表现幽深、宁静的山林野趣。

3. 对比配色

对比色即是由对比色相互对比构成的配色。一般都是在色相盘上占两极的颜色，在色彩感觉上互相突出，如红色与绿色具有强烈的视觉冲击效果。对比色在园林景观应用中极为广泛，对比色搭配出的景色活泼热烈、能使人产生兴奋感和节奏感。如扬州瘦西湖早春湖边金黄色的连翘花与蓝色的地被植物二月兰相互对比，给人视觉的震撼。"万绿丛中一点红"正是对比色的搭配。园林造景也多把对比色用在花坛或花带中，如在宽阔草坪、广场上的开阔空间用大色块、浓色调、多色对比处理的花丛、花坛来烘托明快的环境。

4. 层次感配色

层次感配色是由色相的层次感、明度的层次感和纯度的层次感发生阶段性的变化，顺序排列构成的配色。这种配色能够体现色彩的节奏感和流动效果，具有秩序性，使人感到安心、舒适，是展现多色配色效果的有效技巧之一。在园林景观中，层次感配色也是不错的选择，层次感配色如橘黄、黄色、鹅黄、浅黄。这种配色的景观整体感更强，更能产生较好的艺术效果。

二、园林植物造景的形式美原理

植物是园林景观的灵魂，植物的形式美是通过植物的形态、色彩、质地、线条等来展现，所谓植物的形式美就是通过植物与植物之间的变化统一、尺度大小、均衡对称等基本规律来实现的。

（一）变化与统一

变化与统一是形式美的基本规律，是设计的总原则。变化与统一又称多样统一。变化，即寻找彼此之间的差异，而统一则是寻找彼此之间的共同点、共同特征。变化与统一是相辅相成的，要做到在变化中有统一，统一中又有变化，这样才能做到景观的不单调、不杂乱。

在植物景观设计中，应将景观作为一个有机整体统筹安排，达到形式和内容的统一。如规划一座城市的树种时，有基调树种、骨干树种和一般树种，基调树种种类少，但应用数量大，形成该城市的基调色彩和特色，起到统一的作用，而一般树种，种类多，每一种类应用量少，起到变化的作用。

又如,秋色叶树配置在一起,形成统一的秋季色彩,但秋色叶树有乔木、灌木,有红色、紫红色、橙色、黄色等,这就形成统一中有变化。

(二)节奏与韵律

节奏是规律性的重复。节奏在造型艺术中则被认为是反复的形态和构造,在一幅图画中把图形等距离的反复排列就会产生节奏感。在植物配置中,同一种植物按一定的规律重复出现,自然就会形成一种节奏感,这种节奏感通常是活泼的并且能使人产生愉悦的心情。

韵律分为渐变韵律、交替韵律和连续韵律等。渐变韵律是以同一种植物的大小不同、形状不同而形成的渐变趋势,渐变韵律最为丰富多彩也最为复杂。例如人工修剪的绿篱,可以修剪成形状、大小都不同的图案并呈渐变的趋势,能在配置之中增添活泼、生动的趣味。交替韵律通常是采用两种树木相间隔的种植,最绝妙的就是杭州西湖苏堤上的"杭州西湖六吊桥,一株杨柳一株桃",把交替韵律的美感体现得淋漓尽致。连续韵律是最为普通又最好表现的一种韵律,不管是选择植物种类还是排列顺序都较前两种更简单,同一树种等距离排列栽植最能体现连续韵律。连续韵律多用于行道树配置中,也可以用于道路分隔绿带中。

(三)对比与调和

对比是通过对两种不同形式景观的差异做比较,由不同元素在形态、色彩、质地上的不同而形成的视觉差异,使彼此的特色更加明显。对比在植物配置中更多的是能显示出一种张力,使画面更加跳跃、活泼。

调和是利用不同元素的近似性或一致性,使人们在视觉上、心理上产生协调感,如果说对比强调的是差异,而调和强调的就是统一。

植物的景观元素是由植物的色彩、形态、质地等构成的,这些元素存在着深浅、大小、粗细、刚柔、疏密、动静等不同,通过对比和调和使这些元素达到变化中有统一。

1.质感的对比与调和

园林景观中通过合理使用不同质感、类型的植物材料,注重质感间的调和,提高统一的质感效果。例如在山石周围种植苏铁、常春藤等植物,山石与周围配植的植物虽有显著不同,但也有某些共性,山石具有粗糙、粗犷的质感,而苏铁、常春藤也同样具有粗犷感,它们在质感上达到了统一,并且相互衬托,共同显示出了一种粗犷美,远远超过了单一素材所带来的质感感受。园林中也可通过质感对比活跃气氛,突出主题,使各种素材的优点相得益彰。质感的对比包括粗糙与光滑、坚硬与柔软、粗犷与细腻、沉重与轻巧的对比等等。如细致的迎春花在粗犷的山石衬托下更显现其精美。悬铃木粗壮、厚重的质感与红花酢浆草地纤细、轻柔的质感形成对比,在不同的质感对比中产生了美。

2.空间的对比与调和

在植物配置中巧妙利用植物空间的对比与调和,会使人心情豁然开朗。在植物种植中,空间的对比是必不可少的。草坪、开阔水面、地被植物、草本花卉等视线通透,视野辽阔,容易让人心胸开阔,心情舒畅,产生轻松自由的满足感,而狭窄的胡同、浓密的树冠围合的封闭空间使人感觉幽静神秘,通过空间的转化,可以增加景观层次的多重变化,有引人入胜之功效。比如南京瞻园西入口首先进入幽暗的门屋,迎面的院墙上有一个洞门,透过洞门依稀可见园内景色,整个入口部分内敛、幽暗,而穿过曲廊,几经转折,园景豁然开朗,静妙堂和大假山顿入眼帘,开阔的视野和入口的封闭形成强烈的对比,令人的视觉受到强烈冲击,形成空间感觉的交替变换。

3. 方向的对比与调和

方向的对比与调和强调的是画面整体感,植物景观具有线性的方向性,通过对比与调和,可以增加景深和层次。如上海世纪公园一处,水平方向的空旷草坪与垂直方向挺直的池杉形成强烈的对比,不仅拉开空间上的层次更使人心旷神怡,如图3-1所示。

图3-1　水平方向草坪与垂直方向池杉的对比

4. 色彩的对比与调和

色彩的对比与调和,是色彩关系配合中辩证的两个方面,其目的就是形成色彩组合的统一协调。通常一种色彩中包含另一种色彩的成分,例如红与橙,橙与黄,黄与绿,绿与蓝,蓝与紫以及紫与红;在色盘上位置离得远的或处于对称的位置,红与绿,黄与紫,蓝与橙则为对比色(彩图26)。

任何一种植物配置中都会考虑色彩搭配,对比色彩会显得张扬奔放,活泼俏丽,视觉冲击力大,容易形成个性很强的视觉效果。而植物色彩的调和能给人安静、宁静、清新的感觉,如杭州西溪湿地的湖边都种植一些高大的绿色植物,植物的绿色与湖水的蓝色相衬让游人仿佛进入一个清新、宁静的天堂(彩图27)。

(四)均衡与稳定

在平面上构图平衡为均衡,在立面上的构图平衡则为稳定。均衡与稳定是人们在心理上对对称或不对称景观在重量上的感受。一般,体积大、数量多、色彩浓重、质地粗糙、枝叶茂密的植物,给人以重的感觉;反之,体积小、数量少、色彩素雅、质地细柔、枝叶疏朗的植物,给人以轻盈的感觉。在景观设计中,合理处理轻重缓急,使整体景观处于对称均衡和不对称均衡的完美状态。

1. 对称均衡

对称均衡是运用园林植物的形态、数量、色彩、质地的方面的均衡,一般,适用于规则式园林。例如行道树种植,采用的就是对称均衡,给人整齐庄重的感觉。对称均衡也常用于比较庄重的场合,如陵园、墓地或寺庙等。南京中山陵植物对称均衡应用如图3-2所示。

图 3-2　南京中山陵植物对称均衡应用

2.不对称均衡

不对称均衡常用于自然式种植,如花园、公园、植物园、风景区等,赋予景观自然生动的感觉,通过植物体量、数量、色彩的不同,达到人心理的自然平衡。

(五)主景与配景

任何一个作品,不论是一幅风景优美的油画还是设计精美的雕塑、建筑,都应该遵循有主有从的原则,山有主峰、水有主流、建筑有主体、音乐有主旋律、诗文有主题,园林植物景观也是如此。

在植物景观设计中,主景一般形体高大、或形态优美、或色彩鲜明,配置中主景一般安排在中轴线上、节点处或制高点,从属的景物置于两侧副轴线上,主次搭配合理,景观才能和谐、生动。

(六)比例与尺度

比例是指整体与局部或局部与局部之间大小、高低的关系,尺度是指与人有关的物体实际大小。

比例与尺度是园林空间景观形成的重要元素,园林中的尺度,是指园林空间中各个组成部分与具有一定自然尺度的物体的比例关系。在园林景观中,植物个体之间、植物个体与群体之间、植物与环境之间、植物与观赏者之间,都存在着比例与尺度的关系,比例与尺度恰当与否直接影响景观效果。

尺度是对量的表达,园林空间中大到街道、广场,小到花坛、座椅、花草树木的尺寸都取决于功能的要求,空间的尺度设计必须满足尺度规范,力求人性化。

形式美规律对景观设计起着指导性的作用,它们是相互联系、综合运用的,并不能截然分开,只有在充分了解多样统一、节奏与韵律、尺度与比例、对比与调和、对称与均衡、主从与重点等方法的基础上,加上更多的专业设计实践,才能很好地将这些设计手法熟记于心,灵活运用于方案之中。赋予自己的景观作品以灵魂,使景观作品在自然美、建筑美、环境美与使用功能上达到有机统一。

三、园林植物的意境美

"意境"是观赏者通过视觉得到的物像,运用理性的思维方式,不断地对物像进行提炼与升华,最终达到精神层面的享受。园林植物的意境美反映了人们对自然的热爱所产生的独特美感,即"触景生情",情景交融是自然美与人的审美观、人格观的相互融合,使植物景观从形态美升华到意境美,达到天人合一的完美境界。中国的历史悠久,许多植物被人格化,如松、竹、梅被称为"岁寒三友",象征着坚贞、气节和理想,代表着高尚的品质;"梅、兰、竹、菊"被喻为四君子;"玉兰、海棠、牡丹、桂花"代表长寿富贵。

松树是坚贞、孤直和高洁的象征,"大雪压青松,青松挺且直"、"万丈危崖上,根深百尺中"揭示了松树面对风雪傲然挺立、无畏无惧、坚贞不屈的品格,被历代文人视为君子品行的象征。园林中常用于烈士陵园以纪念革命先烈,如毛主席纪念堂南面的油松配置、上海龙华公园入口处黑松的应用,都象征着永存、不朽。

梅花形秀美多样,花姿优美多态,花色艳丽多彩,气味芬芳袭人。梅花品格高尚,铁骨铮铮。她不怕天寒地冻,不畏冰袭雪侵,不惧霜刀风险,不屈不挠,昂首怒放,独具风采。梅花,一向是诗人赞颂的对象,其中林逋的"疏影横斜水清浅,暗香浮动月黄昏"是梅花以雅致、韵味取胜的千古绝句。"万花敢向雪中出,一树独先天下春"、"俏也不争春,只把春来报。待到山花烂漫时,她在丛中笑",歌颂了梅花坚强不屈,超脱凡俗的傲骨。园林中以梅花命名的景点极多,如梅岭、梅岗、梅坞、梅溪、梅花村、梅花山等。

竹子清雅隽秀,坚韧挺拔,高风亮节,历来为文人墨客所喜爱。"未出土时先有节,及凌云外尚虚心"、"咬定青山不放松,立根原在破岩中。千磨万击还坚劲,任尔东西南北风"可谓千古绝唱!竹子被视为最有气节的君子,竹的心境是淡泊的,不附高贵,不避贫寒,虚怀若谷,坚韧不拔,宁折不弯,两袖清风。园林中竹常用于小路,体现"曲径通幽",私家园林中也常置于墙角。

兰花,叶形飘逸,花姿秀丽,花色淡雅,香味清韵。兰花生长在深山幽谷中,故有"空谷佳人"的美称。李白有过"幽兰香飘远,蕙草流芳根"和"连峰去天不盈尺,枯松倒挂倚绝"的千古佳句,充满了对兰花的赞美。"庭院有兰、清香弥漫。居室有兰,满堂飘香"。兰花以她独特的自然魅力,高雅的艺术魅力,可贵的人格魅力,赢得人们的青睐。

牡丹素有"国色天香"、"花中之王"的美称。牡丹是我国的传统名花,牡丹雍容华贵、富丽堂皇、倾国倾城,自古就有富贵吉祥、繁荣昌盛的寓意。牡丹劲骨刚心的形象和民族气节,让不少文人赞叹。李清照《庆清朝》中写出牡丹的容颜、姿态、神采,展现了其在风月丛中,与春为伴、傲然怒放的自信和坦荡:"待得群花过后,一番风露晓妆新。妖娆艳态,妒风笑月,长殢东君。"借以表达了作者的傲骨清风的品质。园林中牡丹可在公园和风景区建立专类园;亦可在古典园林和居民院落中筑花台种植;在园林绿地中自然式孤植、丛植或片植;也适于布置花境、花坛、花带、盆栽观赏。

桃花在民间象征幸福、交好运。早在《诗·周南》中便有"桃之夭夭,灼灼其华"的名句。桃花又和爱情相关联,唐诗有"去年今日此门中,人面桃花相映红,人面不知何处去,桃花依旧笑春风"。人们把感情寄托在桃花上,将美丽的往事抒发在诗情中。桃树与避邪、避凶等民间传统风俗相联,在《典术》中有"桃之精生于鬼门,以制百鬼,故今作桃梗人悬门以压邪"的说法。园林中,桃树常与柳树间植,形成桃红柳绿的景观。

植物景观意境创造源于设计者的艺术修养和文化底蕴,园林景观设计工作人员应不断地积累文化知识和自身的修养,才能设计出景观美和意境美完美结合的园林景观。

第四章　园林植物景观设计的基本原则和配置方式

第一节　园林植物景观设计的基本原则

植物在园林景观要素中占有重要的地位。有了植物,园林景观就会变得有生气,不再死气沉沉。好的植物景观设计不但会大大提高园林景观的效果,也可以持久有效地改善和保持景观环境。因此,在进行植物景观设计时要考虑多方面的因素,更好地体现植物的生态功能、景观功能。

一、符合绿地的性质和功能要求

园林植物景观设计,首先要根据园林绿地的性质和功能考虑植物的设计形式和植物的选择。比如市政广场,这种形式的绿地往往代表了城市风貌,因此以规则式设计居多,乔木用量少,灌木、花卉、地被植物多,常常注重植物的图案或色彩搭配设计,形成开阔的景观。

二、遵循生态要求,保护自然环境

1. 遵循植物的生物学特性和生态习性选择使用植物

不同种类植物的体量大小、生命周期长短及物候期等各有不同,应依据园林规划设计的不同要求进行选择。如植株体量较大、冠大荫浓的树种宜作庭荫树,分枝点高、主干光滑、花果不污染衣物的树种宜做树林(林植);各种不同树形、对光有不同需求、观赏时期不在同时的树种可群植(亦可是同一种);耐修剪、枝叶浓密的树种宜作绿篱(绿墙)植物造型;植株低矮、匍匐又枝叶浓密的种类宜作地被;释放的挥发性物质具杀菌作用的植物宜作卫生防护林(保健树种);深根型、根系发达,枯枝落叶层厚的树种宜作水源林(涵养水源);菌根或根瘤菌丰富,落叶多、易腐烂(或分解成腐殖质),枝叶含氮、磷、钾、钙等营养成分高的树种宜作绿肥树种(用于城市绿地中土壤条件差的地方,或称先锋树种)。

每种植物对光、温度、水、土壤、气候等方面的要求各不一样,依据立地条件选择相应植物,做到适地适树。如耐干旱瘠薄、具菌根或根瘤菌的树种可用于荒山或立地条件差的城市绿地中,称先锋树种或荒山绿化树种;耐荫或喜半荫的树种可用于栽培群落的中层、建筑物荫庇处等。

2. 重视生物多样性,组建生态健全、景观良好的复层混交群落

中国是"世界园林之母",在野生观赏植物种质资源上有着极大的优势。物种的多样性是生物多样性的基础。现在许多植物景观设计由于苗木市场的局限性,很多优良的植物种类无法被应用,特别是慢生树种和特色树种。因此,大力开发优良植物种质资源,丰富园林植物种类,既增加生物多样性,保持生态平衡,又可形成丰富多样、富有特色的园林景观。

在注重生物多样性的同时,将植物景观设计成乔、灌、草相结合的多层次、多结构、多功能的植物群落。构建复层混交群落,对增加生物多样性有利,同时可以增加叶面积系数,调节小气候,改善环境,增加生态效益。但是,园林植物景观设计形成的是人工群落,与自然植物群落相比缺少一定的稳定性。所以在设计之前,充分了解植物生理、生态习性,合理选配植物,避免种间竞争和种间排斥,模拟和创建结构合理、功能健全、种群稳定的复层混交结构,形成具有自我更新、自我恢复能力的生态环境。

三、满足园林的艺术性要求

植物景观设计不但要改善生态环境,更要体现出植物景观的艺术美感,达到科学性与艺术性的统一。植物景观设计时,需要根据植物的不同株型、姿态、体量、质感和色彩进行创造,合理的搭配,形成优美的植物空间。

1.总体艺术布局要协调

一般来说,园林植物种植形式总体上要与园林绿地的规划形式协调一致。规则式园林中植物种植也应以规则式为主,以对植、列植、图案式种植为主;而自然式园林中应当以不对称的自然式种植为主,充分表现植物的自然韵味。

另外,植物景观设计时,还要考虑到空间上的整体性。平面上要注意植物种植的疏密和轮廓,竖向上要注意形成富有变化的林冠线,在整体空间上要重视植物景观的景深层次和远近观赏效果。远观要看整体轮廓和比例的效果,看色彩的搭配;近赏要观看植物的姿态,以及花、叶、果的形态和色彩。既要突出植物的个体美,同时又要注重植物的群体美,从而获得整体与局部的协调统一。

2.运用美学原理,突出植物的观赏效果

运用美学原理将植物的树形、枝干、花期、花色、花香等进行搭配,相近花期不同花色植物的对比与协调,植物的不同高度、色彩、质地的搭配形成有韵律的立体配置效果。色带、群落运用中需要协调植物的生长速度和种间竞争关系。

例如卵圆形树冠和尖塔形树冠的树种的搭配形成对比效果;具有美丽春花、夏荫或秋叶的植物的搭配展示美丽的季相景观效果;连翘和榆叶梅的花期相接、树形对比,配置时,宜有常绿树为背景;紫叶小檗、大叶黄杨和金叶女贞的色带应注意紫叶小檗的配置位置,以保证色带长期稳定的观赏效果。

3.融入传统植物配置文化内涵,提升园林空间的意境与特色

我国常将植物的形态特征与人联系在一起,有些植物因为具有特殊的形态、性质而受到人们的喜爱,而且这种传统习惯影响着整个国民的审美趣味。利用植物的观赏特性,营造园林意境,是我国古典园林中常用的传统手法。如把松、竹、梅喻为"岁寒三友",把梅、兰、竹、菊比为"四君子",这都是运用园林植物的姿态、气质、特性给人的不同感受而产生的比拟联想,即将植物人格化,从而在有限的园林空间中创造出无限的意境。如扬州个园,是因竹叶叶形似"个"字而得名。园中遍植竹子,以示主人之虚心有节、刚直不阿的品格。在现代植物设计中也可以运用传统的花木文化创造出有意境的植物空间。如岳庙精忠报国影壁前配置有杜鹃花,花色血红,寓意"杜鹃啼血",以表达对忠魂的悼念,同时墓园中种植有树干低垂的槐树,表示哀悼,这样既体现了岳庙的纪念性环境,又增加了寄情于景的欣赏价值。

在意境创造上,要注意根据不同的区域、园林的主题和植物种植设计的具体环境,确定种植设计的植物主题和特色,形成具有鲜明风格的植物景观。如北京香山以观赏秋季黄栌红叶著称;西湖

柳浪闻莺公园以湖边赏柳听脆鸣为特色。

四、合理规划树种，特色与经济并重

1.应用乡土树种

在很多情况下，坚持应用乡土树种具有显著的优点：其适应本地气候环境，能与当地的景观相协调，彰显地方特色。同时乡土树种的种源和苗木易得，既降低成本又可减少种植后的养护管理费用。

2.要有合理的植物近期、远期规划和种植密度

由于植物在不断成长，生长速度有快有慢，造成植物景观的前期效果和后期效果有很大不同。早期为了使景观能够有较好的效果可以增大种植密度，或者适当的增加小型植物景观；到植物慢慢长大就逐渐移走相应的植物，以满足后期植物景观效果。因此，景观设计时要兼顾速生树与慢生树，常绿树与落叶树，乔木与灌木、草的搭配比例，减少植物设计失败而带来的经济损失。

第二节　园林植物配置的方式

随着经济的发展和人民生活水平的提高，改善城市环境日益为人们所重视，绿化美化环境成为城市居民的共同愿望，园林植物是城市生态和文化环境的基本要素之一。城市绿化常用的园林植物有乔木、灌木、花卉和地被植物、藤本攀援植物、竹类、水生植物等。园林植物在满足生态、社会和经济效益基础上，更要突出美化功能。

一、园林植物配置方法

完美的植物景观，必须具备科学性与艺术性两方面的高度统一。既要满足植物与环境的统一，又要通过艺术构图体现出植物个体与群体的形式美，及人们在欣赏时的意境美。园林植物配置是按照植物生态习性和园林布局要求，合理配置园林中各种植物，以发挥其园林功能和观赏特性。园林植物的配置包括两个方面：一方面是各种植物相互之间的配置，考虑植物种类的选择，树丛的组合，平面的构图、色彩、季相以及园林意境；另一方面是园林植物与其他园林要素相互之间的配置。

（一）园林植物配置基本形式

园林景观植物在设计中的基本形式包括：规则式、自然式和混合式。在具体的应用中形成不同的应用形态。

1.规则式

规则式又称整形式、几何式、图案式等，是指园林景观中植物成行成列等距离排列种植，或做有规则的简单重复，或具规整形状。多使用植篱、整形树、模纹景观及整形草坪等。花卉布置以图案式为主，花坛多为几何形，或组成大规模的花坛群；草坪平整而具有直线或几何曲线型边缘等。规则式种植通常运用于规则式或混合式布局的园林环境中。具有整齐、严谨、庄重和人工美的艺术特色，如图 4-1 所示。

2.自然式

自然式又称风景式、不规则式，是指植物景观的布置没有明显的轴线，各种植物分布自由变化，

没有一定的规律性。树木种植无固定的株行距,形态大小不一,充分发挥树木自然生长的姿态,不求人工造型,充分考虑植物的生态习性,植物种类丰富多样,以自然界植物生态群落为蓝本,创造生动活泼、清幽典雅的自然植被景观,如自然式丛林、疏林草地、自然式花境等。自然式种植设计常用于自然式的园林景观环境中,如自然式庭园、综合性公园安静休息区、自然式小游园、居住区绿地等,如图 4-2 所示。

图 4-1　规则式种植

图 4-2　自然式种植

3. 混合式

混合式是规则式与自然式相结合的形式,通常指群体植物景观(群落景观)。混合式植物造景就是吸取规则式和自然式的优点,既有整洁清新、色彩明快的整体效果,又有丰富多彩、变化无穷的自然景色;既有自然美,又具人工美。

混合式植物造景根据规则式和自然式各占比例的不同,又分三种:自然式为主结合规则式;规则式为主点缀自然式;规则式与自然式并重。混合式种植如图 4-3 所示。

图 4-3　混合式种植

(二)乔灌木的设计配置

1. 园林树种选择

树木是园林绿化最基本的组成要素,科学的选择树种是保证城市绿化效果的基础,也直接影响城市园林景观的经营和管理成本。

(1)选择适宜的乔木品种。

在我国城市绿化用地十分有限的情况下,要达到以较少的城市绿化建设用地获得较高生态效益的目的,必须发挥乔木树种占有空间大、寿命长、生态效益高的优势。我国的高大树木物种资源丰富,30～40 m的高大乔木树种很多,应该广泛加以运用。在高大乔木树种选择的过程中除了重视树龄长的基调树种以外,还要重视一些速生树种的使用,特别是在我国城市绿化还比较落后的现实情况下,通过发展速生树种可以尽快形成森林环境。

(2)按照城市的气候特点和具体城市环境选择树种。

乔木树种的主要作用之一是为城市居民提供遮阴环境。在我国,大部分地区都有酷热漫长的夏季和寒冷的冬季。因此,植物景观设计要做到夏季遮阴降温,冬季透光增温。具有鲜明地方特色的落叶阔叶树种,不仅能够在夏季旺盛生长而发挥降温增湿、净化空气等生态效益,而且能够在冬季落叶增加光照,起到增温作用。因此,要根据城市所处地区的气候特点和具体城市绿地的环境需求选择常绿与落叶树种。

(3)选择本地特色建群种。

追求城市绿化的个性与特色是城市园林建设的重要目标。地区之间因气候条件、土壤条件的差异造成植物种类上的不同,乡土树种是体现城市园林特色的主要载体之一。使用乡土树种更为可靠、廉价、安全,它能够适应本地区的自然环境条件,抵抗病虫害、抗环境污染等干扰的能力强,可尽快形成相对稳定的森林结构并发挥多种生态功能,有利于减少养护成本。因此,乡土树种和地带性植被应该成为城市园林的主体。

建群种是森林植物群落中在群落外貌、土地利用、空间占用、数量等方面占主导地位的树木种类。建群种可以是乡土树种,也可以是在引入地经过长期栽培,已适应引入地自然条件的外来种。建群种无论是在对当地气候条件的适应性,增建群落的稳定性,还是在展现当地森林植物群落的外貌特征等方面都有不可替代的作用。

2.乔灌木配置应用方式

1)孤植

孤植是指乔木或灌木单株栽植或二、三株同一种的树木紧密地栽植在一起,而且具有单株栽植效果的种植类型。如图4-4所示的苏州博物馆内庭中,以多变建筑墙群为背景,孤植一株桂花,一树多影,静幽而富有生气。

[造景要求]

①树种选择:孤植树主要表现植株个体的特点,突出树木的个体美。要选择观赏价值高的树种,即具有体形巨大、树冠轮廓富于变化、树姿优美、姿态奇特、花朵

图 4-4 孤植

果实美丽、芳香浓郁、叶色有季相变化、成荫效果好、寿命长等特点的树种,如榕树、香樟、紫薇等。

②位置安排:在园林中,孤植树种植的比例虽然很小,却常作构图主景。其构图位置应该十分突出且引人注目。最好还要有像天空、水面、草地等色彩既单纯又有丰富变化的景物环境作背景衬托,以突出孤植树在形体、姿态、色彩等方面的特色。起诱导作用的孤植树则多布置在自然式园路、河岸、溪流的转弯及尽端视线焦点处引导行进方向。安排在交叉路口及园林局部的入口部分,诱导

游人进入另一景区或空间。

③观赏条件：孤植树多作局部构图的主景，因而要有比较合适的观赏视距、观赏点和适宜的欣赏位置。一般最适距离为树高的 4～10 倍。

④风景艺术：孤植树作为园林构图的一部分，必须与周围环境和景物相协调，统一于整个园林构图之中。如在开朗宽广的草坪、山冈上或大水面的旁边栽种孤植树，所选树种应巨大，以使孤植树在姿态、体形、色彩上得到突出。

⑤利用古树：园林中要尽可能利用原有大树做孤植赏景树。

图 4-5　对植(对称)

2)对植

对植是指用两株或两丛相同或相似的树，作相互对称或均衡的种植形式，如图 4-5 所示。

[造景要求]

①对称种植。多用在规则式园林中，如在园林的入口、建筑入口和道路两旁常运用同一树种、同一规格的树木，依主体景物轴线作对称布置。对称式种植一般采用树冠整齐的树种。

②非对称种植。多用在自然式园林中，植物虽不对称，但左右均衡。如在自然式园林的进口两旁、桥头、蹬道的石阶两旁、洞道的进口两边、闭锁空间的进口、建筑物的门口，都可形成自然式的栽植起到陪衬主景和诱导树的作用。非对称种植时，分布在构图中轴线的两侧的树木，可用同一树种，但大小和姿态必须不同，动势要向中轴线集中，与中轴线的垂直距离，大树要近，小树要远。自然式对植也可以采用株数不相同而树种相同的配植，如左侧是一株大树，右侧为同一树种的两株小树。

3)列植

列植即行列栽植，是指乔木、灌木沿一定方向(直线或曲线)按一定的株行距连续栽植的种植类型。列植是规则式种植形式，如图 4-6 所示。

[造景要求]

①树种选择：行列栽植宜选用树冠体形比较整齐的树种，如圆形、卵圆形、倒卵形、椭圆形、塔形、圆柱形等，而不宜选择枝叶稀疏、树冠不整形的树种。

②株行距：行列栽植的株行距，取决于树种的特点、苗木规格和园林主要用途等。一般乔木的株行距采用 3～8 m，甚至更大；灌木的株行距采用 1～5 m。

③栽植位置：行列栽植多用于规则式园林绿地中如道路广场、工矿区、居住区、办公建筑四周绿化。在自然式绿地中也可布置比较规则的局部。

④要处理好与其他因素的矛盾：列植形式常应用于建筑、道路上下管线较多的地段，要处理好与综合管线的关系。道路旁、建筑前的列植树木，应既与道路配合形成夹景效果，又避免遮挡建筑主体立面的装饰部分。

4)带植

树木成带状自然式种植，其长短轴比大于 4∶1，如图 4-7 所示。

图 4-6　列植

图 4-7　带植

[造景要求]

①自然式栽植,不能成行成排、成直线、等距离栽植。(不是列植)应注意整体林木疏密相间、高低错落,故林冠线及林缘线为自然起伏曲折的自然曲线。

②为连续风景构图,故混交林带应有主调、基调及配调之分。主调还应随着季节交替而变化。连续构图中应有断有续。

5)丛植

丛植是由两株到十几株同种或异种,乔木或乔木、灌木自然栽植在一起而成的种植类型。丛植是园林中植物造景应用较多的种植形式。

(1)种植形式。

①两株一丛(配合)。两株树的组合,应形成既有通相,又有殊相的统一变化的构图。即对比中求调和。两株结合的树丛最好采用同一树种或十分相似的树种;若两株同种树木配植,最好是在姿态上、动势上、大小上有显著差异的。其栽植的距离应小于两树冠半径之和,使其形成一个整体,以免出现分离现象(两株独立树),而不成其为树丛了。

②三株一丛。三株配植,最好采用姿态、大小有对比和差异的同一树种。栽植时,三株忌在直线上,也忌等边三角形栽植,三株的距离都要不相等。所谓"三株一丛,则二株宜近,一株宜远"。如图 4-8 所示,三株大小不同的小灌木以不等边三角形栽植,自然生动。最大株和最小株都不能单独为一组。最大一株和最小一株要靠近一些,使之成为一小组,中等的一株要远离一些,成为另一小组,形成 2∶1 的组合。如果是两个不同树种,最好同为常绿树或同为落叶树,同为乔木或同为灌木,其中大的和中等的树为一种,小的为另一种。

三株配置应忌的五种形式:三株在同一直线上;三株成等边三角形;三株大小姿态相同;三株由两个树种组成各自构成一组,构图不统一;三株最大的一组,其余两株为一组,使两组重量相同,构图机械。

③四株一丛。

图 4-8　三株一丛

a.四株配植,最好采用姿态、大小、高矮上有对比和差异的同一树种为好,异种树栽植时,最好同为乔木或同为灌木。

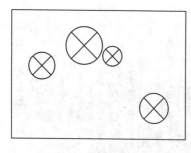

图4-9 四株一丛

b.分为两组栽植,组成3∶1的组合,即三株较近一株远离(不能两两组合),最大株和最小株都不能单独为一组。三株组合中也应两株近,一株远。总体形成两株紧密,另一株稍远,再一株远离,如图4-9所示。

c.树丛不能种在一条直线上,也不要等距离栽种。平面形式应为不等边四边形或不等边三角形,忌四株成直线、正方形、矩形。

d.采用不同树种时,最好是相近树种。其中大的和中的为同种,小的为另一种。当树种完全相同时,栽植点标高也可以变化。

④五株树丛的配合。

a.分组3∶2或4∶1的组合。

b.树丛同为一个树种时,每株树的体形、姿态、动势、大小、栽植距离都应不同。树种不同时,在3∶2的组合中一种树为三株,另一种为两株,将其分在两组中(图4-10)。在4∶1的组合中异种树不能单栽(图4-11)。

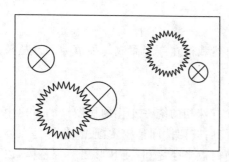

图4-10 3∶2组合

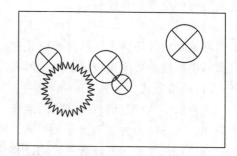

图4-11 4∶1组合

c.主体树必须在三株小组或四株小组中。四株一小组的组合原则与前述四株一丛的组合相同,三株一小组的组合与三株一丛的组合相同,两株一小组与两株一丛相同。其中单株树木,不要最大的,也不要最小的,最好是中间树种。

⑤六株以上的树丛组合。树木的配植,株数越多就越复杂,但分析起来,两株、三株丛植是基本,六株以上配合,实质为两株、三株、四株、五株几个基本形式的互相组合而成。正如芥子园画谱中所说:"五株既熟,则千株万株可以类推,交搭巧妙,在此转关。"所以基本组合熟悉了,再多的树丛配植都可依此类推。

[造景要求]

①主次分明、统一构图。用基本树种统一树丛(株数较多时应以1~2种基本树种统一)。有主体部分和从属部分彼此衬托形成主次分明、相互联系,既有通相又有殊相的群体。

②起伏变化、错落有致。立面上无论从哪一方向去观赏,都不能成为直线或成简单的金字塔形排列。平面上也不能是规则的几何轮廓。应形成大小、高低、层次、疏密有变,位置均衡的风景构图。

③科学搭配、巧妙结合。混交树丛搭配,要从植物的生物特性、生态习性及风景构图出发,处理好株间(株间关系是指疏密、远近等因素)、种间(种间关系是指不同乔木以及乔、灌、草之间的搭配关系)的关系。使常绿与落叶,阳性与阴性,速生与慢生,乔木与灌木,深根与浅根,观花与观叶等不同植物有机地组合在一起,使植株在生长空间、光照、通风等方面得到适合的条件,形成生态相对稳定的树丛,达到理想效果。通常高大的常绿乔木居中为背景,花色艳丽的小乔木在外侧,叶色、花色华丽的大小灌木在最外缘,以利于观赏。

④观赏为主、兼顾功能。混交树丛,多作为纯观赏树丛、艺术构图上的主景或做其他景物的配景。有时也兼顾做诱导性树丛,安排在出入口、路叉、路弯、河弯处来引导视线。诱导游人按设计安排的路线欣赏园林景色,用在转弯叉口的树丛可作小路分支的标志或遮蔽小路的前景。单纯树丛,特别是树冠开展的单纯乔木丛,除了观赏外,更多的是用做庇荫树丛,安排在草坪、林缘、树下安置坐椅、坐石(自然山石)供游人休息。

⑤四面观赏、视距适宜。树丛和孤植树一样,在其四周,尤其是主要观赏方向,要留出足够的观赏视距。

⑥位置突出、地势变化。树丛的构图位置应突出,多置于视线汇焦的草坪、山冈、林中空地、水中岛屿、林缘突出部分、河叉、路叉、弯道处。在中国古典山水园中,树丛与岩石组合常设置在粉墙的前方,走廊或房屋的角隅,组成一定画意的树石小景。种植地尽量高出四周的草坪和道路,其树丛内部地势也应中间高四周低,呈缓坡状,以利于排水。

⑦整体为一、数量适宜。树丛之下不得有园路穿过,以避免破坏树丛的整体感,树丛下多植草坪用以烘托,亦可置石加以点缀。园内一定范围用地上,树丛总的数量不宜过多,到处三五成丛会显得布局凌乱,植物主景不突出。

6)群植

群植是由多数乔木、灌木(一般在 20～30 株以上)混合成群栽植在一起的种植类型。群植的树木为树群,如图 4-12 所示。

[造景要求]

①树群主要表现为群体美,因此,对单株的要求并不严格,仅考虑树冠上部及林缘外部的整体的起伏、曲折、韵律及色彩表现的美感。

②对构成树群的林缘处的树木,应重点选择和处理。

图 4-12　群植

7)林植(风景林)

凡成片大量栽植乔、灌木构成林地和森林景观的种植类型,也称树林。林植多用于大面积公园安静区、风景游览区、休疗养区及卫生防护林带。

树林可分为疏林和密林两种。

(1)疏林:郁闭度在 0.4～0.6 之间的树林。

疏林是园林中应用最多的一种形式,游人的休息、游戏、看书、摄影、野餐、观景等活动,总是喜欢在林间草地上进行,如图 4-13 所示。

图 4-13 疏林

①满足游息活动的需要。林下游人量不大时(安静休息区)可形成疏林草地(耐踩踏草种)。游人量较大时(活动场地)林下应与铺装地面结合。同时,林中可设自然弯曲的园路让游人散步(积极休息)游赏和设置园椅、置石供游人休息。林下草坪应耐践踏,满足草坪活动要求。

②树种以大乔木为主。主体乔木,树冠应开展,树荫要疏朗,具有较高的观赏价值,疏林以单纯林为多用。

混交林中要求其他树木的种类和数量不宜过多,为了能使林下花卉生长良好,乔木的树冠应疏朗一些,不宜过分郁闭。

③林木配植疏密相间。树木的种植要三五成群,疏密相间,有断有续,错落有致,使构图生动活泼、光影富于变化。忌成排成列。

(2)密林:郁闭度在 0.7~1.0 之间的树林。

密林中阳光很少透入,地被植物含水量高,经不起踩踏,因此,一般不允许游人步入林地之中,只能在林地内设置的园路及场地上活动。密林又有单纯密林和混交密林之分。

单纯密林:由一个树种组成的密林。单纯密林为一种乔木组成,故林内缺乏垂直郁闭景观和丰富的季相变化。为了弥补这一不足,布置单纯密林时应注意以下几点。

①采用异龄树:可以使林冠线得到变化及增加林内垂直郁闭景观。布置时还要充分结合、利用起伏变化的地形。

②配植下木:为丰富色彩、层次、季相的变化,林下配植一种或多种开花华丽的耐荫或半耐荫草本花卉(如玉簪、石蒜),以及低矮开花繁茂的耐荫灌木(如杜鹃、绣球)。单纯配植一种花灌木可以取得简洁壮阔之美,多种混交可取得丰富多彩的季相变化。

③重点处理林缘景观:在林缘还应配置同一树种、不同年龄组合的树群、树丛和孤植树;安排草花花卉,增强林地外缘的景色变化。

④控制水平郁闭度:水平郁闭度最好在 0.7~0.8 之间,以增强林内的可见度。这样既有利于地下植被生长,又提高了林下景观的艺术效果。

混交密林:由两种或两种以上的乔木、灌木、花、草彼此相互依存,形成的多层次结构的密林。混交密林层次及季相构图景色丰富,垂直郁闭效果明显,如图 4-14 所示。

图 4-14 混交密林

布置混交密林时应注意以下几点。

①留出林下透景线。

供游人欣赏的林缘部分及林地内自然式园路两侧的林木,其垂直成层构图应十分突出,郁闭度不可太大,以免影响视线进入林内欣赏林下特有的幽深景色。

②丰富林中园路两侧景色。

密林间的道路是人们游憩的重要场所,两侧除合理安排透景线外,应结合近赏的需要合理布置一些开花华丽的花木、花卉,形成花带、花境等,还可利用沿路溪流水体,种植水生花卉,达到引人入胜的效果,游人漫步其中犹如回到大自然之中。

③林地的郁闭度要有变化。

无论是垂直还是水平郁闭度都应根据景色的要求而有所变化,以增加林地内光影的变化,还可形成林间隙地(活动场地)明暗对比。

④林中树木配植主次分明。

混交林中应分出主调、基调和配调树种,主调能随季节有所变化。大面积的可采用片状混交,小面积的多采用点状混交,亦可两者结合,一般不用带状混交。

混交密林和单纯密林在艺术效果上各有特点,前者华丽多彩,后者简洁壮阔,两者相互衬托,特点更突出,因此不能偏废。

8)盆植

盆植是将观赏树木栽植于较大的树盆、木框中,如图 4-15 所示。

［造景特点］

①摆放自由。盆栽的观赏树木可以安置于不能栽种植物的场所,如有地下管道的上方及铺装场地,形成孤植、列植、对植等多种形式的摆放。

②丰富植物种类。南方树木在北方的园林中进行盆栽,生长季节可连盆配植在适当地段,到冬季便移入温室。

图 4-15　盆植

9)隙植

隙植是将较耐旱、耐瘠薄的树木作山石、墙面缝隙中的配植。

［造景特点］

①隙植有丰富山石表面及墙面构图的作用。

②隙植能营造一种建筑、岩石年代久远的感觉。

③隙植能软化硬质景物,并具有障丑显美的装饰功能。

(三)灌木的种植应用

1. 做配景

灌木通过点缀、烘托可使主景的特色更加突出,假山、建筑、雕塑、凉亭都可以通过灌木的配置而显得更加生动。以乔木为背景,前面栽植灌木以提高灌木的观赏效果,如用常绿的雪松做背景,前面用碧桃,海棠等红花系灌木配置观赏效果十分明显。如以红色或紫红色的灌木做背景搭配白色的雕塑或小品设施,给人以清爽之感,公园中的岛屿常用红叶树、花灌木来布置树丛,形成丰富的景观和色彩的变化。

灌木也可代替草坪成为地被覆盖植物,对大面积的空地利用小灌木密植,对植株进行修剪,使其平整划一,也可随地形起伏跌宕,组合成"立体草坪"之效果,成为园林绿化中的背景和底色,如图 4-16 所示。

2.布置花境、活动花坛或活动花带

可充分利用灌木丰富多彩的花、叶、果观赏特点和随季节变化的规律布置花境,也可在道路两旁布置盆栽花灌木组合的活动花带。在节庆日人为活动多的硬化地面,常用色彩鲜艳的花灌木盆花布置活动花坛,以增加色彩,活跃节日气氛,如图 4-17 所示。常用品种有杜鹃、比利时杜鹃、月季、茶花、三角花、马缨丹、红山茶、一品红等花灌木。

图 4-16　灌木做配景

图 4-17　花灌木组合花带

3.布置灌木专类园

根据灌木可供观赏的色、香、姿,运用不同的灌木组合布置,如用几种秋季变色的树种布置秋色叶专类园,用花朵芳香的花灌木布置成芳香园供人们闻赏花香。也可用一种灌木布置,如丁香专类园、海棠专类园、杜鹃专类园等。多种植物的配植是达到优美景观效果的好方法,在应用中应考虑所选植物的高矮、叶色、花期、树形。如在杜鹃专类园中选择菊科、毛茛科、鸢尾科、蔷薇科、石蒜科等花灌木,充分考虑杜鹃开花季节,与其他植物的花期呼应,使景观丰富多彩。

图 4-18　绿篱

4.作绿篱、绿墙

绿篱在园林中主要起分隔空间、范围、场地、遮蔽视线、衬托景物、美化环境以及防护作用等,作为绿篱的灌木对观赏景物还有组织空间、引导视线的作用,可以把游人的视线集中引导到景物上,如图 4-18 所示。按植物种类及其观赏特性可分为绿篱、彩叶篱、花篱、果篱、枝篱、刺篱等。作为植篱用的树种必须具有萌芽力强、发枝力强、愈伤力强、耐修剪、耐荫力强、病虫害少等特征。

5.基础种植

低矮的灌木可以用于建筑物的四周、园林小品和雕塑基部作为基础种植,既可遮挡建筑物墙基生硬的建筑材料,又能对建筑和小品雕塑起到装饰和点缀作用。需要注意的是,灌木通常需要修剪,通过修剪可调节树体的营养分配,并按景观的需要进行造型,使园林植物达到最佳的生长状态和最佳的景观效果,通过整形修剪还可起提早花期及延长花期的作用。

6. 作主景

灌木以其自身的观赏特点既可孤植也可散植、丛植、群植形成主体景观。选择树形丰满,颜色艳丽的灌木如紫色叶子花配置于宽阔开朗的草坪上,为草坪增添生机。在道路的转弯处配置姿态优美或色彩艳丽的花灌木能创造良好的景观效果。或以草坪为背景,上面配置成丛或成片的榆叶梅、杜鹃花、紫叶小檗等,既能形成地形的起伏变化,丰富地表的层次感,又克服了色彩上的单调感,还能起到相互衬托的作用。

孤植的灌木要选择株形丰满,姿态优美,颜色艳丽,观赏期长,树体较大的灌木树种。

(四)攀援植物的设计配置

攀援植物是我国造园中常用的植物材料。当前城市园林绿化的用地面积愈来愈少,充分利用攀援植物进行垂直绿化是拓展绿化空间、增加城市绿量、提高整体绿化水平、改善生态环境的重要途径。攀援植物可分为缠绕类、吸附类、卷须类和蔓生类。攀援植物在园林中的主要应用如下。

图 4-19　墙体攀爬

(1)附着于墙体进行造景的手法可用于各种墙面、挡土墙、桥梁、楼房等垂直侧面的绿化。在植物选择上,应当以吸附类攀援植物为主。在较粗糙的墙面,可选择枝叶较粗大的种类,如爬山虎、薜荔、凌霄等,便于攀爬;而表面光滑细密的墙面则选用枝叶细小、吸附能力强的种类,如图 4-19 所示。

(2)附着于篱垣进行造景的手法主要用于篱架、栏杆、铁丝网、栅栏、矮墙、花格的绿化,这类设施在园林中最基本的用途是防护或分隔,也可单独使用,构成景观。如在公园中,利用富有自然风味的竹竿等材料,编制各式篱架或围栏,配以茑萝、牵牛、金银花、蔷薇等,结合古朴的茅亭,别具一番情趣。

(3)附着于棚架进行造景是园林中应用最广泛的攀援植物造景方法,其装饰性和实用性很强,既可作为园林小品独立成景,又具有遮阴功能,有时还具有分隔空间的作用。在中国古典园林中,棚架可以是木架、竹架和绳架,也可以和亭、廊、水榭、园门、园桥相结合,组成外形优美的园林建筑群,甚至可用于屋顶花园。棚架形式不拘、繁简不限,可根据地形、空间和功能而定,"随形而弯,依势而曲",但应与周围环境在形体、色彩、风格上相协调。

图 4-20　假山攀植造景

(4)附着于假山置石上的造景手法,"山借树而为衣,树借山而为骨,树不可繁要见山之秀丽"。悬崖峭壁倒挂三五株老藤,柔条垂拂、坚柔相衬,使人感到假山的崇高俊美,利用攀援植物点缀假山置石,应当考虑植物与山石纹理、色彩的对比和统一。若主要表现山石的优美,可稀疏点缀茑萝、蔓长春花、小叶扶芳藤等枝叶细小的种类,让山石最优美的部分充分显露出来。如果假山中设计有水景,在两侧配以常春藤、光叶子花等,则可达到相得益彰的效果。若欲表现假山植被茂盛的状况,则可选择枝叶茂密的种类,如五叶地锦、紫藤、凌霄、扶芳藤等。假山攀植造景如图 4-20 所示。

（5）吸附类的攀援植物最适于立柱式造景,在选择植物材料时应当充分考虑这些因素,选用那些适应性强、抗污染的种类,如五叶地锦、爬山虎等。在阳台和屋顶利用攀援植物绿化后,柔蔓悬垂,绿意浓浓,可以使高层建筑立面有绿色点缀,使楼房和城市景观得到美化。

（五）草本地被的配置设计

优美的园林植物空间的地被,一般有如下三种设计。

图 4-21　单纯草被

（1）草被:以紧贴地面的草种铺地,如图 4-21 所示。常用的草种有早熟禾、高羊茅均属冷季型,其中品种也很多,如高羊茅因耐寒能力强,绿色期高达 300 余天,故近年发展很快;黑麦草、野牛草、狗牙根适应性强,这类草坪春、秋生长旺盛,抗寒力较强,抗热力较差,绿色期较长,适宜在北方使用,在南方使用则表现为抗湿热性差,病虫害严重,有夏枯现象发生;而结缕草、地毯草均属暖地型,这类草坪夏季生长旺盛,抗热力强,抗寒力相对较差,绿色期较短,适宜在南方栽植,其中尤以细叶结缕草色鲜而叶细,绿色期长可冬夏不枯,在华北地区中部亦可达 150 天以上,俗称"天鹅绒草",曾被广泛运用,但由于易出现"毡化现象",外观起伏不平,已逐步被外来的优质草种代替而有所减少。

（2）叶被:以草本或木本的观叶植物满铺地面,仅供观赏叶色、叶形的地被类型称为叶被,如图 4-22 所示。它和草被虽然同是以叶为主,但草被有的可以入内(少量的或短时间的),故以宏观观赏为主,体现一种"草色遥看近却无"的景观。而叶被的植株一般较高,以叶形叶色取胜,既可远赏,亦可近观。

在南方,叶被植物种类十分丰富,如红桑、变叶木、彩叶草、花叶艳山姜、紫苏等均可作叶被植物。

（3）花被:通常是以草本花卉或低矮木本花卉于盛花期满铺地面而形成的大片地被。由于这类植物的花期一般只有数天或十数天,故宜配合公共节日或者是就某种花卉的盛花期特意举办突出该花特色的花节,即使是同一种类的花,由于品种不同、花色不同,也可以配置成色彩丰富、灿烂夺目的地被花卉景观,展示出艳丽的花姿花色。花被造景如图 4-23 所示。

图 4-22　叶被

图 4-23　花被造景

二、园林植物设计理论

(一)植物配置的平面构图

绿地内各部分的划分及其比例,以及形成封闭空间与开阔空间的不同景色,都取决于植物配置的平面构图。植物平面构图形式的选择,取决于自然条件与绿地的使用功能。

1.规则式构图

规则式构图指园林植物在其应用过程中进行对称式、规则式的配置,强调植物景观的整齐性、对称性,主要体现植物的整体美和图案美。如花坛特别是模纹花坛的设计,主要考虑花材体现的图案美;同样行道树的设计,很多时候是从行道树构成的整体景观角度考虑。

(1)对称配置。

对称配置指在轴线的两侧把植物作对称布置,如行道树的种植、大型公共建筑物入口的植物栽植等。对称配置又分为两种主要的形式,一种是中心对称,一种是轴线对称。中心对称指在植物的栽植过程中,植物围绕着某一中心点进行对称栽植,譬如一个小广场周边的植物配置。这种构图形式有非常强烈的围合感,形成某一构图中心,比较适合规整式园林(图4-24)。在中心对称式植物栽植中,一般选择同一树种,以形成统一感。轴线对称则指在植物的栽植过程中,植物沿着某一轴线进

图4-24　对称配置

行构图,如行道树的设计、建筑物前道路两侧植物的种植。此种形式成功的关键在于轴线的营造,轴线两侧所布置的乔木、灌木、花卉等,其品种、体型大小及株距一般都要求一致。对称配置在艺术构图上主要用来强调主体,常用于广场、道路、厅堂、大殿及公共建筑大楼楼前、两侧等地的植物配置。

(2)列置。

列置是将同种树木按一定的株距进行行植或带植,可以形成非常强的整齐划一的造景效果。列植在园林中可以起到屏障效果,同时可用来分割空间和组织空间。把两树列交错栽植,如三角形、五角形栽植,可以增加树列厚度,同时更增加了空间的封闭性。此种配置方法要求树种简单,以一种至两三种为好,常用于行道树、防护林带、沟渠旁、规则式广场周围以及作树障或背景。植物配置中采用列植可以使景观整齐划一,规则有序,如图4-25所示。

(3)交替配置。

交替配置是用两种树种作交替排列种植,如西湖苏白二堤的一株杨柳一株桃,成为桃红柳绿的著名春景。植物的交替种植既有很强的整体性,又产生丰富的变化。两种植物在作交替配置时,一定要注意两个树种应在体型大小或色泽上有一定的对比,显示出生动活泼的景观,如图4-26所示。

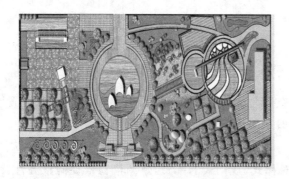

图 4-25 规则列置

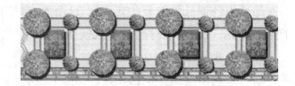

图 4-26 交替配置

2. 自然式构图

自然式构图指在园林植物栽植过程中进行自然的配置,没有轴线,也没有一定的株行距,将同种或不同种的树木进行孤植、丛植和群植等,强调植物景观的变化。

（1）孤植。

孤植即树木的单体栽植。孤植的植物比较适宜栽在空旷的草地、林中空地、庭院、路旁、水边等处,孤植树在构图上并不能是孤立的,它应融合于四周景物之中。

（2）对植。

对植是指自然式栽植中的不对称栽植,即在轴线两边所栽植的植物,其树种、体型、大小完全不一样,但在重量感上却保持均衡状态。如在轴线的一边可以栽一株乔木,而在另一边可以种一大丛灌木与之取得平衡。这种植物配置方式可以形成较好的景观效果,在均衡中体现变化,在变化中达到统一。

（3）丛植。

丛植指在植物配置中将同种或不同种的树木组合在一起,发挥树木的集体美。丛植的植物在体型上要求有大小高矮之分,树丛大小也应有所差别。丛植配置的构图手法很多,有两株构图,三株构图,四株构图等,不同的构图手法可以体现不同的植物景观。自然丛植如图 4-27 所示。

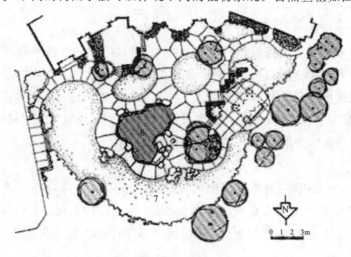

图 4-27 自然丛植

3.混合式构图

混合式构图是将规则式与自然式植物配置相结合的方式,它融合了两种构图形式的优点,既强调了植物景观的整体性,又反映了植物景观的多样性。

(二)植物配置的立面构图

在植物景观中,植物的立面景观也是很重要的组成部分。特别是从远处欣赏植物景观的时候,由各种植物组成的林冠线形成了丰富多样的景观。它们有时是平直的,有时则是起伏的,植物的林冠线可以由高矮植物的对比形成,也可由高的植物逐渐过渡到低的植物形成。立面构图中起决定作用的是植物的形状、大小、选用的树种和植物构图方式。植物的自然形状多种多样,它们有不同的外形和密度的树冠,有不同的树干、不同形态的叶和花,同时可以加以修剪、配置的形式也十分丰富。

1.直线式构图

直线式构图指将一种或几种植物进行成排成行的栽植,植物的顶端形成一条直线,如图 4-28所示。

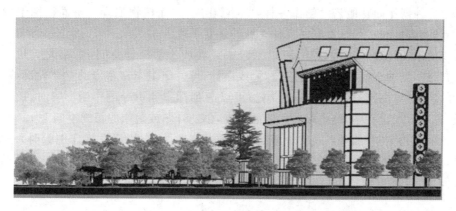

图 4-28　直线式构图

直线式构图又分为两种形式,一种是水平线式构图,一种是斜线式构图。水平线式构图主要指植物在栽植过程中,植物的上部成一水平线。水平线式植物构图一般选择同一种植物进行栽植,而且植物的大小、高度基本一致。如果选择多种植物进行栽植。一般需要对树种进行严格的选择或者加以适当的修剪。此种构图形式在园林中运用比较多,可以形成相对严肃的气氛和庄重、整齐的感觉。在背景植物的种植过程中常用此种形式,如采用一条水平线种植的龙柏作为某一场合的背景。斜线式构图一般用在某些特定的场合,如将某些植物修剪成一斜线,产生强烈的动感。

2.中心突出式构图

中心突出式构图指在植物种植过程中将形态比较优美或者形体比较高大的植物放置于种植范围的中间部位,而在其周边布置相对比较矮小的植物,进而起到突出主景的作用。此种构图手法在自然式园林中应用比较多,特别是在植物群落的营造中应用更为广泛。如在群落中间常栽植较高大的乔木,然后从中间向四周依次种植小乔木、大灌木、小灌木等。中心突出式构图可以很好地突出构图中心,同时用这一中心统领全局,有较强的整体感和层次感。

图 4-29　夹景式构图

3. 夹景式构图

夹景式构图指在植物种植过程中将树木排列在道路或轴线的两侧形成夹景的构图形式,如图 4-29 所示。夹景式构图是一种比较特殊的植物立面构图形式,它主要通过道路两侧植物的栽植形成一条透视线,通过这一透视线的引导,将游人的视线引向主体建筑或主要景物。夹景式构图种植一般要求植物有一定的高度,而且植物之间的间距不能过大,以形成比较强烈的透视线。

(三)园林植物配置空间及层次

园林中以植物为主体,经过艺术布局组成满足园林功能要求的优美植物景观的空间环境。

园林植物空间的创作是根据地形、地貌条件,利用植物进行空间划分,创造出某一景观或特殊的环境气氛。这种创作同其他艺术创作一样,"立意在先"。而植物配置在平面构图上的林缘线和在立面构图上的林冠线的设计,是实现园林立意的必要手段。

相同面积的地段经过林缘线设计,可以划分成或大或小的植物空间;或在大空间中划分小空间,或组织透景线,增加空间的景深。经过林冠线设计,可以组织丰富多彩的立体轮廓线,如在林冠线起伏不大的树丛中,突出一株特高的孤立树,可以起到标志和引导的作用。同时,由于树木分枝点有高有低,在林冠线设计中,也可根据人体的高度,创造开敞或封闭的植物空间。

经过设计的植物空间,通常以观赏价值高的乔木或灌木为主景,以乔木作主景时,一般为孤植、丛植或列植;以灌木作主景时,一般为群植或丛植。也有以自然式花坛与建筑物、山石结合为主景的。植物空间里,以草皮铺地,可统一整个空间的色调。在局部地区或树下,可铺植耐荫的地被植物。

植物空间边缘的植物配置宜疏密相间,曲折有致,高低错落,色调相宜。常绿树与落叶树搭配,可使冬夏景色皆有可观。当需要形成安静、封闭的空间时,则以常绿的乔木和灌木作多层配置,紧密栽植,起隔离作用。面积较大的植物空间,为了增添植物情趣,可适当设置各类园林小品。如在地形略有起伏的草坪上,半埋石块或置玲珑剔透的太湖石;在色彩平淡的季节,可摆设盆花构成各种图纹等。

1. 园林植物景观空间类型

由植物材料形成的空间是指由地面、立面、顶面单独或者共同组成的具有实在性或暗示性的范围组合。这样的园林空间在地面上,以不同高度和各种类型的地被植物、矮灌木等来暗示空间边界。立面上则可通过树干、树冠的疏密和分枝的高度来形成空间的闭合感。因此,合理利用植物丰富的造型组合搭配,能够创造出各具特色的空间景观。

(1)开敞空间。

人的视平线高于四周景物的空间,称为开敞空间(图 4-30),它外向、无私密性。园林中由低矮植物营造的开敞空间气氛明快、开朗,常成为人们良好的游憩活动场所。由如茵的草坪,斑斓的花卉,矮小的灌木等植物材料营造的空间均能达到此种效果。

(2)半开敞空间。

园林中以植物材料为主营造的半开敞空间有两种表现形式,一种是指人的视线被四周植物的枝干等部分遮挡,人的视线透过稀疏的树干可到达远处的空间;另一种则是指空间开敞程度小、单方向,常用于一方面需隐秘性,而另一方面需景观的环境中,在大型水体旁也很常用。这两种空间在形式上虽不完全相同,但有着共同的特点,即两者都不是完全开敞,也没有完全闭合,身处其中,人的视线时而通透,时而受阻,富于变化,如图 4-31 所示。

图 4-30　开敞空间

图 4-31　半开敞空间

(3)封闭空间。

封闭空间指由基面、竖向分隔面和覆盖面共同构成的林下空间,利用乔木树冠形成的覆盖面隔离向上的视线,同时林下灌木对视线的流动产生阻挡,人的视线四周均被植物所围合,形成视线的封闭,称为封闭空间,它无方向性,具有私密性、隔离性。

(4)竖向空间。

竖向空间指空间由基面和竖向分隔面构成,植物冠幅较窄,主要利用椭圆形、圆锥形、圆柱形的植物自身或与灌木结合,在竖向分隔面上封闭视线,形成竖向上的方向感,将人的视线导向空中。

(5)覆盖空间。

覆盖空间指由树冠浓密的遮阴乔木构成的顶面被覆盖,而立面为空透的空间,能带给人较强的归属感,如图 4-32 所示。同时由于树冠的厚度和质感不同,能产生不同的遮阴效果,为人们创造舒适的游憩环境。值得注意的是这种由植物营造的覆盖空间与许多由园林建筑

图 4-32　覆盖空间

营造的顶面覆盖,四周开敞的空间具有一定程度的相似性,如果抛开具体的形象、质感等方面的差异,那么它们带给人的空间感受则是较为类似的。

2. 园林植物空间营造要素

(1)视角与空间感受。

空间的长和宽,决定了空间的形状,高决定了欣赏的视角,进而影响空间感受。由于林缘线曲

折变化,林冠线起伏跌宕,造成了空间的长、宽和高处于不断的变化中。有学者认为:"高度角30°左右,水平视角45°左右,为观赏景物的最佳范围。也就是说,景物与视点的距离 D 与景物高度 H 之比,即 $D/H \approx 2$ 时,能够完整地看到景物的形象及周边环境,这时空间的大小尺度也较合适。这个比值也不是绝对的,在 $D/H = 1 \sim 3$ 之间,空间和景物的关系比较和谐。若小于1,则易产生封闭、压抑的感觉。若大于3,则有空旷之感。"如图4-33所示的灌木围合空间,视距与灌丛高度之比为 $2 \sim 3$,景物形象完整和谐。成人视角高度角基本为零,空间比较开阔,视线很容易穿透,远处环境背景进入画面。而若以儿童视角来看(图4-34),高度角在30°左右,空间有一定的内聚性,相对增加了封闭性,但景物形象仍然完整。

图 4-33 植物空间感受

图 4-34 植物空间感受

林下空间植物高度 H 与种植间距 D 的比值在 $3:1 \sim 1.5:1$ 之间时,空间亲和力强,吸引人们进入其中。而走廊空间 H/D 值在 $2:1 \sim 1:1$ 之间时感觉较亲切,如太子湾樱花径,樱花在行人头顶上层层覆盖,灿烂无比,引人入胜。而当 H/D 值在 $3:1$ 以上时,夹道效果明显,导向性明确,如柳浪闻莺公园入口处的柳林。

(2)高度与立面层次。

在园林植物空间营造中,植物的高度不仅与视角有关,而且不同高度级的树木组合,除了能产生起伏的林冠线,在空间围合时所起的作用也不同。

在设计中应注意,创造较好的空间围合感,应以 $10 \sim 15$ m 的乔木为主,适当点缀 20 m 以上的高大乔木,拉开立面层次来丰富林冠线变化,如图4-35所示。

图 4-35 立面林冠线

（3）盖度与围合感。

盖度是衡量植物所占有的水平空间面积的一个指标，不同层的盖度、常绿或落叶的盖度比例关系，对空间的围合感有较大的影响。在园林植物空间的营造中，空间的围合感主要体现在入口障景和控制私密性两方面。障景以阻隔游人视线为目的，控制私密性主要以林带的形式来围合。

3. 园林植物景观空间的成景手法

植物景观空间既要在具有实用属性的同时还要赋予它美的属性。多样统一是形成美的植物景观空间设计的原则。在植物景观空间中的多样统一应通过简洁、多样、均衡、强调和比例这 5 个因素对植物的形态、色彩、质感的合理选择、组织，而得以体现。

（1）简洁。

简洁是表现美的条件之一，简洁的线形、形状总是比复杂的更具吸引力。在植物景观空间中创造简洁的最常用的方法就是重复。重复可以通过植物的形态、色彩、质感来体现。具有相同的形态、色彩、质感的不同植物可以通过这一特征的重复统一整个植物空间，既单纯又不乏变化。植物形态的重复将带给观赏者视觉上的舒适、宁静感，并形成似曾相识的亲切感。一个空间中可以有各种特征完全一致的植物的重复，一般在形成覆盖式植物空间和竖向植物空间中运用较多。这种景观十分单纯，没有变化，过长会令人感到单调。另外，在设计中可以更多采取植物组群重复的手法，或者使每一组植物组群的 1/3 与相邻的组相同，这种重复表现出了一定的变化。或确定重复植物的大小、形态、色彩、质感等特征至少有一种是具有变化的，这样使得组群、空间之间都有了联系，形成了统一。植物组群重复如图 4-36 所示。

（2）多样。

过于单纯的构图会令观赏者感到平淡单调，利用多样性则可以控制过多的重复，引发人们的兴趣。植物景观空间形式的多样性同样可以通过植物的形态、色彩、质感的变化来体现。如图 4-37 所示，道路两边以常绿松柏类植物为主，叶色大多为深绿、浅绿，而在道路转角处栽植一株粉蓝云杉，使得原本深浅变化的绿色增加了一个点睛之笔，形成了丰富的叶色变化。但应注意，多样性的体现并不是将所有无关紧要的东西进行排列组合，过多的变化只会导致混乱，而应在具有一种控制性的贯穿整个构图的植物种类之后进行变化。这种作为构图基础的植物称为基调植物，用于调整构图的植物称为重点植物，实际上无论植物空间中哪种视觉要素发生了变化，多样性都产生了。

图 4-36 植物组群重复

图 4-37 多样的运用

通过基调植物统一构图,利用强有力的重点植物形成焦点,具有多样统一性。在表现多样性的同时,也要考虑统一的形成,在3~7种不同种植物组成的植物组群中,主要表现形态、色彩、质感中某两种特征,大多数植物的这两种特征均相似;或者在8~15种植物组成的植物组群中,大多数植物有一种特征相似,则整个植物景观可形成多样统一。多样性形成的方式有对比、相似两种。对比将产生强烈的视觉效果,形成跳跃感,而相似的多是平缓的,给人带来宁静、平和的感觉。

(3)均衡。

在植物景观空间中,均衡是指植物之间的各种要素的平衡状态。均衡可以分为对称均衡和不对称均衡两种形式。植物景观的对称均衡是非常明显的。在它的构图中心设置焦点,左右两边形成植物重复,构图稳重。利用中心两旁的垂直形象可以起到强调均衡中心的作用,通常具有引导作用。不对称的均衡中心不放置在中央,形成在形式上具有变化的均衡。这种视觉上的不规则均衡,是各组成要素的比重的感觉问题。这里的比重是指植物的形态、色彩、质感。

在植物景观构图中,首先要确定均衡中心。作为均衡中心的植物景观在形态、色彩、质感上应该是强有力的,中心的明确标定可以避免构图的散漫和混乱。均衡也体现在景深方面。必须保持视线中前景、中景和背景植物的均衡。如果缺少了前景或背景,空间就没有了层次,画面的均衡就无从谈起。另外,前景与背景植物的形态、色彩、质感处理应相对平淡一些,从而突出中景植物,形成均衡感。

(4)强调。

在植物景观空间中,强调打破了植物材料的秩序和模式,吸引人们的注意力以控制空间构图。植物景观中的强调作用通常由主景植物来实现。主景植物的选择应考虑其形态、色彩或质感在该植物群体中是否足够突出。对于形态来说,在一个群体中若有一种植物具有对比形态或具有显著的形态特征,将会在群落中凸显出来。质感亦是如此,如果在植物景观中的控制性植物模式的质感为细质,则利用粗质或中性质感的植物即可创造强调效果,反之亦然。同样,利用色彩冲突很容易在植物秩序中获得突出的色彩变化从而牢牢吸引游人的视线。在植物空间构图中,植物间距的差异亦可形成强调。植物按一定间距种植形成秩序,直到间距发生变化,这时变化的植物将很容易被看到而形成强调。另外,利用线形植物引导视线,视线的终点亦可形成一个焦点。

(5)比例。

在植物景观设计中,比例适度是设计中的重要因素。人们总是习惯于在所看到的物体上寻找与自己有关的形象联系来加以比较。合宜的尺度,使人感觉亲切,可以唤起人们的情感。对于比例的研究自古就有,其中比较典型的美的比例包括黄金比、平方根矩形,它对于形成形式优美的构图有着重要的意义,在对植物景观平面、立面的比例研究中,发现其中也蕴涵着典型的比例关系。因此在植物空间设计中要注重植物与植物、植物与群落之间的比例关系,使植物空间景观的尺度得体合宜。

(四)季相与特色

园林植物在不同季节形成不同的景观表达,尤其是其叶色、花期、果实的变化季节性明显。园林植物配置应充分利用季相变化特征,按照季节的演替和花期的变化体现时令效果,是园林景观提升游赏价值的重要方式,如图 4-38 所示。

图 4-38　植物的四季变化

1. 植物季相变化配置方式

(1)春季季相特征及其配置。

春季开花植物较多,开花时间或早或晚,花期或长或短。按照其不同的开花特征进行合理搭配可使春季花景不断,给人以赏心悦目的感受。早春开花的迎春、连翘、金钟花等都有浓密的黄花,既可大片栽植形成独特的春季景观带,也可以与红色花的榆叶梅、贴梗海棠、紫荆搭配栽植,亦可与开花时间更迟些的棣棠搭配栽种;丁香和绣线菊、珍珠梅的组合,绣线菊和珍珠梅环绕较高的丁香灌木形成第二层花,丁香的白花可作为一个背景,突出丁香花色的观赏性,该组合长期保持稳定,可在开阔的地上构成独立的群落,使春季的花景能一直延续到初夏;元宝枫以油松为背景,体现四季不同的观赏效果,更加体现了园林景观的变化美。

(2)夏季季相特征及其配置。

夏季大多树木叶已呈现出浓密的绿意,此时植物花朵不再繁密,应该注意绿色叶树种和异色叶树种的搭配,如紫叶李、紫叶桃、红叶鸡爪槭等与绿树间隔栽植,而金叶女贞、紫叶小檗、南天竹等低矮灌木可组成丰富的色块和图案,使单调的绿色草坪富于变化。夏季开花的木本花虽然较少,但是仍有一些观花的树木,如苦楝、合欢、广玉兰等,散置于草坪中或作为行道树,都能达到很好的观赏效果。

(3)秋冬季相特征及其配置。

在秋冬景观设计中,应充分利用植物各个观赏器官的部位特色,将形态、姿态和质感、线条等因素巧妙结合,如秋色叶植物和常绿植物的配置,突出色彩对比效果;将秋花、秋叶、秋果的色彩与建筑或园林小品的色彩、线条等合理搭配,充分展现植物的局部美、个体美和群体美。秋冬观赏植物的配置多采用自然式,疏密相间、色彩交替、错落有致,无一定的株距和排列顺序,师法于自然。秋冬季植物景观的配置应注意:应用较多的常绿针叶树容易造成冬季光照不足,令人产生抑郁阴冷之感,因此,在北方,行道树最好采用落叶树种或常绿树与落叶树间隔栽植,如七叶树和女贞,不仅解决了光照不足的问题,而且使冬季依然有绿意。

2.通过植物文化塑造特色景观

文化是指人类社会历史发展过程中所创造的物质财富和精神财富,特指精神财富。园林作为物质财富和精神财富的集合,隶属于文化艺术的范畴。园林景观的文化性,固然可通过多种造景手法体现,但植物是园林景观的基础,而乡土植物又根植于地方文化,有着坚实的群众基础和历史根基。因此,以乡土植物营造具有地域文化特色的景观是最富生命力的。以乡土植物为主,挖掘植物造景的特色方式,是园林设计中的重要措施,具体方式有以下几种。

(1)利用植物文化特点配置形成景观意境内涵。

人们对植物景观的欣赏常常以个体美及人格化含义为主,有许多植物被赋予了人格化的品格或独特的象征意义。如松、竹、梅,被谓之"岁寒三友"。凡此种种,都体现了植物景观的文化内涵,创造出了植物景观的意境美。在景观设计中可把这种植物文化与绿地景观有机的结合,创造出一定意境的景观。

图 4-39　梧竹幽居

(2)诗文咏诵植物的配置运用。

在我国古典园林中,处处都是根据诗歌取材的植物景观。比如苏州拙政园的得真亭旁植有几棵黑松,取《荀子》"桃李倩粲于一时,时至而后杀,至于松柏,经隆冬而不凋,蒙霜雪而不变,可谓得其真矣"之意。梧竹幽居旁边植梧桐树和竹子,取自《永宁小园即事》"萧条梧竹下,秋物映园庐"之意。显然,诗歌与植物交相辉映,才创造出具有人文特点的景观,这一点值得在设计中运用,如图 4-39 所示。

(3)植物景观和其他造园因素的结合搭配。

形成特色植物文化的表达除了依靠植物本身之外,还需要其他因素,如建筑、山石、园林小品等作为配景才能更完善。荷为睡莲科多年水生植物,色泽清丽,花叶均有清香。当荷叶枯萎的时候,叶下的藕还生机勃勃,所以荷象征着坚贞。苏州拙政园留听阁借残荷象征坚贞,并从建筑上予以呼应,阁内有银杏木雕,图案中松、竹、梅生机勃勃,鸟雀欢悦,这些都是傲世、坚贞和生命不息、精神不败的写照(图 4-40)。竹为禾本科植物,枝干挺拔秀丽,竹节坚韧硬朗,竹叶四季常青,它象征着坚忍不屈,高风亮节的操行。如图 4-41 所示的中国古典园林中,常在庭院角落,花窗之外栽植紫竹、方竹、凤尾竹等。这些竹子或以花窗为漏景,或以粉墙为背景,如入画境,令人不禁想起古人咏竹的诗句。植物与其他景观元素的关系,既是美学的,又饱含着文化意味。亭台楼阁因植物的点缀而变得生动且富有灵性,植物文化则在亭台楼阁的烘托下缓缓散发开来。乡土植物与雕塑的结合,可以使无形的植物文化变得更加直观,更易使观众领悟到其中的内涵。

(4)乡土植物与自然景物的组合。

中国古典园林常借自然景物来凸显植物景观意境。自然界的风声、鸟语、流水、斜阳等在古典园林中都是表现诗情画意的背景元素。借用各种花木的时令及四季景观的变化,讲究春花、夏叶、秋实、冬干,通过合理配植,达到四季有景。

图 4-40　留听阁与荷花

图 4-41　漏窗植物组景

第五章 园林植物景观设计的程序、方法及表现手法

园林种植设计的思想和意图必须通过园林制图表现，即用园林种植设计图表现出来，该过程就是园林种植设计的程序和表现。本章首先介绍园林种植设计的程序，然后介绍园林种植设计的表现方法。

第一节 任务书的解读

任何一个项目的开始都是对任务书的解读，所以植物景观设计的第一步就是熟悉设计任务书，客户在开发初期设想的时候，脑海中就已经有了明确的目标，一般包括设计场地规模、项目、要求、建设条件、基地面积（通常有由城建部门所划定的地界红线）、建设投资、设计与建设进程等。设计任务书内容常以文字说明为主，必要情况下辅以少量的资料图纸，通过对设计任务书的解读可以充分了解客户的具体要求，以确定下一步的设计工作中哪些是重点，是必须要深入细致调查的，应分析并且进行相应的设计表达，哪些是次要关注和考虑的。

此外，作为设计师，在和客户沟通咨询的同时，应对客户确立的目标提出有依据的、建设性的修改意见，进而编制一个全面的景观设计任务书。

不同类型的景观设计其任务书的表述方式、形式也不相同，任务书的内容包括以下三个方面。

(1)基础资料：包括项目的地点、建设背景、项目名称和基地的地形图。

(2)设计内容：包括项目的性质、功能、等级和本次设计的范围、深度等。

(3)成果要求：包括对文字说明、经济技术指标的要求，图纸的种类、数量和相应的比例等。

解读任务书时首先要通读全文，从而形成一个整体的印象，如项目的类型、功能、图纸数量等，设计任务书中的信息是多方面的，因此还应有针对性地再阅读，把重点文字进行详细地分析解读。

任务书中除了植物景观设计的要求外，还包括地形设计要求、图纸要求、客户的偏好、计划投资金额等。在进行项目设计之前就必须全面认识这些综合性问题。设计者应该满足客户的这些要求，并在和客户接触的过程中深刻理解项目。

第二节 园林种植设计的程序

园林种植设计的程序应根据规划设计对象的性质、尺度和内容的不同而变化，但一般来说，都是按照调查、规划、设计、施工、管理的程序进行。在此将园林种植设计的程序分为调查、构思、方案设计、详细设计和施工图设计五个阶段进行介绍，如表 5-1 所示。

表 5-1 种植设计的一般程序

阶 段	目 的	内 容	细 节
调查阶段	明确绿地性质;确定设计中需要的因素和功能;需解决的问题及明确预想的设计效果	绿地基质的分析、认清问题和发现潜力,以及审阅工程委托人的要求	了解现场地形、原有植物(种类、分布、色彩及季相变化、高度、栽植密度、树龄)、水体、建筑、周边环境情况、公用设施等
			确定绿地类型、预算款项等
			对现有建成环境做评估分析
			确定植物功能、布局、种植方式以及取舍
构思阶段	确定总体规划、明确功能分区	运用图式描绘出设计要素、功能的工作原理图	在图纸上适合的地方确定植物的作用(障景、围合空间、视线焦点等)
			初步考虑种植区域范围、相对面积和局部区域的植物初步布局、植物类型(乔、灌、草)大小和形态等
方案设计阶段	确定树种和主景树	拟订初步的种植规划图,勾画不同类植物观赏特性之间的关系图	分析植物色彩和质地间的关系(不需考虑确切的植物种类)
			分析种植区域内植物间以及与其他要素的高度、密度关系
			布置主景树,考虑主景树间的组合关系
详细设计阶段	乔木、灌木的搭配和树种的确定	绘制具体的植物种植设计图	考虑植物组合间、群落间的关系
			考虑植物间隙和相对高度、树冠下层空间的详细种植设计
		绘制更新前后的修正图	修改部分植物布局位置、栽植面积大小等
施工图设计阶段	确定植物种植点	绘制规范的种植设计施工图	确定具体植物种类、规格、数量等。

在园林设计中,植物与建筑、水体、地形等有同等重要的作用,因此在设计过程中应该尽早考虑植物景观,并且应该按程序、按步骤逐渐深入。

一、调查阶段及内容

调查阶段的目的是要明确设计的性质、功能、布局、风格,明确种植以及具体操作中各种因素之间的关系取舍,是整个程序的关键。

1.园林绿地基础资料

(1)定位。明确绿地性质、功能、整体布局、设计风格等。

(2)界限。明确绿地所处地理位置、红线范围、占地面积等。

(3)地形。明确绿地周边地形高差变化,基地内部坡度变化、主要地形、现有建筑物室内外高差、挡土墙等构筑物的顶端与底部高差。

（4）原有构筑物。明确围栏、墙、踏跺、平台、道路等的位置、现状和材料。

（5）公共设施。明确污水、雨水、电力、通信、煤气、暖气等管道的位置、分布、地上高度与地下深度等，了解设施与市政管道的联系情况。

2. 自然条件资料

（1）小气候。

小气候是指基地中特有的气候条件，即较小区域内的温度、光照、水分、风力等综合因子。每块基地都有着不同于其他区域的气候条件，它是由基地的地形地势、方位、植被以及建筑物的位置、朝向、形状、大小、高度等条件决定的。

（2）光照。

光照是影响植物生长的一个非常重要的因子，设计师需要分析基地中日照的状况，掌握太阳在一天中及一年中的运动规律。其中最重要的就是太阳高度角和方位角两个参数（图 5-1），一天中，中午的太阳高度角最大，日出和日落时太阳方位角最小；一年中夏至时太阳方位角和日照时数最大，冬至最小，如图 5-2 所示。根据太阳高度角、方位角的变化规律，可以确定建筑物、构筑物投下的阴影范围，从而确定出基地中的日照分区（图 5-3），即确定全阴区（永久无日照）、半阴区（某些时段有日照）和全阳区（永久有日照）。

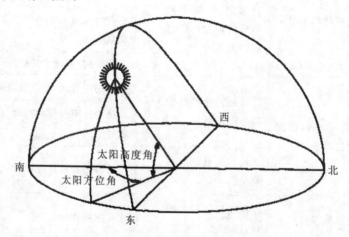

图 5-1 太阳高度角与方位角示意图

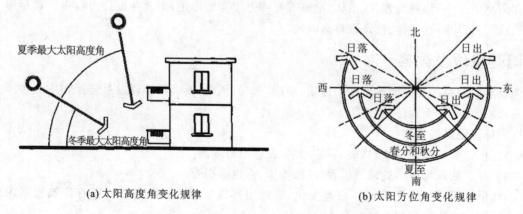

(a)太阳高度角变化规律　　(b)太阳方位角变化规律

图 5-2 太阳高度角与太阳方位角的变化规律

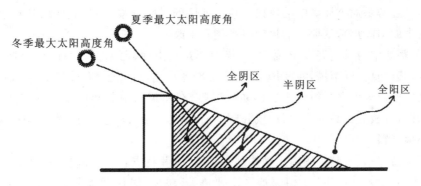

图 5-3　根据日照条件分析日照分区

　　一般在建筑的南面光照最充足、日照时间最长,适宜开展活动和设置休息空间,但夏季的中午和午后温度较高,需要遮阴。根据太阳高度角和方位角测算,遮阴效果最好的位置应该在建筑物西南面或者南面,可以利用遮阴树,也可以使用棚架结合攀援植物进行遮阴,并应该尽量靠近需要遮阴的地段(建筑物或者休息、活动空间),但要注意地下管线的分布以及防火等技术要求。另外,冬季寒冷,为了延长室外空间的使用时间,提高居住环境的舒适度,室外休闲空间或室内居住空间都应该保证充足的光照,因此建筑南面的遮阴树应该选择分枝点高的落叶乔木,避免栽植常绿植物。在建筑的东面或者东南面太阳高度角较低,所以可以考虑利用攀援植物或者灌木进行遮阴。建筑的西面光照较为充足,可以栽植阳性植物,而北面光照不足,只能栽植耐阴植物。

　　(3)风。

　　各个地区都有当地的盛行风向,根据当地的气象资料可以得到这方面的信息。关于风最直观的表示方法就是风向玫瑰图,风向玫瑰图是根据某地风向观测资料绘制出形似玫瑰花的图形,用以表示风向的频率。如图 5-4 所示,风向玫瑰图中最长边表示的就是当地出现频率最高的风向,即当

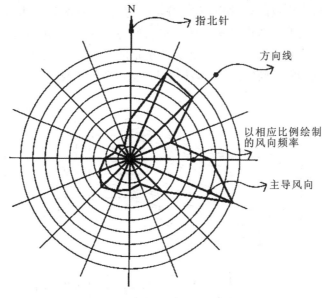

图 5-4　风向玫瑰图示例

地的主导风向。通常基地小环境中的风向与这一地区的风向基本相同,但如果基地中有大型建筑、地形或者大的水面、林地等,基地中的风向也可能发生改变。

北方地区,基地中的风向有以下规律:一年中建筑的南面、西南面、西面、西北面、北面风较多,而东面风较少,其中夏季以南风、西南风为主,而寒冷冬季则以西北风和北风为主。因此,在建筑的西北面和北面应该设置由常绿植物组成的防风屏障,在建筑的南面和西南面则应铺设低矮的地被和草坪,或者种植分枝点较高的乔木,形成开阔界面,结合水面、绿地等构筑顺畅的通风渠道。

3. 周边环境资料

周边环境资料包括:①基地周边土地用地类型、状况和特点,相邻环境的构造和地质情况;②周边植物种类、色调、生长情况等;③相邻地区主要机关、单位、居住区等分布情况及出入口位置等;④相邻建筑物的建筑风格。

4. 植物资料

植物资料包括:①绿地所处城市范围内生物多样性的情况;②该区域乡土树种、骨干树种的名录、分布及开发利用条件;③该区域的名木古树的种类及分布;④当地园林植物的引种及驯化情况。

二、构思阶段

(一)现状分析

1. 现状分析的内容

现状分析是设计的基础、设计的依据,尤其是对于与基地环境因素密切相关的植物,基地的现状分析更是关系到植物的选择、植物的生长、植物景观的创造、功能的发挥等一系列问题。

现状分析的内容包括:基地自然条件(地形、土壤、光照、植被等)分析、环境条件分析、景观定位分析、服务对象分析、经济技术指标分析等。可见,现状分析的内容是比较复杂的,要想获得准确、详实的分析结果,一般要多专业配合,按照专业分项进行,然后将分析结果分别标注在一系列的底图上(一般使用硫酸纸等透明的图纸材料),然后将它们叠加在一起,进行综合分析,并绘制基地的综合分析图,这种方法称为叠图法(图5-5),是现状分析的常用方法。如果使用 CAD 绘制就要简单些,可以将不同的内容绘制在不同的图层中,使用时根据需要打开或者关闭图层即可。

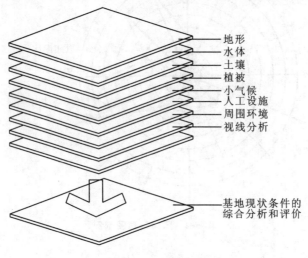

地形
水体
土壤
植被
小气候
人工设施
周围环境
视线分析

基地现状条件的综合分析和评价

图 5-5　叠图法

现状分析是为了下一步的设计打基础,对于植物种植设计而言,凡是与植物有关的因素都要考虑,如光照、水分、温度、风、人工设施、地下管线和视觉质量等。

在全面了解基址自身及周边环境的资料、明确绿地用地性质后,将各种现状资料归类、综合分析。抓住基址的特点和重点,进一步明确基址的优缺点,并审阅工程委托人的要求。

设计者必须认真到现场进行实地踏查和对欠缺资料的实测,并进行实地的艺术构思,确定植物景观大致的轮廓、配置形式,通过视线分析,确定周围景观对该地段的影响,"佳者收之,俗者弃之"。

2. 现状分析图

现状分析图是将收集到的资料和在现场调查得到的资料用特殊的符号标注在基地底图上,并对其进行综合分析和评价。本实例将现状分析的内容放在同一张图纸中,这种做法比较直观,但图纸中表述的内容较多,所以适合于现状条件不是太复杂的情况,如图 5-6 所示包括主导风向、光照、水分、主要设施、噪声、视线质量和外围环境等分析内容,通过图纸可以全面了解基地的现状。

现状分析的目的是为了更好地指导设计,所以不仅仅要有分析的内容,还要有分析的结论。对基地条件进行评价,得出基地中对于植物栽植和景观创造有利和不利的条件,并提出解决的方法。

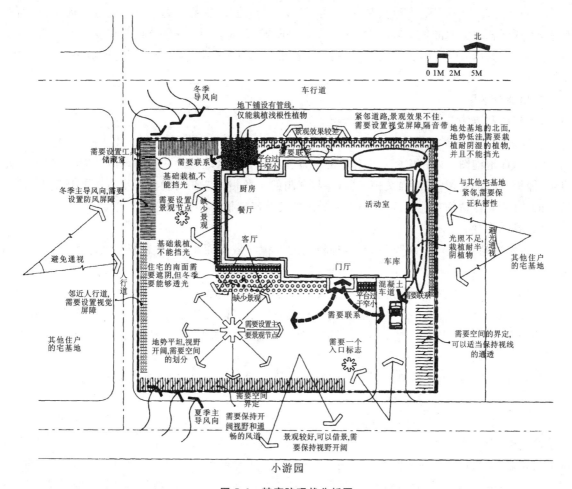

图 5-6 某庭院现状分析图

(二)功能分区

1.功能分区的内容

结合现状分析,在植物功能分区的基础上,将各个功能分区继续分解为若干不同的区段内植物的种植形式、类型、大小、高度、形态等内容。设计师根据现状分析以及设计意向书,确定基地的功能区域,将基地划分为若干功能区,在此过程中需要明确以下问题。

(1)场地中需要设置何种功能,每一种功能所需的面积。

(2)各个功能区之间的关系。

(3)各个功能区的服务对象、空间类型。

每个景观设计都要进行分区,有以功能为主的功能分区,有以景观为主的景观分区,功能和景观的具体分区内容应根据公园的大小来决定,如面积较小的游园或居住区小游园则不必设管理处或花圃、苗圃等区域,可设功能与景观结合在一起的功能景观分区。在居住区游园中,往往根据不同年龄段游人的活动规律,不同兴趣爱好游人的需要,确定不同的分区,以满足不同的功能需要。文化娱乐区是园之"闹"区,人流相对集中,可置于较中心地带;安静休息区是园之"静"区,占地面积较大,可置于相对安静的地带,也可根据地形分散设置;儿童活动区相对独立,宜置于入口附近,不宜与成人体育活动区相邻,更不能混在一起,如若相邻,必以树林分隔;观赏植物区应根据植物的生态习性安排相应的地段。

2.功能分区图

(1)程序和方法。

功能分区是示意性的,可用圆圈或抽象图形表示。通常设计者用圆圈或其他抽象的符号表示功能分区,即泡泡图。图中应标示出分区的位置、范围,各分区之间的联系等,分区的景名犹如画龙点睛,能提升园的品位,应加强文化气息,并与全园的主题相扣。在功能分区示意图的基础上,根据植物的功能,确定植物功能分区,即根据各分区的功能确定植物的主要配置方式。

(2)具体步骤。

①确定种植范围。用图线标示出各种植物的种植区域和面积,并注意各个区域之间的联系和过渡。

②确定植物的类型。根据植物种植分区规划选择的植物类型。

③分析植物组合效果。主要是明确植物的规格。最好的方法是通过绘制立面图,设计师通过立面图分析植物高度组合,一方面可以判定这种组合是否能够形成优美、流畅的林冠线;另一方面也可以判断这种组合是否能够满足功能需要,如私密性、防风性等。

④选择植物的颜色和质地。在分析植物组合效果的时候,可以适当考虑植物的颜色和质地的搭配,以便在下一环节能够选择适宜的植物。

以上这两个环节都没有涉及具体的某一种植物,完全从宏观入手确定植物的分布情况。就如同绘画一样,首先需要建立一个整体的轮廓,而并非具体的某一细节,只有这样才能保证设计中各部分紧密联系,形成一个统一的整体。另外,在自然界中植物的生长也并非是孤立的,而是以植物群落的方式存在的,这样的植物景观效果最佳、生态效益最好,因此,植物种植设计应该首先从总体入手。

三、方案设计阶段

1.确定孤植树

孤植树构成整个景观的骨架和主体,所以需要首先确定孤植树的位置、名称、规格和外观形态,但这并非最终的结果,在详细阶段可以再进行调整。

2.确定配景植物

主景一经确定,就可以考虑其他配景植物了。如某建筑前栽植银杏与国槐,银杏可以保证夏季遮阴、冬季透光,优美的姿态也与国槐交相呼应;在建筑西南侧栽植几株山楂,白花红果,与西侧窗户形成对景,入口平台中央栽植栾树、榆叶梅,形成视觉焦点和空间标示。

3.选择其他植物

根据现状分析按照基地分区以及植物的功能要求来选择配置其他植物。

四、详细设计阶段

对照设计意向书,结合现状分析、功能分区、初步设计阶段的工作成果,进行设计方案的修改和调整。详细设计阶段应该从植物的形状、色彩、质感、季相变化、生长速度和生长习性等方面进行综合分析,以满足设计方案的要求。

详细设计图是方案设计图的具体化,一般种植设计图以植物成年期景观为模式,因此设计者需要对基地的植物种类,植物的观赏特性、生态习性十分了解,对乔灌木成年期的冠幅有准确的把握,这是完成园林植物设计图最起码的要求。

(一)植物品种选择

(1)要根据基地自然状况,如光照、水分、土壤等,选择适宜的植物,即植物的生态习性应与生态环境相符。

(2)植物的选择应该兼顾观赏和功能的需要,两者不可偏废。

(3)植物的选择还要与设计主题和环境相吻合,如庄重、肃穆的环境应选择绿色或者深色调植物;轻松活泼的环境应该选择色彩鲜亮的植物;儿童空间应该选择花色丰富、无刺无毒的小型低矮植物。

(4)在选择植物时,应该综合考虑各种因素:①基地自然条件与植物的生态习性(光照、水分、温度、土壤、风等);②植物的观赏特性和使用功能;③当地的民俗习惯和人们的喜好;④设计主题和环境特点;⑤项目造价;⑥苗源;⑦后期养护管理等。

(二)植物的规格

园林种植详细设计图,一般按 1∶250～1∶500 比例作图,乔灌木冠幅一般以成年树树冠的 75% 绘制,如 16 m 冠幅的乔木,按 75% 计算为 12 m,按 1∶300 比例制图,应画直径 4 cm 的圆,以此计算不同规格的植物作画时所画的冠幅直径。

绘制成年树冠幅(75%)一般可以分为如下几个规格:

乔木:大乔木 10～12 m   中乔木 6～8 m   小乔木 4～5 m

灌木:大灌木 3～4 m   中灌木 2～2.5 m   小灌木 1～1.5 m

(三)植物布局形式

植物布局形式取决于园林景观的风格,如规则式、自然式等,它们在植物配置形式上风格迥异、各有千秋。另外,植物的布局形式应该与其他构景要素相协调,如建筑、地形、铺装、道路、水体等。

(四)植物栽植密度

植物栽植密度就是植物的种植间距的大小,要想获得理想的植物景观效果,应该在满足植物正常生长的前提下,保证植物成熟后相互搭接,形成植物组团。

另外,植物的栽植密度还取决于所选植物的生长速度,对于速生树种,间距可以稍微大些,因为它们会很快长大,填满整个空间;相反的,对于慢生树种,间距要适当减小,以保证其在尽量短的时间内获得效果。所以说,植物种植最好是速生树种和慢生树种组合搭配。

如果栽植的是幼苗,而客户又要求短期内获得景观效果,那就需要采取密植的方式,也就是说增加种植数量,减小栽植间距,当植物生长到一定时期后再进行适当的间伐,以满足观赏和植物生长的需要。

(五)满足技术要求

在确定具体种植点位置时还应符合相关设计规范、技术规范的要求。

(1)植物种植点位置与管线、建筑的距离,具体内容如表 5-2 和表 5-3 所示。

表 5-2 绿化植物与管线的最小间距

管线名称	最小间距(m)	
	乔木(至中心)	灌木(至中心)
给水管	1.5	不限
污水管、雨水管、探井	1.0	不限
煤气管、探井、热力管	1.5	1.5
电力电缆、电信电缆	1.5	1.0
地上杆柱(中心)	2.0	不限
消防龙头	2.0	1.2

注:节选自《居住区环境景观设计导则》。

表 5-3 绿化植物与建筑物、构筑物最小间距

建筑物、构筑物名称		最小间距(m)	
		乔木(至中心)	灌木(至中心)
建筑物	有窗	3.0~5.0	1.5
	无窗	2.0	1.5
挡土墙顶内和墙角外		2.0	0.5
围墙		2.0	1.0
铁路中心线		5.0	3.5

续表

建筑物、构筑物名称	最小间距(m)	
	乔木(至中心)	灌木(至中心)
道路(人行道)路面边缘	0.75	0.5
排水沟边缘	1.0	0.5
体育用场地	3.0	3.0

注:节选自《居住区环境景观设计导则》。

(2)道路交叉口处种植树木时,必须留出非植树区,以保证行车安全视距,即在该视野范围内不应栽植高于 1 m 的植物,而且不得妨碍交叉口路灯的照明,具体要求如表 5-4 所示。

表 5-4　道路交叉口植物种植规定

交叉道口类型	非植树区最小尺度(m)
行车速度≤40 km/h	30
行车速度≤25 km/h	14
机动车道与非机动车道交叉口	10
机动车道与铁路交叉口	50

注:节选自《居住区环境景观设计导则》。

第三节　施工图设计阶段

施工图是园林施工的依据,园林植物种植设计图是植物过二三十年后所呈现的景观面貌,而园林种植施工图则是栽种近期的植物景观,是施工人员施工时的用图,图中树木的冠幅是按苗圃出圃的苗木规格绘制。一套完整表达种植设计意图的设计图纸,其内容包括以下几点。

(1)分别对乔、灌、草等不同类别的园林植物绘制施工图。

(2)对于园址过大、地形过于复杂等的设计,宜先选用不同的线型对地块进行划分,通过图号索引,运用分图的形式分别对不同地块的种植设计进行表达。

(3)对单体植物与群体植物应标注具体植物名称、种植点分布位置(包括重要点位的坐标等),并对植物要有清晰明确的数字或文字标注(明确植物规格、数量、造型要求等)。

(4)施工图是栽种时近期所呈现的景观面貌,是施工人员施工时用的图纸,图中树木的冠幅是按苗圃出圃的苗木规格绘制。苗木出圃时枝条经过修剪,因此冠幅较小,施工图中绘制苗木冠幅如下:乔木大苗 3～4 m,小苗 1.5～2 m;灌木大苗 1.0～1.5 m,小苗 0.5～1.0 m,针叶树大苗 2.5～3.0 m,小苗 1.5～2.5 m。

(5)对原有保留植物的位置、坐标要标清楚,图纸上填充树与保留树的绘制要加以区别,以免产生视觉混乱和设计意图不清晰等问题。

(6)对于重要位置需要用大样图进行表达。对于景观要求细致或重要主景位置的种植局部图、施工图应有具体、详尽的立面图和剖面图、植物最佳观赏面的图片以及文字标注、数字标高等,以明确植物与周边环境的高差关系。

（7）对于片状种植区域,应标明种植区域范围的边界线、植物种类、种植密度等。对于规则式或造型的种植,可用尺寸标注法标明。此外,不同种类的片状种植区域还应标清楚其修剪或种植高度。对于自然式的片状种植区域可采用网格法等方法进行标注。

（8）配合图纸的植物图例编号、数字编号等,在苗木表中要将植物名称标注清楚;此外由于植物的商品名、中文名重复率高,为避免在苗木购买时产生误解和混乱,还应相应的标注拉丁名,以便识别。苗木表还应对植物的具体规格、用量、种植密度、造型要求等内容标注清楚。

（9）如园址面积过大或对种植区域进行划分,应在分图中附加苗木表,在总图上还应附上苗木总表,对各分图的苗木情况进行汇总,方便统计与查阅。

（10）安排好填充树种后,设计者应该能够预见由于树木生长,多少年后植株的生长空间也缩小,这时就应该移植或者填充树,以免影响保留树的正常生长,这些预见性的提示必须写入设计说明书中,尤其应让养护管理人员明了。

第四节　园林植物的表现技法

1996年3月起实施的《风景园林图例图示标准》对植物的平面及立面表现方法作了规定和说明,图纸表现应参照"标准"的要求和方法执行,并应根据植物的形态特征确定相应的植物图例或图示。作为设计师除了要掌握植物的绘制方法,还应拥有一套专用植物图库（平面图、立面图、效果图）,以便在设计过程中选用。

一、乔木在园林设计中的表现技法

（一）平面表现

乔木的平面图就是树木树冠和树干的平面投影（顶视图）,最简单的表示方法就是以种植点为圆心,以树木冠幅为直径作圆,并通过数字、符号区分不同的植物,即乔木的平面图例。树木平面图例的表现方法有很多种,常用的有轮廓型、枝干型、枝叶型等三种,如图5-7所示。

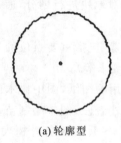
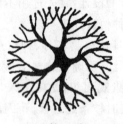

(a)轮廓型　　　　　　　(b)枝干型　　　　　　　(c)枝叶型

图5-7　树木平面图例表现形式

1.轮廓型
确定种植点,绘制树木的平面投影的轮廓,可以是圆,也可以带有棱角或者凹缺。

2. 枝干型

作出树木的树干和枝条的水平投影，用粗细不同的线条表现树木的枝干。

3. 枝叶型

在枝干型的基础上添加植物叶丛的投影，可以利用线条或者圆点表现枝叶的质感。

在绘制的时候为了方便识别和记忆，树木的平面图例最好与其形态特征相一致，尤其是针叶树种与阔叶树种应该加以区分，如图5-8所示。

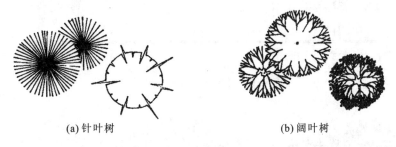

(a) 针叶树　　　　　　　　　(b) 阔叶树

图5-8　针叶树与阔叶树图例表现

此外，为了增强图面的表现效果，常在植物平面图例的基础上添加落影。树木的地面落影与树冠的形状、光线的角度等有关，在园林设计图中常用落影圆表示，如图5-9(a)所示；也可以在此基础上稍作变动，如图5-9(b)所示；图5-9(c)所示是树丛落影的绘制方法。作树木落影的方法是：先选定平面光线入射的方向，定出落影量，以等圆作树冠圆和落影圆，然后擦去树冠下的落影，将其落影涂黑或是着色，并加以表现。对不同质感的地面可采用不同的树冠落影表现方法。

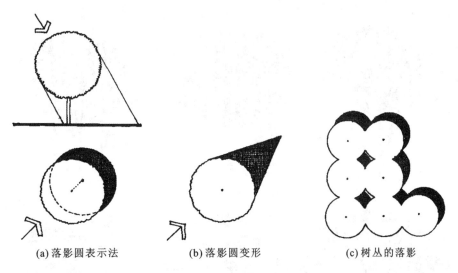

(a) 落影圆表示法　　　　(b) 落影圆变形　　　　(c) 树丛的落影

图5-9　树木平面落影的绘制

（二）立面表现

乔木的立面就是乔木的正立面或侧立面投影，表现方法也分为轮廓型、枝干型、枝叶型等三种类型（图5-10）。此外，按照表现方式树木立面表现还可以分为写实型（图5-11）和图案型（图5-12）。

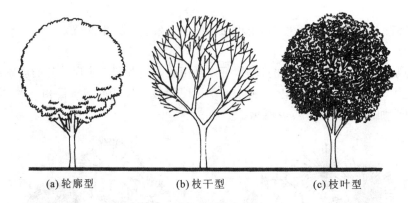

(a) 轮廓型   (b) 枝干型   (c) 枝叶型

图 5-10　树木立面图例表现形式

图 5-11　树木立面图例——写实型

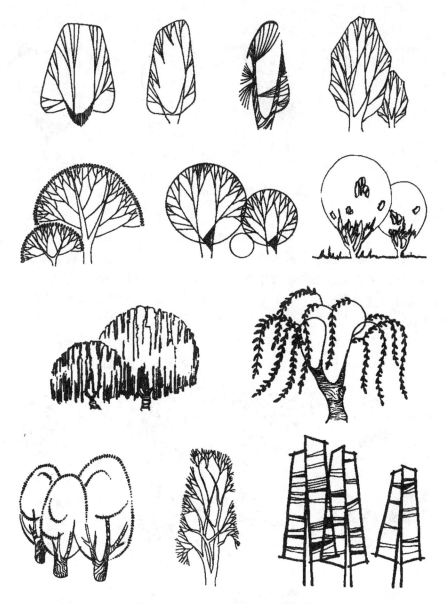

图 5-12　树木立面图例——图案型

(三)立体效果表现

　　树木的立体效果表现要比平面、立面的表现复杂,要想将植物描绘得更加逼真,必须通过长期的观察和大量的练习。绘制乔木立体景观效果时,一般是按照由主到次、由近及远的顺序绘制的,对于单株乔木而言要按照由整体到细部、由枝干到叶片的顺序加以描绘。

1. 外观形态的表现

　　尽管树木种类繁多,形态多样,但都可以简化成球形、圆柱形、圆锥形等基本几何形体。如图5-13所示,首先将乔木大体轮廓勾勒出来,然后再进行下一步的描绘。

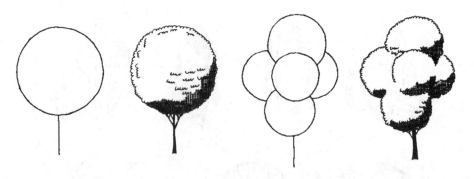

图 5-13　树木外观形态的表现

2. 枝干的表现

树木的枝干部可以近似为圆柱体,所以在绘制的时候可以借助圆柱体的透视效果简化作图。另外,为了保证效果逼真,还应该注意树木枝干的生长状态和纹理,如核桃楸等植物的树皮呈不规则纵裂;油松分节生长,老树的表皮鳞片状开裂,而多数幼树一般树皮较为光滑或浅裂。总之,要抓住植物树干的主要特点进行描绘。

3. 叶片的表现

如图 5-14 所示,主要表现叶片的形状和着生方式,重点刻画树木边缘和明暗分界处和前景受光处的叶子,至于大块的明部、中间色和暗部可用不同方向的笔触加以概括。

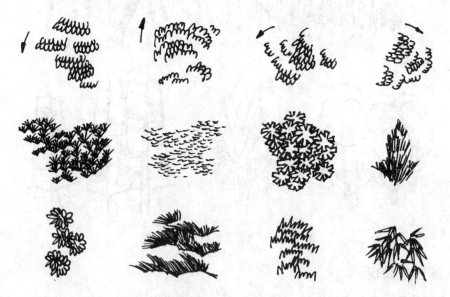

图 5-14　树木叶片的表现

4. 阴影的表现

按照光源与观察者的相对位置分为迎光和背光,不同条件下物体的明暗面和落影是不同的,如图 5-15 所示。所以,绘制效果图时,首先应该确定适宜的阳光照射方向和照射角度,然后根据几何形体的明暗变化规律,确定明暗分界线(图 5-16(a)),再利用线条或者色彩区分明暗界面(图 5-16

（b）），最后根据经验、制图原理绘制树木在地面及其他物体表面上的落影。

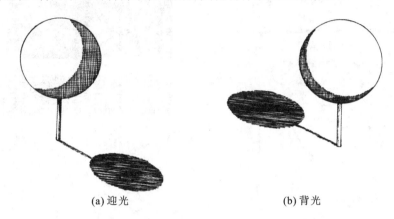

(a) 迎光   (b) 背光

图 5-15 不同光照条件下的光影效果

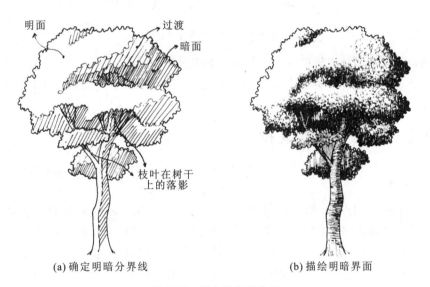

(a) 确定明暗分界线   (b) 描绘明暗界面

图 5-16 树木的光影表现

5. 远景与近景的表现

通过远景与近景的相互映衬，可以增强效果图的层次感和立体感。首先应该注意树木在空间距离中的透视变化，分清楚远近树木在光线作用下的明暗差别。通常，近景树特征明显，层次丰富，明暗对比强烈；中景树特征比较模糊，明暗对比较弱；远景树只有轮廓特征，模糊一片。

二、灌木及地被物在园林设计中的表现技法

1. 灌木及地被物在园林设计中的平面表现技法

平面图中，单株灌木的表示方法与树木相同，如果成丛栽植可以描绘植物组团的轮廓线。如图5-17所示，自然式栽植的灌木丛，轮廓线不规则，修剪的灌木丛或绿篱，形状规则或不规则但圆滑。

地被物可采用轮廓型、质感型和写实型的表现方法。作图时应以地被栽植的范围为依据，用不规则的细线勾勒出地被范围轮廓。

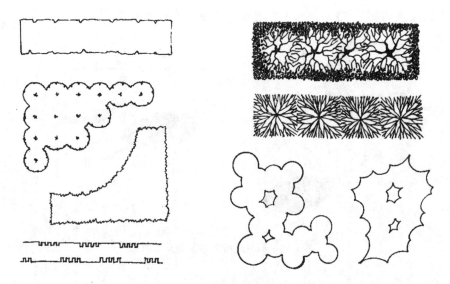

图 5-17　灌木的平面表示

2.灌木及地被物在园林设计中的立(剖)面的表现技法

灌木的立面或立体效果的表现方法也与乔木相同,只不过灌木一般无主干,分支点较低,体量较小,绘制的时候应该抓住每一品种的特点加以描绘。

三、草坪在园林设计中的表现技法

在园林景观中草坪作为景观基底占有很大的面积,在绘制时同样也应注意其表现的方法,最为常用的就是打点法。

(1)打点法:利用小圆点表示草坪、并通过圆点的疏密变化表现明暗或者凹凸效果,并常在树木、道路、建筑物的边缘或者水体边缘的圆点适当加密,以增强图面的立体感和装饰效果。

(2)线段排列法:线段排列要整齐,行间可以有轻重,也可以留有空白,当然也可以用无规律排列的小短线或线段表达,这一方法常常用于表现管理粗放的草地或草场。

此外,还可以运用上面两种方法表现地形等高线。

第五节　园林植物景观设计图的类型及要求

一、园林植物景观设计图分类

(一)按照表现内容及形式进行分类(表 5-5)

表 5-5　园林植物景观设计图内容及其分类

图纸类型	对应的投影	主要内容
平面图	平面投影(H 面投影)	表现植物的种植位置、规格等
立面图	正立面投影(V 面投影)或侧立面投影(W 面投影)	表现植物之间的水平距离和垂直高度

续表

图纸类型	对应的投影	主 要 内 容
剖面图、断面图	用一垂直的平面对整个植物景观或某一局部进行剖切,并将观察者和这一平面之间的部分去掉,如果绘制剖切断面及剩余部分的投影则称为剖面图,如果仅绘制剖切断面的投影则称为断面图	表现植物景观的相对位置、垂直高度,以及植物与地形等其他构景要素的组合情况
透视效果图	一点透视、两点透视、三点透视	表现植物景观的立体观赏效果,分为总体鸟瞰和局部透视效果图

(二)按照对应设计环节进行分类(表 5-6)

表 5-6　园林植物景观设计图按照设计环节的分类

图 纸 类 型	对 应 阶 段	主 要 内 容
园林植物景观规划图	初步设计	绘制植物组团种植范围,并区分植物的类型(常绿、阔叶、花卉、草坪、地被等)
园林植物景观设计图	详细设计阶段	详细确定植物种类、种植形式等,除了植物种植平面图之外,往往还要绘制植物群落剖面图或效果图
园林植物景观施工图	施工图设计阶段	标注植物种植点坐标、标高,确定植物的种类、规格、栽植或养护的要求等

园林植物景观规划图、设计图、施工图三种类型的图纸对应三个不同的环节,园林植物景观设计图和施工图在项目实施过程中是必不可少的,而园林植物景观规划图则要根据项目的具体情况、客户的具体要求而定。对于复杂的设计项目常需要先绘制园林植物景观总体规划图,在此基础上再绘制园林植物景观设计图、施工图,而对于相对简单的设计项目,在成果提交阶段,园林植物景观规划图有时可以省略。

二、园林植物景观设计图纸绘制要求

首先图纸要规范,应按照制图国家标准(《房屋建筑制图统一标准》、《总图制图标准》、《建筑制图标准》和《风景园林图例图示标准》等)绘制图纸,图线、图例、标注等应符合规范要求。其次内容要全面,标准的园林植物景观设计图中必须注明图名,绘制指北针、比例尺,列出图例表,并添加必要的文字说明。另外,绘制时要注意图纸表述的精度和深度应与对应设计环节及客户的具体要求相符。

(一)现状分析图

应标明基址内现状植物的准确位置,而且对要有保留的植物位置标示清楚,现状分析图可以是设计师根据现状手工绘制或依据客户提供的图纸进行分析,图纸的目的在于对现状情况进行分析,所以不需要像工程图一样详细。

(二)园林植物种植规划图

园林植物种植规划图目的在于标示植物分区布局情况,所以园林植物景观规划图仅绘制出植物组团的轮廓线,并用图例、符号区分常绿针叶植物、阔叶植物、花卉、草坪、地被等植物类型,一般无需标注每一株植物的规格和具体种植点的位置。植物种植规划图绘制应包含以下内容。

(1)图名、指北针、比例、比例尺。

(2)图例表:包括序号、图例、图例名称(常绿针叶植物、阔叶植物、花卉)等。

(3)设计说明:包括植物配置的依据、方法、形式等。

(4)植物种植规划平面图:绘制植物组团的平面投影。

(5)植物群落效果图、剖面图或断面图等。

(三)园林植物景观设计图

园林植物景观设计图需要利用图例区分各种不同植物,并绘制出植物种植点的位置、植物规格等。植物种植设计图绘制应包含以下内容。

(1)图名、指北针、比例、比例尺、图例表。

(2)设计说明:包括植物配置的依据、方法、形式等。

(3)植物表:包括序号、中文名称、拉丁学名、图例、规格(冠幅、种植面积、种植密度等)、其他(特性、树形要求等)、备注,如表 5-7 所示。

表 5-7　植物名录表

序号	中文名称	拉丁学名	图例	规格	其他	备注
1						
2						

(4)植物种植设计平面图:用图例标示植物的种类、规格、种植点的位置以及与其他构景要素的关系。

(5)植物群落剖面图或断面图。

(6)植物群落效果图:表现植物的形态特征,以及植物群落的景观效果。

在绘制植物种植设计图的时候,一定要注意在图中标注植物种植点位置,植物图例的大小应该按照比例绘制,图例数量与实际栽植植物的数量要一致。

(四)园林植物种植施工图

园林植物景观施工图是园林绿化施工、工程预(决)算编制、工程施工监理和验收的依据,并且对于施工组织、管理以及后期的养护都起着重要的指导作用。植物种植施工图绘制应包含以下内容。

(1)图名、比例、比例尺、指北针。

(2)植物表:包括序号、中文名称、拉丁学名、图例、规格(冠幅、胸径、种植面积、种植密度)、苗木来源、植物栽植及养护管理的具体要求、备注。

(3)施工说明:对于选苗、定点放线、栽植和养护管理等方面的要求进行详细说明。

（4）植物种植施工平面图：用图例区分植物种类，用尺寸标注或者施工放线网格确定植物种植点的位置（规则式栽植需要标注出株间距、行间距以及端点植物的坐标或与参照物之间的距离；自然式栽植往往借助坐标网格定位）。

（5）植物种植施工详图：根据需要，将总平面图划分为若干区段，使用放大的比例尺分别绘制每一区段的种植平面图，绘制要求同施工总平面图。为了读图方便，应该同时提供一张索引图，说明总图到详图的划分情况。

（6）文字标注：用引线标注每一组植物的种类、组合方式、规格、数量（或面积）。

（7）园林植物景观设计剖面图或断面图。

此外，对于种植层次较为复杂的区域应该绘制分层种植施工图，即分别绘制上层乔木的种植施工图和中下层灌木地被等的种植施工图。

（五）园林植物景观剖立面图

园林种植设计中的剖立面图是十分重要的，在种植设计过程中必须要考虑植物个体的大小、形状、枝干的具体分枝形式，种植剖立面图可以有效地展示出植物之间的关系，植物与周边环境（如建筑、小品）之间的关系，所以剖立面图是观察植物最终效果的重要手段之一。

三、园林植物种植设计说明

园林种植设计过程中，除了图纸部分外，还应对种植设计的设计理念、规划原则、树种规划、规格要求、定植后的养护管理等附上必要的文字说明。由于季相变化、植物生长等因素很难在设计平面图中表现出来，因此，为了相对准确地表达设计意图，还应对这些变动内容进行说明。园林种植设计说明书主要包括以下几部分。

1. 项目概况

（1）绿地位置、面积、现状。

（2）绿地周边环境。

（3）项目所在地自然条件。

2. 种植设计原则及设计依据

3. 种植构思及立意

4. 功能分区、景观分区介绍

5. 附录

（1）用地平衡表：建筑、水体、道路广场、绿地占规划总面积的比例。

（2）植物名录：编号、中文名称、拉丁文学名、规格、数量、备注等。

植物名录表中植物排列顺序分别为乔木、灌木、藤本、竹类、花卉、地被、草坪等。

园林种植设计说明书完成后应如一篇优美的文章，不仅介绍项目概况、叙述设计构思等必要的内容，而且以流畅生动的语言、优美简洁的插图介绍园林的功能分区、景观分区的植物景观，读来给人清新感，有新意，并且具有极强的艺术感染力。

下篇　各　论

第六章　园林水体与园林植物造景

　　水是万物之源,是自然界最具魅力的元素之一。水不仅在气候调节、增加湿度、改善小气候、维持物种多样性等方面发挥重要作用,在园林造景中更是不可或缺的重要因素。数千年来,古人通过对水的认知与合理利用,确定了中国造园以自然山水为骨架的设计手法,并延续至今,足见其在景观造园中的重要性。

　　园林水体的形式灵活,尺度多变,大可以湖泊池沼布局,小则以喷泉叠水出现,类型丰富,收放相宜。时而湍急轰鸣,时而小溪潺潺,可谓有动有静、有声有色。

　　植物作为景观中的软质要素在园林水景的构成中更是不可或缺的重要组成部分。植物类型丰富,色彩形体多变,可以很好地完善构图,增加空间层次,打破水体的单调,形成季相变化,同时兼具涵养水源、净化空气、营造氛围、托物言志等功能,因此不论中西方的何种园林水体形式,也不论其在园林中是主景还是配景,都要借助植物丰富景观,并通过对其的营造创造和谐美观、师法自然的理想境界(彩图28)。

第一节　古典园林水体植物造景方式

　　中国古典园林讲求师法自然、和谐生动。不论是山体地形,还是水池湖面,多借鉴和模仿大自然的鬼斧神工,源于自然,且高于自然,把这种浓缩的形式发挥到极致。

　　对比古典园林与现代园林,我们发现水体景观的设计源泉都来自大自然,但在景观内涵、施工工艺、生态功能等方面具有一定的变化,这些因素必然影响水体环境周围植物的选择和造型的变化。现代园林水体更多体现场所风格和新技术、新材料、新工艺的运用,随之植物造景也更多元化,往往重构图、重色彩、重形式、重群落搭配,如大面积的剪型植物和彩叶树的运用等;而古典园林水体则多在围合的土地和空间上体现园主的审美旨趣,植物配置更写意,重意境、重内涵、重精神层面的追求,以达到情景交融,天人合一的境界,抒发胸怀、借以明志。如荷风四面亭旁荡漾摇曳的荷花,杭州西湖边著名的柳岸闻莺,都营造了形象生动的意境效果。(彩图29)

　　古典园林水景形式依据南北方园林类型的不同,大致可分为两类,一类多见于北方的皇家园林,另一类多见于南方的私家园林。

　　皇家园林占地辽阔,气势恢宏,处处体现着统治者至高无上的地位和权力。其中的水体多采用开阔的水面,简单自然,且有大自然的江河湖海皆为我用的气势。著名的颐和园、圆明园都有开阔的水面,水面上人工开凿岛屿、堤岸,利用洲、岛、桥把全园划分成许多大小不一的水面,空间变化多,层次感强,又各自独立成景。

　　私家园林中的理水方式多是小中见大,在有限的空间内以精巧取胜、小而曲折、小而丰富。清代著名造园家李渔曾说过"一勺则江河万里",就是形容私家园林水体的独特空间效果。私家园林的水体周围多采用山石驳岸,体现自然变化,利用小岛、石矶、小桥、驳岸、水口的处理,结合山石创造各式各样的水态与水景,真可谓移步换景、步移景异。

　　不论皇家园林,还是私家园林,两者虽在风格、形式上差异较大,但是它们在植物配置尤其是水景营造方面却有许多异曲同工之处。如植物配置方面都讲求意境优先,都注重赋予植物文化内涵,以及植物景观与整个园林能否浑然一体。同时在植物选择方面讲求季节的变化,讲求线条、色彩、嗅觉、姿态等带来的不同体验以及蓝天、碧水、绿树、红墙黛瓦勾勒出的画面感。苍劲的松柏、傲雪的腊梅、待霜的秋菊、姹紫嫣红的紫荆等都是驳岸边兼具观赏、吟咏的好素材,"竹外桃花三两枝,春江水暖鸭先知"就是最典型的写照。在水面植物的选择方面,出淤泥而不染的睡莲、挺水而出譬若君子的荷花,凡是有水的地方,水面必然漂浮着睡莲、荷叶的碧绿身影。古典园林中许多景点都因此得名,如"曲院风荷"、"观莲所"、"采菱渡"、"萍香泮",比比皆是。

第二节　各类水体的植物造景

　　园林中的水体形式丰富多彩。有效仿自然,展现静态之美的湖泊、河流、水池、池塘、湿地,也有表现水势流动之美的瀑布、叠水、溪流、喷泉、壁泉、涌泉,它们形式灵活,尺度、形态多变,色彩丰富,与荷花、睡莲、菖蒲、水葱等水生植物自然融合,交相辉映,共同构成有声有色,有动有静,梦幻多变的水景景观,成为景观中的主景或焦点。根据景观中水体尺度的大小和造景效果的不同,我们把景观水体基本归纳为湖池、溪流、喷泉、叠水、湿地几类,在设计时根据其水体的生态环境和造景的要求,选择相应的植物配置方式。

一、湖池的植物造景

　　我国疆域辽阔,湖泊丰富。景观中的湖泊多因形就势,借助自然水源为我所用,形成视野辽阔、自然平静的景观效果。杭州的西湖、苏州的金鸡湖都借助湖面形成了独具特色的景观效果。湖多为开阔水面,面积较大。由于湖面较为低平,为突出其宁静致远,湖岸常进行丰富的植物造景,在水中形成变换的倒影参与造景,形成水天相接,美轮美奂的视觉效果。所谓"疏影横斜水清浅,暗香浮动月黄昏"就是这样的意境表现。

　　湖区的植物造景多利用水中的水生植物和水岸边的乔、灌木塑造多层次立体的景观效果。在植物选择上多突出季节效果,因此彩叶植物是首选,随着四季的变换,形成色彩斑斓的季相特点,如图 6-1 所示。湖边沿岸常常种植耐水喜湿的植物,大到乔木如水杉、池杉,小到草本植物如海芋、鸢尾、菖蒲、芦苇等,力求品种丰富、姿态优美。同时结合形态、线条及色彩的搭配,与驳岸、山石进行互动,形成层次丰富的立体构图,柔化湖岸线的单调、平直,另外还要与远山相接,使环境浑然一体。湖面上多运用的是挺水、浮叶植物,这类植物可以弥补水面的单调,尤其是大水面更需要这样的补充,但切记不可过于拥堵,以免破坏湖面开阔的效果。

　　湖区植物造景还要兼顾驳岸的处理手法,针对自然植被驳岸、山石驳岸与人工砌筑驳岸等进行合理地搭配。譬如自然植被驳岸由水面向陆地过渡自然,坡向缓和,在配置中多注意由水生植物、地被、花灌木到乔木的层次变化和过渡,形成由低到高的自然群落效果。当然这其中也要注意疏密的变化,通透有致。山石驳岸强调置石与植被的组合效果,线条感强的植物为首选,可多考虑蔓生和丛生效果好的植物品种覆盖在自然山石上,使其若隐若现,在掩盖生硬的石岸线的同时增添野趣,如图 6-2 所示。

图 6-1　湖区植物配置实景效果

图 6-2　自然驳岸植物配置实景效果

　　人工砌筑驳岸在现代城市景观湖面中较为常见,对于这类驳岸我们常常依据周围景观的特征进行植物配置。可以规则整齐也可以自然多变,但同样要考虑层次的变化与植物群落的整体效果。

　　城市中的池塘多由人工挖掘而成,其岸线硬朗分明,池的形状有曲折多姿的自然驳岸,有规则整齐的几何图形,自然或规则取决于周围景观的特征,如图 6-3 所示。

　　相对于湖面的浩大开敞,园林中的水池要精致多变许多,且形式灵活,尺度小巧。园林中的水池多见于公园的局部景点、居住区的花园、街头的绿地、大型酒店的花园、屋顶的花园、展览温室等,一般多为人工挖筑,深浅不一,形式也有规则、自然等。植物设计时一般多结合主题、形式而定。规则式水池的植物配置也多为规整式,种植池的位置及植物形态旨在打破水池线条的单调,同时活跃水池周围的气氛,如图 6-4 所示;自然式水池植物配置手法灵活,多结合形态各异的花灌木和地被,形成幽深的效果,强调构图变化与均衡,使别致的水池更显生动。在近几年的景观建设中,有时为了提升环境的趣味性和追求意境,水池更是清浅,细沙、卵石、铺装一望见底,写意性十足,如图 6-5、图 6-6 所示。如上海的来福士广场后庭院,一抹浅浅的水池,几株细细的睡莲,水池轮廓构成感极强,凸显现代景观特质,提高环境品质。

图 6-3　现代水池植物配置实景效果

（图片选自《景观红皮书Ⅰ》）

图 6-4　规则式水池植物配置效果

图 6-5　写意式水池植物配置效果
（图片选自《景观红皮书Ⅰ》）

图 6-6　写意式水池植物配置效果
（图片选自《景观红皮书Ⅰ》）

对于水池的植物造景，一般侧重于景观效果的表达，有时为追求整体效果，在设计时强调模拟自然界水体的植物群落，从岸上到水中逐步采用湿生乔灌木、挺水植物、浮叶植物、浮水植物；有时力求小中见大，为使局促的区域显得开敞，在设计时往往留空，或用植物划分空间。

二、溪流的植物造景

园林中的溪流多指一些带状的动态水体。常见的形式有河流、小溪、水涧、瀑布等。这样的水体一部分源于自然，往往处于不同高差的地形环境中，通过这样的地势差可以形成由高到低的流动效果，即所谓"水往低处流"。在这或缓或急的潺潺流动中，水石碰撞，植物迂回萦绕，一派自然野趣呈现眼前。因此大部分溪流是一种体现以动为主的水体要素，这种水体不仅充分展现了水的流动

图 6-7　溪流植物配置实景效果

美，其流动击石产生的声音也是园林欣赏中的一个重要元素，体验性极强。对于自然界中的溪流，多出现于山谷幽涧中，因此常常与茂盛的森林植物群落浑然一体。大自然鬼斧神工般将清澈透明的溪流和两侧色彩斑斓的植被巧妙地绘制在一起，构成了一幅幅美妙的中国山水画。在这里，植物设计的重点是氛围和意境的营造，同时依据地势急缓所形成的水流走向及急缓宽窄来进行合理的植物配置，以增强变化的空间感，如图 6-7 所示。首先，在溪流两侧或上部空间可利用高大乔木形成郁闭空间，阻挡视线，营造山林般的小环境。其次，在溪

流边可根据水流急缓布置耐阴湿的草本和低矮花灌木,一丛丛一簇簇,与潺潺流水和细石丝丝相扣,增添野趣。这其中还要注意水流的开合变化,植物的配置也要时而开朗,时而密集,营造曲径通幽、自然淳朴的景观效果,源于自然,更要高于自然。

现代城市景观中还有一部分人工溪流,它们多模拟自然溪流的线形和流动的姿态,但驳岸处理手法明显人工化,这类溪流在进行植物配置时讲求与环境融合,同时还要营造氛围,打破单调,通过或轻柔或凝重的植物搭配丰富空间色彩和层次(彩图 30)。

三、喷泉、叠水的植物造景

喷泉和叠水也是动态水。但由于其体态精致,声色俱佳,往往在园林中成为环境焦点和视觉中心,备受关注。近几年,随着生活品质的提高,凡有条件者,都会布置喷泉和叠水入园,以此来提高环境品质。因此,喷泉和叠水的形式也是层出不穷,水池喷泉、旱池喷泉、景墙叠水、小品叠水林林总总。对于这类水体在进行植物配置时多强调对于主景的烘托,不能喧宾夺主。植物配置宜简洁大方,以完善构图为主,形成很好的背景衬托,或框景画面,如图 6-8、图 6-9 所示。

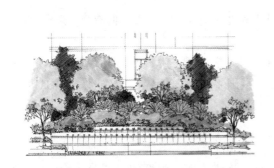

图 6-8 喷泉叠水植物配置立面效果

图 6-9 喷泉叠水植物配置剖面效果

四、湿地景观的植物造景

湿地与森林、海洋并称全球三大生态系统,是自然界中最为丰富的一种水体景观,在世界各地分布广泛。它多指天然或人工形成的沼泽地和带有静止或流动水体的成片浅水区,还包括在低潮时水深不超过 6 m 的水域。湿地还被称为"地球之肾",对于净化空气、涵养水源、蓄水排洪、保持物种的多样性等都具有不可替代的作用。因此,近些年来,随着生态环境建设的兴起,湿地景观也日渐成为设计热点。(彩图 31)

湿地景观的特点是自身物种丰富,生态系统强大,其功能大于形式。景观设计手法也不同于其他类型,以保护为主,尽量减少人工介入和构筑,保护原有植被,保持低洼地形和水面,丰富其生物多样性,而人工的游览娱乐项目尽量减少对湿地景观的干扰。植物营造方面在保持现有品种的基础上,在环境中强调乔灌草、水生、湿生相结合的复合结构,以及多种配置手法综合运用。(彩图 32)哈尔滨的雨洪公园,美国华盛顿的 Renton 水园都是很好的案例。

第三节　堤、岛、桥的植物造景

堤、岛、桥是景观水体中常见的构筑物或设施，它们体量多变，布局灵活，可以有效地划分水面空间，组织交通和游览，构成景观中独特的风景线。而堤、岛、桥的植物造景不仅可以增加空间层次，丰富水面空间的色彩，使环境锦上添花，还可以形成虚实结合、层林尽染的独特景观效果，是水体景观不可或缺的设计要素。

一、堤

堤是跨越水面的带状陆地，多见于大型水体或自然水面，常将大水面划分成一个或几个尺度对比明显的水域。堤多与桥相连，通过桥体连通水系。著名的苏堤六桥通过映波、锁澜、望山、压堤、东浦和跨虹六座拱桥将西湖偌大的水面一分为二，为游人提供了悠闲漫步而又观瞻多变的游赏线。走在堤桥上，湖山胜景如图画般展开，万种风情，任人领略，形成了"苏堤春晓"、"六桥烟柳"的著名景观。

堤两侧的植物配置多以行列式为主，其间种植常绿或观花类乔灌木，强调高低有序，疏密有致。常见的植物有柳树、侧柏、紫薇等（彩图33）。

著名的苏堤在植物配置上以植柳为主，还栽植了玉兰、樱花、芙蓉、木槿等多种观赏花木，一年四季，姹紫嫣红，五彩缤纷。并随着时序变换，晨昏晴雨，氛围不同，景色各异。这如诗若画的怡人风光，也使苏堤成了人们常年游赏的地方。

二、岛

四面环水的小块陆地称为岛屿。景观中依据尺度大小及陆地围合程度的不同分为全岛、半岛和礁石。园林中的岛既可远观也要能登临近赏，它是水面的点景，同时也是联系两岸的纽带。岛屿景观强调观赏的整体感，岛屿的植物配置强调增加其空间层次和突显其视觉效果，丰富构图和提升色彩丰富度。因此，在设计中常选用彩叶植物与季相变化明显的乔灌木为主。在营造丰富的植被观赏景观同时也为鸟类和其他动物提供了更多的栖息地。因此，岛屿也被公认为维持物种多样性的重要景观地带。

三、桥

桥是架在水上或空中便于通行的构筑物，在城市交通和园林造景方面发挥重要的连接作用。桥体类型、风格多样，材料、尺度变化也差异较大。有偏重艺术性的平桥、拱桥、浮桥、索桥，也有偏重材质和装饰工艺的木桥、铁桥和石桥；有在城市复合交通中发挥重要作用的立交桥，也有在公园及居住区随处可见的栈道汀步。它们的线条或曲或直，或雄伟壮观，或精致细腻，每逢桥体存在之处都是景观中的视角焦点所在。

大型桥体往往在城市中发挥重要功能，它的植物配置首先不能影响桥体的交通作用，以确保桥体周围有好的视线和安全性，因此一般在城市立交桥和跨河海大桥植物配置中植物往往以陪衬式群落出现，乔灌草相结合，强调对环境的柔化和衬托作用，同时兼顾生态效益。譬如大连香炉礁立交桥多采用五叶地锦等攀援植物,增加绿量和调节局部小气候,增加湿度。同时在桥体周围种植水杉等线条植物,增加纵向线条,打破立交桥硬质少变的单一构图,还在桥体周边的开阔场地布置大型模纹和彩色剪形植物,与立交桥单调的色彩形成鲜明的对比。

小型桥梁多是景观中的重要节点,起到很好的组织游览作用和点缀效果。为了与环境相协调,桥体或曲或直,有些更是写意性极强。这类桥体的植物配置往往侧重意境的创造,与环境相互烘托。时而疏密有致,时而一览无余,时而山重水复,时而柳暗花明。为了达到理想意境,有时在开阔的空间只是简单一丛马蔺,有时在局促的尺度范围内却是草木丛生,密不透风。总而言之,桥体的植物造景不拘一格,只要是与桥体位置、造型、意境相协调,我们可以创造不同的视觉和空间体验效果(彩图 34)。

第四节　园林水体植物造景常用植物

园林中的水体植物依据自身对水分需求习性的不同,以及南北气候条件的差异,其在景观中的使用位置也大不相同,有些是耐水湿,有些是喜湿,还有一些是需要水生。因此,把园林水体植物造景中常用的植物归纳为岸边植物、驳岸植物和水生植物三种类型。这三类植物相互组合,形成了高低错落、开合变化的滨水空间,既丰富了视觉空间层次,完善了构图,又形成了起伏的地形和天际线,营造了独特的滨水景观效果。

一、岸边植物

岸边植物不一定与水直接衔接,多与水面通过驳岸相隔。其作用主要在于形成水面到陆地的过渡,丰富岸边景观视线,延伸水面效果和层次,突出自然野趣。因此,这类植物范围较广,形体局限性小,可以是多年生草本植物、花灌木,较远处也可种植大灌木或乔木,具有耐水湿能力即可。岸边植物高低远近的配置就如同绘画一般要深思熟虑,考虑构图还要创造景深,这样才能形成层次丰富的空间效果,有时还可考虑创造具有立体感的倒影,参与造景。

北方地区常常植垂柳于水边,还常用白蜡和枫杨,或配以碧桃樱花,或放几株古藤老树,或栽几丛月季蔷薇、迎春连翘,春花秋叶,韵味无穷。有时候,也可在开阔平坦的水岸边或浅滩处种植一片水杉林,大气而壮观,每逢深秋,层林尽染,金黄一片,很有一种意想不到的效果。可用于北方水岸边栽植的还有旱柳、红枫、榉树、悬铃木、柽柳、丝棉木、桑树、加拿大杨、杜梨、海棠、棣棠和一些枝干变化多端的松柏类树木。一些北方的乡土树种如毛白杨、槐树等,只要位置适宜,也可形成独特的景观效果。南方水边植物的种类更为丰富,如:水松、池杉、蒲桃、榕树类、红花羊蹄甲、木麻黄、椰子、蒲葵等棕榈科树种、落羽松、串钱柳、乌桕等,都是很好的造景材料。

二、驳岸植物

驳岸植物临水而居,多为喜湿和抗涝性较好的植物。园林绿化中依据驳岸的处理形式不同,植物配置的模式方法也有区别。譬如石岸、砌石驳岸、混凝土驳岸、砖砌驳岸、卵石沙滩驳岸等,驳岸植物多与岸边植物合一,而自然驳岸则需要根据水体的大小、位置情况不同,选择相应的植被模式,既可以是开阔平整的缓坡草地,也可以是色彩斑斓,错落有致的水生花卉组合,更可以是体现自然野趣、野草之美的芦苇、香蒲一类。设计中植物选择往往要结合水与驳岸、水与环境、水边道路、人流量等进行布置,远近、疏密、断续恰到好处,就如一首节奏韵律和谐的乐章那样,自然有趣,又具备优美的景观效果。现代城市景观中驳岸线多比较生硬、粗糙,这正好需要植物进行柔化、美化。

北方园林在驳岸植物的处理上,除了通过迎春、垂柳、连翘等柔长纤细的枝条来柔化人工驳岸的生硬线条外,还在岸边栽植一些花灌木、地被、四季草花和水生湿生花卉,如鸢尾、千屈菜、菖蒲、水葱、郁金香、美人蕉、风信子、剑麻、地锦等,也可以用锦熟黄杨、雀舌黄杨、小叶女贞、金叶女贞、刺柏类等修剪成不同造型进行绿化遮挡。当然,也可以根据季节栽植草花、宿根花卉等来美化。以上几种植物其实也有很多是适合南方的,如鸢尾、菖蒲、美人蕉、郁金香等,同时,像杜鹃、含笑,以及很多兰科植物、天南星科植物、蕨类植物、鸢尾属植物,都是很好的驳岸绿化材料。

三、水面植物

水面植物多为完全水生,根据其在水面分布位置的不同可细分为挺水植物、浮水植物、沉水植物等。景观中根据观赏的视觉特点多采用前两种,在一些湿地园或沼泽地景观中为了维护生态系统的物种多样性也多考虑选择沉水植物。

水面植物是园林水体绿化不可缺少的一种植物材料,这部分植物可以填补水面的空白,尤其是大水面更需要这样的补充。植物景观配置较好的大片水体,能够于明净、开阔的视野中,给游人增添清雅、爽心悦目之感,同时,水面植物又具有分隔空间的功能。

一般来说,水面植物配置不宜拥挤,浮叶或浮水植物的设计要注意面积的大小及与岸边植物的搭配,注意虚实结合、疏密有致;过于拥挤的水面既影响美观,也会阻碍水面的空气交换,不利于植物生长,同时水中的枯叶应当及时清理保持水面整洁清爽。

设计时可以把较开阔的水面空间分成动、静不同的区域,针对区域特点和水面功能进行植物布置,力求有对比、有疏密。要在有限的空间中留出充足的开阔水面,用来展现倒影和水中游鱼,增强趣味性。

南北水面植物的种类差别不是很大,基本上是荷花、睡莲、王莲、荇菜、萍蓬、菖蒲、鸢尾、芦苇、水藻、千屈菜等,在接近岸边的地方,还有种植燕子花、水芋、灯心草、薄荷、锦花沟酸浆、勿忘我、丁香蓼、毛茛和苔类植物的,漂浮在水面和沉入水中的则以水藻类植物为主,如大家熟悉的各种藻类,水马齿、欧菱、水藓也是常用的沉水和浮水植物。

第七章　园林山石与园林植物造景

第一节　山石与植物造景

一、山石的造景形式

在传统的造园艺术中,堆山叠石占有十分重要的地位。园林中的山石因其具有形式美、意境美和神韵美而富有极高的审美价值被认为是"立体的画"、"无声的诗"。中国古典园林无论北方富丽的皇家园林还是秀丽的江南私家园林,均有掇石为山的秀美景点。而在现代园林中,简洁练达的设计风格更赋予了山石朴实归真的原始生态面貌和功能。中国传统园林的石景主要是指假山石的应用。山石在《园林基本术语标准》中是指园林中以造景或登高览胜为目的,用土、石等材料人工构筑的模仿自然山景的构筑物。在实际建园中又包含了假山和置石两个部分。

1. 假山

园林中的假山,体量可大可小,小者如山石盆景,大者可高达数丈。它是以造景游览为主要目的,充分结合其他功能,以土、石等为材料,以自然山水为蓝本并加以艺术的提炼,用人工方法再现自然山水景观。在园林景观设计中,假山作为山石组合造景的主要表现形式,土与石结合的是否恰当、与环境是否和谐,直接影响着假山的风格与效果。古典园林中的假山因材料不同,可分为土山、石山和土石混合山。

2. 置石

置石则是以山石为材料,运用独立性或附属性的造景布置手段,主要表现山石的个体美或局部的组合美,不具备完整的山形。置石的布置形式有特置、散置、群置等形式。

一般来说,假山的体量大而集中,可观可游,使人有置身于自然山林之感;置石则主要以观赏为主,体量较小而分散。

二、不同山石形式的植物配置

《园冶·掇山篇》:"或有嘉树,稍点玲珑石块,不然,墙中嵌埋壁岩,或顶植卉木垂萝,似有深境也。""凡掇小山,或依嘉树卉木,聚散而理。"都说明传统园林中山石与植物的结合是非常常见的,也是中国传统园林造园的一大特色。当植物与山石组合创造景观时不论要表现的景观主体是山石还是植物,都需要根据山石本身的特征和周边的具体环境,精心选择植物的种类、形态、大小和不同植物之间的搭配形式,使山石和植物组织达到最自然,最美的景观效果。柔美的植物可以衬托山石之硬朗和气势,而山石之辅助点缀又可以让植物显得更加富有神韵。植物与山石相得益彰地配置,更能营造出丰富多彩、充满灵韵的景观。

1. 土山

土山是指不用一石全部堆土而成的假山。李渔在《闲情偶寄》中说:"用以土代石之法,既减人工,又省物力,且有天然委曲之妙,混假山于真山之中,使人不能辨者,其法莫妙于此。"土山利于植物生长,能形成自然山林的景象,极富野趣。因此土山上适宜种植形体高大、姿态优美的乔灌木,形成森林般的自然景观。同时选择应用适应当地气候的植物种类十分重要。在古典园林中,现存的土山则大多限于整个山体的一部分,而非全山,如苏州拙政园雪香云蔚亭的西北隅,为了配合主题,雪香云蔚亭周围种植了许多的蜡梅、梅花,加上一些大的松柏、竹丛、沿阶草等,形成了具有嗅觉美的山林冬景。

2. 石山

石山即全部用石堆叠而成的山。故其用石极多,所以其体量一般都比较小,李渔在《闲情偶寄》

图 7-1　石山

中所说的"小山用石,大山用土"就是个道理。小山用石,可以充分发挥叠石的技巧,使它变化多端,耐人寻味。如果园林面积较小,聚土为山势必难成山势,所以庭院中造景,大多用石,或当庭而立,或依墙而筑,也有兼作登楼的蹬道。石山构成源自中国山水画,是真山的精炼概括,自身就极具古意,因此一般不大量种植植物,植物体量不宜过大,应与石山本身体量相宜,起到点缀对比的作用。同时石山能适宜种植植物的隙穴很少,植物选择大多是一些低矮匍匐耐干旱的种类(图 7-1)。

3. 土石山

土石山是最常见的园林假山形式,土石相间,草木相依,富有自然生机。尤其是可做大型假山,如果全用山石堆叠,即使堆得峥嵘嶙峋,也显得清冷强硬,加上草木不生,终觉有骨无肉。如果把土与石结合在一起,使山脉石根隐于土中,泯然无迹,而且还便于植大树花木,树石浑然一体,山林之趣顿生。土石山又分为以石为主的带土石山和以土为主的带石土山两种。

带土石山又称石包土,此类假山先以叠石为山做骨架,然后再覆土,再植树种草。从结构上看:一类是堆叠石壁洞壑作为主要观赏面,于山顶和山后覆土,如苏州艺圃和怡园的假山;另一类是四周及山顶全部用石,或用石较多,但会保留较多的植物种植穴,同时主要观赏面无洞,形成整个的石包土格局。如苏州留园中部的池北假山。这类假山的植物种植要体现精致恰当,或具独特风格的树姿,或具特色鲜明的花果,与不同品相的山石搭配,相得益彰,意蕴悠远(图 7-2)。

带石土山又称土包石,此类假山以堆土为基底,只在山脚或山的局部适当用石,以固定土壤,并形成优美的山体轮廓。如沧浪亭的中部假山,山脚叠以黄石,蹬道盘纡其中。这类假山因土多石少,可形成与土山类似的自然山林景象,林木蔚然而深秀,又具山石野趣。

在城市中,山体不论以土为主,或以石为主,或土

图 7-2　带土石山

石相间，都需茂木美荫，以达到顿开尘外之想的山林意趣，使"山藉树而为衣，树藉山而为骨。树木不可繁，要见山之秀丽，山不可乱，须显树之光辉"。

4. 置石

置石主要以观赏为主，在景观环境中往往起点景作用。这种形式可突出山石的个体形态美，也可在石上题名作诗突出周围景观的意境。置石可分为特置、对置、群置和散置。特置山石，也称为孤赏石，体量宜大，轮廓清晰；对置，并非对称布置，而是在门庭、路口、桥头等处做对应布置；群置是应用多数山石互相搭配点置；散置实际上包括了特置和群置，其艺术要求是"似多野致"。也有以石材构成花台、树池等形式的置石手法，使得园林风格更为自然古朴。

置石一般体量可大可小，如果单体体量高大，具有完整的造型和鲜明的个性，那么可在局部或较大范围内作为主景，植物搭配也十分灵活，与大树相配体现古顽之态，与灌草结合又呈雄拙之资，以群植林木为背景则能显出独石的浑然天成。其他类型的置石因石品不同，布置灵活，因此植物的搭配形式也多种多样，要注意的是，这种树石的选择搭配要与环境空间的观赏视距相适应，才能体现最佳效果（图7-3）。

图7-3　置石视距

三、植物与山石的造景形式

不论是传统园林还是现代景观，植物与山石结合造景类型可分为以下三种。

1. 植物和山石互相借姿，相映成趣

山水画中常有山石花卉小品之景，是"师法自然"的一种表现。山水画中画题式的丛植，以姿态良好的小乔木、灌木和花卉为主，多以山石配梅、兰、竹、松、藤本、芭蕉等植物组合成景，力求在搭配上统一入画。《园冶》有言："峭壁山者，靠壁埋也。藉以粉壁为纸，以石为绘也。理者相石皴纹，仿古人笔意，植黄山松柏、古梅、美竹，收之圆窗，宛然镜游也。"就是对这种画题式丛植做法的描述，常以白粉墙为纸，山石植物为画，结合画题来设计，点缀于园墙或建筑角隅，可以使角隅的生硬对立，得到缓和与美化。也可用月洞门及园窗为框取景。这种山石与植物结合的创作方式被誉为"袖珍山林"，其体量可以根据环境条件可大可小，因此在园林中应用广泛。如图7-4所示为现代画题式山石丛植造景，图7-5所示为传统画题式山石丛植造景，植物与山石互为衬托，相得益彰。

图7-4　现代画题式山石丛植造景

图7-5　传统画题式山石丛植造景

图7-6　植石搭配——松配黄石

假山的植物配置宜利用植物的造型、色彩等特色衬托山的姿态、质感和气势。假山上的植物多配植在山体的半山腰或山脚。配植在半山腰的植株体量宜小,蟠曲苍劲;配植在山脚的植株则相对要高大一些,枝干粗直或横卧。

2. 以山石为主,植物为辅

即以彰显山石之美为主,用植物作为山石的配景。陈从周有语:"以书带草增假山生趣,或掩饰假山堆叠的弊病处,真有山水画中点苔的妙处了。"引申到种植设计手法上就是用薜荔、地锦、书带草等草本或藤本植物装点山石,并符合山水的画理和画题。正所谓"栽花种竹,凭石格取裁"(明·陈继儒《小窗幽一记·集韵》),因此,在植物与山石相配时还要考虑体量、色彩、线条、意趣等因素。传统园林种植设计尤其注重审美意趣的程式法则,常以竹配石笋,以芭蕉配湖石,以松配黄石(图7-6),这些都是前人经验总结的结果。如北海琼岛旁边的假山上的植物设计就是虚其根部以显山石之奇巧的典型案例。另外,低矮的草本植物或宿根花卉层叠疏密地栽植在石头周围,精巧而耐人寻味,良好的植物景观也恰当地辅助了石头的点景功能。

3. 植物为主、山石为辅

以山石为配景的植物配置可以充分展示自然植物群落形成的景观。设计主要以植物配置为主,石头和叠山都是自然要素中的一种类型。还可以利用宿根花卉,一、二年生花卉等多种花卉植物,栽植在树丛、绿篱、栏杆、绿地边缘、道路两旁、转角处和建筑物前,以带状自然式混合栽种形成花境,这样的仿自然植物群落再配以石头的镶嵌使景观更为协调稳定、亲切自然,更显历史的久远。现在城市的许多绿地中都有花境的做法,如广州云台花园的环境一角由几块奇石和较多植物成组配置(图7-7)。石块大小呼应,有疏有密,植物有机地组合在石块之间,马尾铁、七彩马尾铁、南天竹、肾蕨等植物参差高下、色彩变化、生动有致。上海植物园在世博会期间做的花境(图7-8),有毛地黄、羽扇豆、大花飞燕草、楼斗菜、牛舌樱草、黄金菊、角堇、费利菊、澳洲狐尾"幼兽"等多种花卉植物,不同外形的组群,不同色彩的面块,偶见块石三两一组、凹凸不平,横卧在花丛之中,色彩绚丽、生动野趣,让人充分领略大自然的田野气息。

图7-7　广州云台花园山石植物造景

图7-8　上海世博会山石花境造景

第二节 岩石园植物造景

一、岩石园的概念与历史

1. 岩石园

我国在《园林基本术语标准》中,将岩石园定义为模拟自然界岩石及岩生植物的景观,附属于公园内或独立设置的专类公园。岩石园是有所特指的一种植物专类园,旨在展现独特、优美的高山、岩生植物生境景观,与在场地中摆放几块山石的园林形式截然不同。岩石园的概念反映了它的景观主体和生境类型,是建造岩石园的首要依据。

岩石园在我国的建设还不成熟,以至于常有将岩石园与假山园相混淆的错误发生。其实,岩石园与我国的假山置石是本质不同的两种园林形式,但主要园林元素类似,有一定的相关性,特别是我国传统的土石结合的叠山方式,在施工技法上与岩石园有较大相似性。岩石园形成于西方园林,确切地说它是英国园艺的产物。岩石园的发展取决于高山、岩生植物种类的丰富程度和植物配置的合理性,岩石并不是主角,而是植物的载体,主要体现的是植物生长的环境形态。假山园起源于中国,岩石是相对主要观赏对象,植物从属于次要地位,植物依山势配置,烘托假山石的形体美。所以,岩石园中最重要的要素就是植物,而且是能表现高山景观特征的植物,草本植物种类远多于木本植物。

另外,假山置石对岩石的个体美观有较高要求,而岩石园选石虽也有美观要求,但石材的功能性显得更为重要。两者对石材选择的相似之处在于:石不可杂、块不可均、纹不可乱。

2. 岩石园的发展历史

岩石园是英国园艺的产物。16 世纪初,英国引种高山植物,驯化、育苗作为园林观赏植物。18 世纪末欧洲兴起了引种高山植物的热潮,一些植物园中开辟了高山植物区,成为现在岩石园的前身。如 1774 年在伦敦的药用植物园里,用冰岛的熔岩堆成岩山,并栽种阿尔卑斯山引种来的高山植物。与此同时,英国惠特里(Thomas Whately)著《近世造园管见》(observations on Modern Gardening),提出要肯定岩石在庭园中的艺术地位。直到 19 世纪,开始把高山植物的鉴赏与叠山筑石结合起来探索,遂出现了所谓的岩石园。经过长时间的创作实践、总结、提高,到 19 世纪 40 年代,岩石园这一专类园林形式的创造基本趋于成熟。

19 世纪开始,岩石园逐渐在世界各国发展起来。1916 年,美国在布鲁克林植物园内建造了第一个岩石园,这是将原来的垃圾堆放处改建的,展示早春开花植物以及秋季绚丽多彩植物的岩石园。在东方,首次出现的是 1911 年,在日本东京大学理学部内以植物园形式建造的岩石园。目前著名的岩石园主要是英国爱丁堡皇家植物园内的岩石园、英国牛津大学植物园内的岩石园、英国剑桥大学的岩石园、英国威斯利花园的岩石园等。我国第一个岩石园是陈封怀先生于 20 世纪 30 年代创建的,位于庐山植物园内,至今还保留着龙胆科、报春花科、石竹科里的一些高山植物种类。

在建设岩石园的同时,西方植物学家和造园家开始总结建园经验,对岩石园的成熟发展大有裨益。早在 1864 年,奥地利植物学家 A. Kerner von Marilaun 就写了关于高山植物种植的书籍,为引种栽培高山植物提供了理论依据。1870 年英国的 William Robinson 和 1884 年法国的 Henri Correvon 相继出版了关于高山植物种植的书籍。其后,1908 年 Reginald Farrer 在高山植物引种栽培理论的基础上出版了《My Rock Garden》一书；1919 年，Farrer 出版的两卷《The English Rock Garden》推动岩石园向更为自然的园林发展，此书后来成为各地建造岩石园的经典理论书籍。在植物应用方面，早期的岩石园所应用的基本是高海拔的高山植物，可是由于不能适应低海拔的环境以致很多高山植物死亡，后来寻找出一些外貌与高山植物类似的低海拔植物种类来替代，才使得岩石园得以发展。

二、岩石园的类型与特点

1. 以建造目的进行分类

以建造目的进行分类，可以分为植物专类园与观赏性岩石园两大类。

（1）植物专类园。

这类岩石园以收集与展示高山植物与岩生植物为主要目的，一般植物种类比较丰富，环境的选择、改造和岩石的堆叠围绕植物所需的生境展开，在满足植物生长需求的前提下，提高环境的观赏性，成为可游可赏的专类园，其实质是植物专类园，其外貌是具有特殊观赏韵味的园林。该类岩石园又分高山植物园与岩生植物专类园两大类。

高山植物园的建造目的是收集一定区域范围内的高山植物，为高山植物的生存创造最有利的环境条件。其建造在选址上有一定要求，一般选择在高海拔地区，有条件的植物园会利用一定的设施（如冷室）控制各种环境因子，为植物的健康成长提供必要条件。

岩生植物专类园是低海拔地区，为收集、展示岩生植物而建，该专类园收集植物种类比较多，一般面积较大，通过岩石的点缀美化园区，利用地形与地势为岩生植物创建合适的环境条件。一般选择在自然山沟溪流边，利用山沟与溪流营造不同的光照和湿度条件，满足岩生植物的需要。

（2）观赏性岩石园。

这类岩石园是模拟低矮的高山植物与岩石景观的园林。其主要目的是满足人们对特殊景观的视觉需求，一般应用于园林绿地或公园内。岩石园在绿地的应用形式灵活多变，不仅在公园与私家庭院中以专类花园的形式出现，其景观元素与观赏特征还常常在园林的局部位置展现，丰富园林景观。其表现形式有岩石花境、岩生植物在台阶与硬质铺地的应用、废弃采石场的景观修复等。

2. 按照岩石园的设计和种植形式分类

按照岩石园的设计和种植形式分类，可以分为以下几类。

（1）规则式岩石园。

规则式相对自然式而言。常建于街道两旁，房前屋后，小花园的角隅及土山的一面坡上。外形常呈台地式，栽植床排成一层层的，比较规则。景观和地形简单，主要用于欣赏岩生植物及高山植物（图 7-6）。

（2）墙园式岩石园。

这是一类特殊的岩石园（图 7-7）。利用各种护土的石墙或用作分割空间的墙面缝隙种植各种岩生植物。有高墙和矮墙两种。高墙需做 40 cm 深的基础，而矮墙则在地面直接垒起。建造墙园式岩石园需注意墙面不宜垂直，而要向护土方向倾斜。石块插入土壤固定，也要由外向内稍朝下倾斜，以便承接雨水，使岩石缝里保持足够的水分供植物生长。石块之间的缝隙不宜过大，并用肥土填实，竖直方向的缝隙要错开，不能直上直下，以免土壤冲刷及墙面不坚固。石料以薄片状的石灰

图 7-6　规则式岩石园

图 7-7　墙园式岩石园

岩较为理想,既能提供岩生植物较多的生长缝隙,又有理想的色彩效果。

(3)容器式微型岩石园。

一些家庭中常趣味性地采用石槽或各种废弃的动物食槽、水槽,各种小水钵、石碗、陶瓷容器等进行种植。种植前必须在容器底部凿几个排水孔,然后用碎砖、碎石铺在底部以利排水,上面再填入生长所需的肥土,种上岩生植物。这种形式便于管理和欣赏,可随处布置。

(4)自然式岩石园。

自然式岩石园以展现高山的地形及植物景观为主,并尽量引种高山植物。园址要选择在向阳、开阔、空气流通之处,不宜在墙下或林下。公园中的小岩石园,因限于面积,则常选择在小丘的南坡或东坡。

岩石园的地形改造很重要。模拟自然地形,应有隆起的山峰、山脊、支脉,下凹的山谷,碎石坡和干涸的河床,曲折蜿蜒的溪流和小径,以及池塘与跌水等。流水是岩石园中最愉悦的景观之一,故要尽量将岩石与流水结合起来,使园内具有声响,显得更有生气(图 7-8)。因此,要创造合理的坡度及人工泉源。溪流两旁及溪流中的散石土,种上岩生植物。这种种植方式便于管理种植植物,使岩石园外貌更为自然。丰富的地形设计才能造成植物所需的多种生态环境,以满足其生长发育的需要。一般岩石园的规模及面积不宜过大,植物种类不宜过于繁多,不然管理极为费工。

从景观上它又可细分为以下几种。

①自然式裸岩景观。模仿自然裸露岩石景观,把植物种植于岩床内,并在岩穴与岩隙之间分别配置不同的耐旱植物。

②自然式丘陵草甸景观。模仿高原草甸缓坡丘陵地形,把一些高山草甸的植物配植于岩石之上(图 7-9)。

图 7-8　水与岩石园的结合

图 7-9　自然式丘陵草甸景观

③自然式碎石戈壁景观。模仿自然界中碎石滩和戈壁荒滩景观景观,将岩石植物栽植于石砾之中。

三、岩石园的岩石堆叠

1. 岩石园岩石的选择

岩石是岩石园的植物载体,岩石的选择与堆叠都将影响植物的生长与最终的景观效果。西方岩石园,岩石的主要功能是为高山、岩生植物创造生境,它还具有其他重要功能:①挡土。在堆山高出地面时必然形成坡度,用石块挡土既节约土地,防止水土流失,又能在坡下的路堑中欣赏悬崖般的植物景观;②满足高山植物喜欢生长在石缝中的习性;③降温。岩石表面常因日晒而温度急骤上升,其表面以下的石体及附近土壤则温度较低,低于无石遮挡的土壤。但岩石降温散热也较快,高山植物根系适应于石缝中的温度变化,表面岩石的保护又能使植物根系温度不会过高。

岩石园用石最关键的是要能为植物根系提供凉爽的环境,石隙中要有贮水的能力,应选择透气并可吸收湿气的岩石。像花岗岩、页岩之类坚硬不透气吸水的岩石不适合放在岩石园内。除了在功能上满足植物生长的需求,还要兼顾观赏的要求,应选择外表纹理富有变化、外形扁方不圆、大小参差、厚实自然的石材。一般岩石园最常用的石材有砂岩、石灰岩、砾岩三种。

其他石材甚至是建筑用材也能用于建设特殊类型的岩石园或形成别致景观。如用小石子或卵石可形成碎石床景观;耐火砖可建槽园,但人工性比较强,可用于规则式岩石园或单纯石槽建园。另外还可以用碎瓦片或珍珠岩等材料作为岩石园的结构层,十分利于土壤排水和保湿。

总之,选择建设岩石园的石材重点是把握好石材的功能性,并不苛求使用某一种岩石,但岩石园的用石首先应考虑石材为植物根系提供凉爽的环境,石隙中要有贮水的能力,故要选择透气、具有吸收水分能力的岩石,多孔渗水的石材比硬的花岗岩和页岩好。

2. 岩石堆叠

岩石园中虽然岩石不是欣赏主体,没有我国假山置石那样的审美标准和复杂的堆叠手法,但是也要求有参差不齐的山势和植物搭配形成自然丰富、浑然天成的高山景观,因此在岩石堆叠时也有一定理法。

(1)在整个岩石园或至少在主要区域只用一种类型的岩石。一般一个岩石园中只用1~2种石材,否则园区总的整体性不够强,易显得散乱。石块要求来自同一地区,使石色、石纹、质地、形体具有统一性。可选择当地棱角分明的山石,就近取材,能节省财力,还能使游人产生亲切感。

(2)如果岩石是分层的,横放岩石,并使岩石的纹理朝同一个方向。岩块的摆放位置和方向应趋于一致,才符合自然界地层的外貌。如果用同一手法,同一倾斜度叠石,会比较协调。倾斜方向要朝向植物,否则会使水从岩石表面流失。

(3)置石时,要保证基础稳固,放置岩石时将每一块岩石之间相互接合,使岩石放置稳定,还应有适当的基础支撑,以利于更好的排水。除了一些小的裂缝,相邻的石块之间要具有整体感,让地上暴露的部分看上去是和地下连接在一起的巨大的整体石块。

(4)岩石应平卧而不能直插入土,且至少埋入土中1/3~1/2深,将最漂亮的石面露出土壤,基部及四周要结实地塞紧填满土壤,使岩石园看上去是地下岩石自然露出地面的部分。石与石之间要留出空间,用泥土坚实地填补,以便植物生长。

　　(5)小型岩石园不能将岩石散到任何地方,应该有组织地形成紧密单元,有一致的坡度,朝向南或西面。

　　岩石的摆置要符合自然界地层外貌,同时应尽量模拟自然的悬崖、瀑布、山洞、山坡造景,如在一个山坡上置石太多,反而不自然。岩石之间是有关系的,好像自然侵蚀的岩床暴露出来,或者风和水侵蚀的结果,这就要求园中石料的主要面有相同的方向,而小石块利用的好,可能有效地带来露出岩层的印象。

　　岩石堆叠对植物根系环境的营造是很重要的,在岩石堆叠过程中建造各种凹槽种植不同类型的植物,良好的排水和底部通透,确保填进的土壤直接和下面的土壤相连,这是确保植物的生长和繁茂的前提条件。岩石的堆叠必须是从下往上的,生长在岩石缝隙中的植物,必须在堆叠岩石的过程中种植,当下层岩石堆叠完成后,灌土、放置植物、再覆土,然后放置上层石块,这样才能保证植物根系舒展平缓地放在岩石之间,这与我国传统的施工工艺有一定的区别。

　　墙园的墙面不能垂直,岩石要堆叠呈钵式,石缝间缝隙不宜过大,要用肥土填实,岩石缝隙要错开,避免土壤冲刷和墙体不牢固,岩石最好选用片状石材,能提供植物较多的生长缝隙,岩墙顶部及侧面都要种植植物,可在砌筑岩墙过程中种植,岩墙通常高 60~90 cm,但可根据环境等因素调整。

　　槽园由于是对整块岩石进行凿刻,注意要在底部留出排水孔,下面垫上排水层,上部放基质,栽植植物后在表面覆盖碎石。形状以自然式为主,也可根据需要加工成圆形等其他形状。室内高山植物展览室常采用为台地式岩床的种植形式。

四、岩石园植物的选择与配置

　　岩石植物或称岩生植物是指生长在森林线以上高山植物和生长在岩石缝中岩生植物。

　　余树勋先生在其《园中石》中对岩生植物的解释比较直观,易于理解:昔日的旅行者攀登高山时,发现乔木渐渐稀少,甚至看不见大树了,这个高度后来森林学者取名"乔木线"。这条线以上都是灌木、多年生草本及匍匐性蔓生植物,这里常称为"高山草原"。乔木线因该地所处的纬度不同而高度不一,如日本北海道的乔木线为海拔 800~1300 m。生长在乔木线以上的植物统称为高山植物。其中一部分生在岩石表面或岩石缝隙上,抗性很强的植物又称"岩生植物"。

　　美国岩石园协会给岩石园植物下的定义是:来自本地和其他大陆的,来自高山、沼泽、森林、海边、荒地、草原的一两年生、多年生草本、灌木和鳞茎植物。严酷的气候和恶劣的生长条件,使这些植物常具有矮小紧密的结构,奇异有趣的叶片和硕大而美丽的花朵,因而使岩石园更具诱人魅力。

　　可以看出岩生植物最早是指具有较强抗性和耐瘠薄能力,株形低矮(包括少数乔木),有一定观赏价值并适宜与岩石配合应用,甚至可直接生长于岩石表面,或生长、覆于岩石表面的薄层土壤上的高山植物。后来由于引种高山植物过于困难,就将一些具有类似形态特征,可与岩石相伴用来模仿高山景观的较低海拔植物植于岩石园中,称为岩生植物。

　　1.岩石植物的生境特点

　　高山植物最显著的生态外貌是矮生性。这既是高山严酷生境对植物生长限制的结果,又是植物本身最重要的适应方式。如它们以低矮或匍匐的植株贴近地表层(风速小,较温暖湿润,CO_2浓度较大,冬季有雪被保护等)。生理适应性则表现为高山植物在很短促的温暖季节内(一般 2~3 个月)能迅速完成其生活周期,并主要依靠营养繁殖(分蘖、根茎、鳞茎、块根、匍匐茎、珠茎)等。其他的适应方式如:垫状体、莲座叶、植株具浓密茸毛、表皮角质化和革质化、小叶性、叶席卷、叶鞘保护等,都是对低温,尤其是对低温强风和强烈辐射综合所造成的干旱环境的适应。

生长在岩石缝中的岩生植物一般都很耐旱,具有很长、粗壮的根系,植株多直立丛生。株高比高山植物略高,其生态外貌多具很短的茎,茎叶伏地,叶间距短而花序极长,如红花钓钟柳、耧斗菜等。岩生植物的生态环境多种多样,有些植物只生长在干旱岩缝之中,如瓦松、灯心草、蚤缀。有些植物是因生长在石缝或贫瘠干旱土壤造成植株矮小,而在其他环境可能稍高些。如多花胡枝子。岩生植物多数种子能自然成熟,且可自播繁衍。

由于岩生植物最早来源于高山植物,与其有很多相同的特性。高山上气候条件比较特殊,一般温度低,风速大,空气湿度大,寒冷期较长,所以植物的生长期极短。高山植物在漫长的生物进化中形成了与之相适应的生境特点。首先从形态外貌上表现为低矮匍匐性,植株很少具有高大的茎干,叶多基生,植株被茸毛或角质化或革质化,叶小或退化,这些特点也同样被岩生植物所拥有。另外,生于石缝间的植物都具有粗壮的长根系,而地上部分丛生伏地,同时大多具有较长的花序,且花色艳丽。

基于上述特点,在岩石园选择岩生植物时应满足以下三个条件。

(1)植株矮小,株形紧密。一般直立不超过 45 cm 为宜,且以垫状、丛生状或蔓生型草本或矮灌为主。对乔、灌木,也应考虑具矮小及生长缓慢等特点。

(2)根系发达,抗性强,耐干旱瘠薄土壤。岩石植物应适应性强,特别是较强的抗寒、抗旱、耐瘠薄力,适宜在岩石缝隙中生长。

(3)具有较强的观赏特性。岩生植物大多花色艳丽、五彩缤纷,所以岩石园植物也应选择花朵大或小而繁密,色彩艳丽的种类;或者要求植物株型秀美叶色丰富的观叶植物,适于岩石配置。

2.岩石植物的种类

岩石植物种类繁多,世界上已流行应用的有 2000~3000 种,主要分为以下几大类。

(1)苔藓植物:苔藓类植物是一种结构简单、原始的高等植物,是高海拔地区常见的植被类型。大多是阴生、湿生植物,少数能在极度干旱的环境中生长。能附生于岩石表面,点缀岩石,非常美丽。苔藓植物还能使岩石表面含蓄水分和养分,使岩石富有生机。如齿萼苔科的裂萼苔属、异萼苔属、齿萼苔属,羽苔科的羽苔属,细鳞苔科的瓦鳞苔属,地钱科的地钱属、毛地钱属等。同时苔藓植物颜色丰富,有黄绿色的丛毛藓、白色或绿白色的白锦藓、红色的红叶藓和赤藓、还有灰白色的泥炭藓及棕黑色的黑藓等,可以点缀岩石的颜色,非常美丽。

(2)蕨类植物:又称羊齿植物,其最大的特点就是大多数种类羽裂的叶片似羊齿。蕨类植物没有花果,以多变的叶形株型、清秀的叶姿、丰富的叶色与和谐的线条美独树一帜。在生态习性上,有水生、土生、石生、附生或缠绕树干,岩石园中大多应用的是石生的蕨类。石生的蕨类植物中一类生长在阴湿的岩石缝隙或石面上,虽然土层较薄,但湿度大,而且有大量的苔藓植物覆盖。可植于荫蔽的角隅中,覆盖裸露的地面或植于岩石缝隙中,如匍匐卷柏、北京铁角蕨、铁线蕨属、过山蕨、北京石韦等。另一类则生长在向阳石壁上,土壤瘠薄干旱,这类型蕨类的适应性极强。可以应用在墙垣、岩石园中,如卷柏、粉背蕨属、岩蕨属和石韦属等。总体来说适用于岩石园的有卷柏科卷柏属、石松科石松属、紫箕科的紫箕属、铁线蕨科的铁线蕨属、粉背蕨属、岩蕨属、凤尾蕨科的凤尾蕨属和水龙骨科的石韦属等。

　　（3）裸子植物：主要为矮生松柏类植物，如铺地柏、铺地龙柏等，均无直立主干，枝匍匐平伸生长，爬卧岩石上，苍翠欲滴；又如球柏、圆球柳杉等，丛生球形，也很适合布置于岩石之间。

　　（4）被子植物：主要指典型的高山岩生植物，不少种类的观赏价值很高，如石蒜科、百合科、鸢尾科、天南星科、酢浆草科、凤仙花科、秋海棠科、野牡丹科、马兜铃科的细辛属、兰科、虎耳草科、堇菜科、石竹、花葱科、桔梗科、十字花科的屈曲花属、菊科部分属、龙胆科的龙胆属、报春花科的报春花属、毛莨科、景天科、苦苣苔科、小檗、黄杨科、忍冬科的六道木属、荚蒾属，杜鹃花科、紫金牛科的紫金牛属、金丝桃科中的金丝桃属、蔷薇科的部分属等，都是很美丽的岩生植物。

3. 岩石植物的配置

　　在进行岩石园植物配置时，首先应注意山石的景观效果，山石布置要有主有次，有立有卧、有疏有密，石与石之间也必须留有能填入植物生长所需各种土壤的缝隙与间隔，再根据环境条件和景观要求合理地进行种植布置。对于较大的岩石，在其旁边，可种植矮生的常绿小乔木、常绿灌木或其他观赏灌木，如球柏、粗榧、云片柏、黄杨、瑞香、十大功劳、岩生杜鹃、荚蒾、六道木、箬竹、火棘、南迎春、南天竹等；在其石缝与岩穴处可种植石韦、书带蕨、铁线蕨、凤尾蕨、虎耳草等；在其阴湿面可植各种苔藓、卷柏、苦苣苔、紫堇、斑叶兰等；在岩石阳面可植吊石苣苔、垂盆草、红景天、远志、冷水花等。对于较小的岩石，在其石块间隙的阳面，可植白芨、石蒜、桔梗、酢浆草、水仙及各种石竹等；在较阴面可种植荷包牡丹、玉竹、八角莲、铃兰、蕨类植物等。在较大的岩石缝隙间可种植匍地植物或藤本植物，如铺地柏、铺地龙柏、平枝栒子、络石、常春藤、薜荔、扶芳藤、海金沙、石松等，使其攀附于岩石之上。在高处冷凉的石隙间可植龙胆、报春花、细辛、秋海棠等。在低湿的溪涧岩石边或缝隙中可种植半边莲、通泉草、唐松草、落新妇、石菖蒲、湿生鸢尾等。

　　岩石边坡绿化要根据岩石边坡的坡度、岩石的裸露情况、土壤状况等立地条件综合考虑，合理选择适宜的岩生植物及其配植方式。岩石边坡绿化的主要目的是固土护坡、防止冲刷，植物配置时要尽量不破坏自然地形地貌和植被，选择根系发达、易于成活、便于管理、兼顾景观效果的植物种类。如在坡脚处可栽植一些藤本植物，如常春藤、爬山虎、络石、扶芳藤、葛藤等进行垂直绿化；或采用灌木、草或小乔或灌木、草相结合的配植形式，植物组合配植时要考虑先锋植物、中期植物和目标植物的搭配，应以乡土的岩生植物为主。

　　总之，岩石园应根据造园目的要求、园地环境条件、所在地区的不同，采用各种岩石植物。规模较大的岩石园还应适当修筑溪涧、曲径、石级、叠水、小桥、亭廊等形成曲折幽深的景色，使园林效果更好。如中科院华南植物园中澳洲植物专类园的岩石园地势呈高低起伏（图7-10），道路用石块铺设（图7-11），建造时按各种岩生植物的生态环境要求，选取具有代表性的山石，模拟澳洲岛屿山地的裸露岩层景观，所用岩石未经人工雕凿，有立有卧，有丘壑，疏密相间，石与石之间留有缝隙与间隔，用以填入各种岩生植物生长所需的土壤。在大岩石旁种有产自澳洲的方叶五月茶、澳洲蒲桃等矮生乔木，岩石间种植有高岗松、岩生红千层（图7-12）、澳洲米花、石南桃金娘、年青蒲桃等小灌木，石缝隙中长有攀援、缠绕的草质藤本植物，地面上的草坪形成自然植被，颇具山区野趣，充满旷野的冷峻、荒凉气息，体现出一种自然、原始、真实之美。

　　此外，华南植物园中的温室群中有一个高山/极地植物温室，里面也同样以岩石园的做法展出高山植物和亚高山植物（图7-13至图7-17）。

图 7-10　华南植物园岩石园

图 7-11　岩石园岩石布置

图 7-12　澳洲红千层

图 7-13　华南植物园高山/极地植物温室岩石园做法 1

图 7-14　华南植物园高山/极地植物温室岩石园做法 2

图 7-15　高山/极地植物——羽扇豆

图 7-16　高山/极地植物——绿绒蒿

图 7-17　高山/极地植物——马樱花

第八章 园林建筑与园林植物造景

建筑是凝固的音乐,而园林中的建筑更是这音乐中华美的音符。它不一定有厚重的体积,高耸的立面,但却往往成为视觉焦点或构图中心,是园林中的点睛之笔。并在与其他要素的协调配置中大大提升环境品质,体现环境特色。

园林中的建筑包括园林建筑与小品两大类。建筑是建筑物与构筑物的统称,多涵盖园林中形体较大,占地较广,并通过一定的物质技术手段,结合科学与美学规律法则,创造满足人们休憩或观赏用的建筑物。园林建筑可以居住也可以不在其中生产和生活,包括园林中的亭、榭、廊、阁、轩、楼、台、舫、厅堂、桥梁、围墙、大门、堤坝等。园林装饰小品则通常体型小巧,轻盈许多。它是园林中供休息、装饰、照明、展示、方便游人使用和为园林管理之用的小型建筑设施,一般没有内部空间,造型别致、功能丰富,富有时代特色和地方色彩特征,如园林中的园椅、花架、园灯、雕塑、宣传栏、引导牌、景墙、窗门洞、栏杆、垃圾桶、厕所等都属于这一范畴。

园林建筑与小品的布置通常也需要与其他要素相配合,以求建筑的功能与意境能相互烘托。而植物作为环境中无处不在的软要素,对于建筑与环境融合的作用是不可替代的,两者相辅相成,互为耦合。建筑可成为植物的背景,衬托植物的姿态;植物又可柔化建筑的生硬,完善建筑的色彩与线条的单一,并依据当地的气候条件提供丰富的品种选择,以形成多姿多彩的地方特色。同时,四季更替所带来的春花、夏叶、秋实、冬干的季相变化也可使建筑外部空间表现出美轮美奂、生动活泼的特殊景观效果。因此,合理进行园林建筑植物造景对于提高居住、生活、办公、娱乐等环境品质不可或缺。

第一节 植物造景对园林建筑的作用

园林艺术是一门视觉的艺术、空间的艺术。园林中的建筑虽巧夺天工,但在尺度、形态、色彩和质地方面却显得单一,缺少变化。因此,要取得丰富的景观效果,建筑就要与自然环境有机协调,通过植物造景与环境进行融合,通过与其他要素的互相穿插,达到布局、视觉、空间的丰富变化。植物造景对园林建筑的作用主要包括以下几部分。

一、完善作用

园林中的建筑多成点状,它们分散在园林中的各个角落,体量虽有变化,但难免孤立,构图单一,人工痕迹强烈,外立面简单枯燥、色彩缺少变化。通过植物的合理配置,建筑外部空间会得以有效延伸,既可完善构图,建筑形体也会变的圆润丰富、外观优美,如图8-1所示。如大型园林建筑基础周围配置枝叶开展的高大乔木可活跃气氛,打破僵硬与严肃;而在轻巧别致的建筑小品周围及立面上配植轻盈多变的小灌木或攀援植物,可增加趣味性,缓解视觉上的单调感。

植物有序的组织和排列还可以起到限定空间的作用,如图8-2所示。特别是在局促的尺度内,

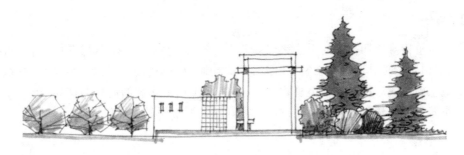

图 8-1 植物对建筑的完善作用

通过植物形成的屏障可以达到虚隔空间的效果,只闻其声,不见其影,从而使场地空间类型变得丰富和完善。除此之外,植物配置还可以加强景深,如建筑入口前开阔的场地,采用不同的配置方式可使景深效果明显不同。通透对植的乔灌木可使场地紧凑一览无余,而高低错落的乔灌木相结合则可使景深显得幽长,在设计中常常利用这样的效果可使有限的空间小中见大。

图 8-2 植物与建筑配置的立面效果

二、统一作用

园林中的建筑形体多变,大小不一,色彩丰富,为使其取得有效的联系,协调搭配,与环境融合,植物常常起到了纽带的作用,它可使毫无关系的建筑空间在布局和视线上取得联系,同时还可以使其协调统一,增添意境和生命力。如在工业区规划设计中,为使同一厂区中办公、厂房、仓储、展示等不同的环境有机融合,往往采用行列式的植物配置,选择统一的植物品种进行协调。有时还可起到减少建筑与周边环境冲突的作用,可谓事半功倍,如图 8-3 所示。如在园林中,有些建筑物非常突出,像比较高的园墙、比较大的园林门洞等,形成强烈的视觉冲击,这时就需要通过植物配植的手法,对冲突进行缓解,使其与周围环境更加协调。

图 8-3 植物对建筑的统一作用

三、强调作用

园林中常用植物对比和衬托的手法来烘托气氛,突出主体,对园林建筑进行强调,如图 8-4、图 8-5 所示。如对植物的形体、色彩、疏密、明暗关系的控制,可以使建筑得以突显,吸引视线。如在纪念性景观中纪念碑两侧对植的松柏类植物,可以很好地衬托纪念碑的高耸与严肃,公园中主题雕塑周边低矮的花灌木与修建整齐的绿篱花带可以极好地强调雕塑的主体位置。

图 8-4 植物与建筑的对比强调

图 8-5 植物对建筑的烘托强调

四、识别作用

有时在园林建筑周边进行特色的植物配置可以形成独特的空间效果,使建筑环境得以有效识别,如图 8-6 所示。如南京中山陵里大片的龙柏,年代久远,苍劲有力,不仅很好地烘托了场地的氛围,还具有极强的识别性,大连星海公园入口门廊上的一片紫藤,每逢夏秋,累累的花朵与果实使人印象深刻,过目不忘。

图 8-6 植物对建筑识别的作用

另外,各种植物因时间季节的不同产生的生长变化,可使建筑周边产生丰富的景观,也使不同类型的建筑环境产生了生动活泼的识别效果。春、夏、秋、冬,花开花落,不同的姿态,不同的色彩,不同的质地往往形成不同风格的艺术效果,使同一地点在特定时期产生特有景观,给人不同感受,印象深刻,便于识别。

五、软化作用

建筑物的线条一般都比较生硬,色彩单一,植物往往通过其细腻的质感、柔和的枝条、丰富的色彩与独特的姿态来软化建筑的生硬与单调,丰富艺术构图,协调建筑与环境的关系,如图 8-7 所示。如古典园林中窗外的芭蕉、置石旁的竹丛、园亭旁的苍松在表达意境,营造场景的同时都是通过植物美丽的色彩及柔和多变的线条来弥补建筑的不足,柔化建筑的线条,丰富其轮廓,取得构图的均衡稳定。现代园林中线条简洁的建筑小品与造园风格更需要一丛马蔺、几株鸢尾、一行冬青的点缀。

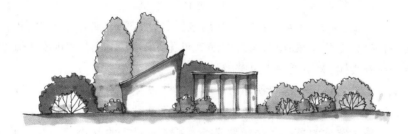

图 8-7　植物对建筑的软化作用

六、框景作用

植物与建筑有时因强调的内容不同可以互为框景。当我们把建筑设计为视觉焦点时,通常利用植物的层次、枝叶形成风景框架,有时还借助地形地貌,将建筑框于画面中心,形成框景。而当建筑外的风景成为视觉焦点时,则往往借助建筑的门窗,形成画框,将美景纳于其中,形成框景。(彩图 35)

第二节　不同风格的建筑对植物造景的要求

园林中的建筑风格迥异。有的古典,有的现代;有中式、日式、还有欧洲风情;有规则式布局还有自然式分布,可谓差别甚大。每一座园林建筑都有其不同的历史背景、地域文化和使用功能,在进行植物配置时应力争与建筑的风格和谐统一,使园林建筑与植物搭配相得益彰;并通过植物品种的选择和配置方式的不同更好地突显园林建筑的主题、完善园林建筑的构图,柔化园林建筑的线条,烘托园林建筑的尺度和地位,丰富园林建筑的意境、凸显园林建筑的风格与特色、不同功能、类型和历史背景,赋予建筑以韵律感、个性化及时间季候变化(彩图 36)。

一、古典园林中的建筑与植物造景

中国古典园林历史悠久,博大精深,风格显著,自成体系。它以其精湛的工艺手法,美轮美奂的构图空间,深刻的哲学思想与境界追求,被公认为世界园林之母,在世界园林发展史上独树一帜,是世界重要的历史文化遗产。

中国古典园林虽由人作却宛自天开,多模仿或借鉴自然界的自然山水为骨架,将建筑小品、假山置石、花草树木依据不同的环境要求融于其中,以达到情景相融、和谐自然的理想境界。这其中建筑与植物,一硬一软,一张一弛两种要素的结合对于意境的传达尤为重要。中国古典园林建筑飞檐翘角,造型独特,时而厚重,时而轻巧,带有浓厚的等级色彩与地方差异,它的植物造景一方面要满足欣赏与美学要求,但更重要的还是象征意义与意境传达,因此在不同的风格类型中有着不同的表现与要求。

(一)皇家园林中的建筑对植物造景要求

皇家园林以北方居多,规模宏大,气势非凡。为了凸显统治者的气派与至高无上的权威,宫殿建筑群大都具有占地宽广、个体宏大、布局严整、色彩浓重的艺术特点。北方园林建筑稳重大度,屋角起翘较平,不论是宫殿、楼阁还是亭、台、轩、榭处处体现了皇家园林气派,在花木栽植上更以传统树种与名贵花木居多,营造富贵、庄重、威严、兴旺的氛围(彩图37)。如姿态苍劲、古拙庄重的龙柏、侧柏、圆柏、油松、白皮松、七叶树在故宫、天坛中随处可见,意境深远,花繁叶茂的海棠、牡丹、芍药、月季、玉兰、银杏等在颐和园、圆明园中更是普及性极高。

在布局方面皇家园林为体现皇权的秩序与严明的等级制度,建筑形式多以规则式为主,严谨有致,其植物配置也多采用规则式的手法,排列整齐。建筑严整的中轴线,对称的格局,加以两侧或周围对植列植的树木是最为常见的皇家园林植物造景,在这阵列式的苍松翠柏与色彩浓重的建筑物相映衬之中,也形成了庄严雄浑的园林特色,与建筑环境要表达的内容极为贴切。

(二)私家园林中的建筑对植物造景要求

私家园林隐于江南,多为文人墨客、王公贵族隐居之处,是其修身养性、闲适自娱之所。其面积大多较小,以水面为中心,四周散布建筑,集合花木假山,通过以小见大的自然式布局手法再现大自然的景色,清代造园家李渔曾说的"一勺则江河万里"正是对其的高度概括。私家园林建筑体量空灵、飘逸,以粉墙、灰瓦、栗柱为特色,建筑屋角起翘很大,用于显示文人墨客的清淡和高雅。植物配置不求丰富,而在乎风雅,要充满雨打芭蕉般诗情画意的意境,在景点命名上更是体现建筑与植物的巧妙结合,著名的海棠春坞、荷风四面亭都是因植物而得名,营造诗情画意般的观景效果。私家园林还多于建筑墙基、角隅处植松、竹、梅、兰、菊等象征古代君子的植物,托物言志。除此之外,南方私家园林常用的植物还有玉兰、牡丹、芭蕉、梧桐、荷花、睡莲等。(彩图38)

(三)寺庙园林中的建筑对植物造景要求

寺庙园林是指佛寺、道观、历史名人纪念性寺庙的园林,包括寺观周围的自然环境,是寺庙建筑、宗教景物、人工山水和天然山水的综合体。寺庙园林突破了皇家园林和私家园林在分布上的局限,可以分布在自然环境优越的名山胜地,借自然地貌与山体植被为我所用。自然景色的优美,环境景观的独特,天然景观与人工景观的高度融合,内部园林气氛与外部园林环境的有机结合,都是皇家园林和私家园林望尘莫及的。

寺庙园林的建筑布局多依山就势,以规则式为多,植物在环境营造时多以孤植、对植、行列式为主,整齐划一,排列有序,错落有致,体现了寺庙园林的庄严肃穆。除此以外,建筑多以木质与石材为主,历经久远,结合古树名木,给人以幽深古远的历史沧桑感。人们常说寺因木而古,木因寺而神,寺庙建筑的植物配置表现了儒道佛对自然的态度,一花一世界,一树一菩提,因此寺庙园林也是一种写意式的园林。常用的寺庙园林植物有油松、圆柏、国槐、七叶树、银杏,而且多采用列植和对植的方式种于建筑前,创造清幽、雅致、超凡脱俗的寺院境界。

二、现代建筑的植物造景

(一)现代建筑特点

现代建筑广义上包括 20 世纪之后出现的各种各样风格的建筑作品。现代建筑与传统建筑最大的区别当属工业发展给建筑业带来的新型建筑材料及新技术、新工艺的运用,如钢筋混凝土、玻璃幕墙、金属构件、环保材料等的广泛应用,使得现代建筑风格迥异,造型多变,类型不断增多,国际化趋势日渐明显。

现代建筑多造型简洁,色彩清新,风格突出,重观赏、重实用、重环保、重生态,强调功能,凸显理性,这样的特点使得现代建筑的植物造景区别以往,有了新的要求与配置特点(彩图 39)。

(二)现代建筑对植物造景的要求

现代建筑造型新颖,简洁大方,但难免盲目跟风,审美趋同,过于相似,缺少差异,以致经常会出现在不同城市见到类似建筑的尴尬。为体现地方的差异性,表现不同的环境特色、建筑风格与文化氛围,通常在现代建筑景观的营造与植物配置中注意以下几点。

1. 以人为本

任何建筑都为人所用,实用是前提,植物造景更不能影响建筑的正常使用功能。因此植物造景须首先了解使用者的类型及其生活和行为的普遍规律,使设计能够真正满足使用者的基本行为感受和需求,即真正实现其为人服务的基本功能。如建筑的正立面植物配置尽量不要影响低层采光,公共建筑入口前的集散场地植物不能过于密集以免影响交通疏导;其次是观赏效果,建筑外环境的植物配置不要影响建筑风貌的展示与观赏,保证视线通畅等。

2. 协调性

现代建筑的美从属于环境,而植物可以很好地协调与营造建筑与环境之间的空间关系,凸显其位置的同时又可使其与外环境过渡自然(彩图 40)。因此在植物造景时应充分分析建筑主题风格、场所特质、使用人群与环境要求,利用植物优美的姿态、丰富的色彩、多变的造型与配置手法,形成高低错落、疏密有致的人工植物群落,协调其关系,完善其功能,并通过植物一年四季季相的变化,结合常绿树、阔叶树、彩叶树、花灌木、草坪地被等创造三季有花、四时有景的丰富景观效果。

3. 生态性

现代城市用地紧张,建筑密度大,热岛效应严重,通过建筑周围人工植物群落的营造,可发挥其生态系统的循环和再生功能,维护建筑周围的生态平衡,形成建筑周围的小气候,可有效缓解建筑周围空气干燥、污染严重等现象,促进人的身心健康。

4.乡土性

植物是有生命的个体,对环境有适应性。在进行植物造景时,要因地制宜地选择当地乡土树种,发挥优势,形成本土特色。同时根据建筑各方位的生态环境的不同合理选择适当的植物种类,使植物本身的生态习性和栽植地点的环境条件相适应,保证造景效果得以实施。

5.个性

要使建筑具有生命力,使人印象深刻,植物配置要相得益彰,同时又彰显个性,形成特点。每座建筑都有自己不同的功能、历史背景、空间尺度、色彩、符号等,建筑周围的植物造景一定要突出建筑自身的形象特征。通过采用不同的植物配置方式,映衬出不同风格建筑的风采和神韵,表现出其独特的气质和性格,形成韵律,避免千篇一律(彩图 41)。

三、欧式风格建筑对植物造景的要求

欧式风格是对西方代表性建筑的一个统称。主要类型包括哥特式建筑、巴洛克式建筑、拜占庭式建筑、古典主义建筑等,以喷泉、罗马柱、雕塑、尖塔、穹顶、八角房等为典型标志。欧式风格强调以华丽的装饰、浓烈的色彩、精美的造型达到雍容华贵的装饰效果,尽显人类工艺技术之强大。欧式风格建筑在长期的发展过程中形成了自己独特的植物造景方式方法,并延续至今,虽然今天的欧式建筑在原有风格的基础上进行了大量的变革,但其植物造景特色依旧,标识性极强。

欧式风格的建筑多以规则式布局为主,讲求轴线与对称。植物造景也多整齐划一,强调人工改造自然,一般多采用雕塑结合群组花坛、剪型绿篱和行列式种植。最常用的植物品种有七叶树、悬铃木、桧柏、花楸、蔷薇、海棠、欧洲白蜡等,造型丰富、耐修剪的树种有圆柏、侧柏、冬青、枸骨等,修剪造型时应和整个建筑的造型相协调,力求简洁大方,通过控制高度与形态烘托建筑主体。同时各种造型的花坛和花池色彩要协调统一,植物根据所需要的造型进行选择。

四、日式风格建筑对植物造景的要求

日式建筑源于中国,崇尚自然与环境协调,不推崇豪华奢侈、金碧辉煌,以淡雅节制、深邃禅意为境界。因受到寺庙园林的影响,多采用歇山顶、深挑檐、架空地板、室外平台等,外观轻快洒脱,材料上喜用竹、藤、麻和天然颜色,朴素自然,追求禅意。又因其特殊的地理环境和气候影响,日式建筑强调开窗并讲究空间的流动与分隔,室内外空间的联系与风景互动成为日式建筑与造园空间最大的特点,而枯山水艺术与植物造景是其最典型的代表元素。

日式园林追求细腻、精致、单纯、凝练的特点,在日式庭院植物造景中得以很好展现。多数日本庭园里的植物配置以丛植为主,乔灌草相结合依附在建筑周围,以远山为背景,庭院里的植被星星点点、郁郁葱葱,常绿树多,花木稀少。日本人对自然资源的珍爱可以从他们对植物材料的选择挖掘中看到,草是经过疏理精心种在石缝中和山石边的,突现自然生命力的美;树是刻意挑选、修剪过的如同西方艺术的雕塑般有表情含义,置于园中,可以一当十,容万千景象。成丛的种植往往采取两株一组,三株一组,五株一组等方式,株丛间讲求造型变化又多样统一,追求简单而不繁杂,含蓄而不显露,朴实而不华丽的景观效果。丛植中的各株间距要使人们从任何角度都能看到全丛树木。植株一般不大,但须经过精心的修剪。槭树、银杏、皂荚、竹林、松木、日本桤、吊钟花、冬青等在庭园中都是常见的树种。

第三节　建筑外环境植物造景

　　建筑外环境是指建筑周围或建筑与建筑之间的环境,是以建筑构筑空间的方式界定而形成的特定环境,多为人造景观,包括建筑周围的场地、植物、假山小品、铺地等元素。它是一个过渡空间,从属于建筑,为各种室外活动提供空间和服务,以及呼吸新鲜空气与自然交流的场所。此外,它还具有重要的景观特征。

　　古今中外,虽然建筑的风格变化迥异,造型多样,但外环境的功能与组成元素却经久未变,建筑与外环境的融合、协调更是所有设计者共同追求的目标。并随着生态城市、生态园林建设的兴起,建筑美与自然美的和谐共生已成为建筑设计成功与否的重要标准。而植物作为建筑与自然之间的纽带,其艺术感染力、意境表现力、有机协调性等作用更是日渐受到人们的重视,已成为建筑外环境风格定位、品质体现、生态修复不可或缺的重要因素(彩图 42)。

一、传统园林建筑外环境的植物造景

1. 亭

　　亭是园林建筑的最基本单元。主要满足人们休憩、停歇、纳凉、避雨、极目眺望之用。在造型上亭小而集中,周围开敞通透,常用的材料有竹木、砖石混凝土、钢材、玻璃、拉膜、塑料等。亭的平面形式很多,常见的有正多边形、圆形、组合式与半亭等,亭顶也有单檐、重檐、攒尖顶、卷棚等之分。亭是园林中重要的点景手段,多布置在水岸边、半山腰、广场上等主要的观景点和视景线上,或作为主体建筑的陪衬,往往成为视觉焦点,如图 8-8 所示。亭的外部植物配置主要以树群为背景,四周常用庭荫树以孤植、对植形式为主,形成框景引人入胜或追求古朴的意境,如图 8-9、图 8-10 所示。

图 8-8　传统园亭植物造景实景效果

图 8-9　现代园亭植物造景剖面效果

图 8-10　现代园亭植物造景剖面效果

2. 廊架

廊架是长廊与花架的统称。它是带状的景观通道,以木材、竹材、石材、金属、钢筋混凝土为主要原料,实顶为廊,虚顶为架。廊架可独立存在,也可连接其他单体建筑,具有围合与分割空间、引导游览、组织交通、增加景观层次的作用,是园林建筑的一种重要联系手段。在园林中常作点缀之用,成为环境焦点。廊架还满足人们休憩、观赏与遮阴避雨等需求,因此在植物配置时常以观赏价值高的庭荫植物伴其周围,形成时而开朗时而半围合的空间变化效果,同时结合叶色丰富、花果俱佳的藤本植物进行遮阴处理,满足人们不同的需求。常用的廊架藤本植物包括紫藤、葡萄、蔷薇、常春藤、凌霄等。

3. 水榭

水榭是园林中的非主体建筑,从属于自然空间,主要用于临水观景。《说文》中讲:"榭,台有屋也。"是指水榭沿岸形常挑出水面一部分或有平台挑出,所以向水的一面多是开敞空间,靠陆地的一侧可以是闭锁空间。水榭是园林中水岸边重要的点景手段,主要满足人们休憩、游赏的需求,常配有舞台、茶室和休息场所等,临水部分更是设有栏杆、座椅以观景之用。在造型上水榭多与池岸结合,强调水平线条。植物配置强调自然融合,多在周边植柳或季相明显的彩叶树种,形成四季变换、层林尽染的画面效果,临水一侧多结合荷花、睡莲、浮萍、荇菜等水生植物营造唯美意境(彩图 43)。

二、现代建筑外环境的植物造景

1. 公共建筑

现代建筑中公共建筑多体量较大,造型别致,风格突出。因此,在对其外环境进行植物造景时多结合建筑主题、个性与功能特点等合理考虑,如城市综合体、展览馆等建筑占地较大、使用人群密集,为体现时代性和满足交通疏导的功能,在景观营造中常结合几何化、极简的布局手法,植物配置也以行列式种植和几何色块结合剪型的方式居多。若建筑前有些活动的设施,或是人群经常停留的空间,则应考虑用大乔木遮阴,还要考虑植物配置的安全性,如枝干上无刺、无过敏性花果、不污染衣物等。

2. 居住建筑

近些年,随着人们生活水平的提高,居住建筑的环境品质日益得到人们的重视,对居住区景观的营造与绿化水平提出了更高的要求。因此,在全国各地高品质的居住区如雨后春笋般拔地而起,发展势头极其迅猛。这些居住建筑依据当地的审美喜好与规划,建筑形式有的以多层、小高层为主,还有的为节约用地提高容积率以高层和超高层为主。但不管以何种形式出现,其植物造景的目标是相同的,即尽量提高居住区内的绿化覆盖率和绿量,改善生态环境,提高生活质量。在配置方法上,考虑建筑行列式布局的特点,依据建筑的不同部位,多以群落式种植为主,点、线、面相结合,强调乔、灌、草、地被、藤本有机搭配的五层绿化模式,力求达到最佳的生态效益;同时通过植物营造开敞、半开敞、私密、半私密的不同户外空间,满足居民交流和活动的需求,另外还要兼顾建筑与植物造景的协调统一,风格一致,避免雷同,增加特色。

3. 纪念性建筑

纪念性建筑是现代建筑中较为特殊的一类,多具有思想性、永久性和艺术性。这类建筑多为纪念有功绩的、显赫的人或重大的事件而建,有时也是在有历史特征、自然特征的地方营造的建筑或建筑艺术品。随着纪念性景观的兴起,近几年这类建筑在城市中层出不穷,备受青睐。

传统的纪念性建筑多以石材为主,营造庄重的外观和气氛,植物配置常用白皮松、油松、圆柏、国槐、七叶树、银杏等来象征先烈高尚品格和永垂不朽的精神,也表达了深切的怀念和敬仰。配置形式多在建筑前以列植和对植为主,突出建筑庄严肃穆的特点。

现代纪念性建筑的内涵得到很大外延,包括标志性景观建筑、祭献建筑、文化遗址建筑、历史景观、宗教性建筑、文化性建筑等等。建筑的形式和用材也十分广泛,植物造景更不拘一格,往往根据建筑的特点量体裁衣,因地制宜,把握的原则就是烘托主体,情景相融,风格一致,营造氛围。

三、建筑外环境不同区域的植物造景

1. 南向

建筑南向因采光较好,风力较弱,植物生长条件优越,容易形成小气候,一般多为建筑主视面,同时布置主要出入口。在建筑南向的植物配置中多选择观赏价值高,季相明显的乔灌木相搭配,营造四时有景的景观效果,如玉兰、雪松、碧桃、丁香等都是常用树种。有时考虑突出入口和建筑主体,并满足底层采光需求,视野开阔,还常结合黄杨、小檗、女贞、连翘、榆叶梅、月季等剪型植物、低矮花灌木和草花地被进行配置。

2. 北向

建筑北向较为庇荫,采光很弱,除夏季午后有少许漫射光外,冬日采光稀少,同时风力较大,温度较低,因此常在此处列植耐荫抗风树种,如冷杉、云杉等。但需注意株距,不影响有限的光照同时保障安全。若空间开敞,还可以考虑进行群植,这样抵御冬季寒风效果更佳。因大多数植物喜阳,在此生长不良,而耐荫又兼具抗风耐寒树种有限,建筑北向一直为设计中的难点。

3. 东西向

建筑的东向清晨采光,日中减弱,下午庇荫,整日日照强度不大,适合大部分植物及稍耐荫的植物生长,如槭树类、卫矛类、矮紫杉、文冠果、丁香、溲疏、刺玫等;建筑的西向上午庇荫,下午西晒,虽不及南向日照时长,但光照强度大,温度高,宜选择喜光、耐高温的植物品种如银杏、悬铃木、碧桃、海棠、紫叶李、皂荚、合欢、侧柏、凌霄、紫藤等(彩图 44)。

4. 墙面

建筑的墙面包括建筑自身的外墙体和建筑外部的围墙两部分,一般都起承重、展示、限定空间的作用。对于建筑自身的外墙体通常在墙面适宜位置进行藤本绿化,既可美化墙面、又可以隔热保温。常用的植物材料有紫藤、地锦、蔓性月季、葡萄、铁线莲、凌霄、金银花、绿萝等。同时在墙体基部考虑基础种植,完善墙面,遮挡不雅,延伸空间,如图 8-11、图 8-12 所示(彩图 45)。对于建筑外部的围墙也可以用藤本植物进行覆盖美化,打破单调,修饰不雅,同时还可在围墙内外两侧分别进行绿化,形成景深,扩展空间。外侧以桧柏、悬铃木、银杏、五角枫等高大乔木形成有节奏变化的背景,内侧可布置黄杨、小檗、女贞、珍珠梅、绣线菊、刺玫、锦带等剪型植物,绿篱及观赏价值高的花灌木为前景,通过色彩、姿态、形体的变化产生互动,丰富园景。

图 8-11　园墙的植物配置实景效果 1
(图片选自《景观红皮书Ⅰ》)

图 8-12　园墙的植物配置实景效果 2
(图片选自《景观红皮书Ⅰ》)

5. 屋顶

随着绿色建筑、节约型景观的兴起,对建筑屋顶部分的绿化处理日渐受到人们的重视,屋顶花园也越来越多地走入人们的生活和视野。对于建筑屋顶部分的植物造景不仅可以美化环境、开拓新的休闲空间,更重要的是可以为建筑降温隔热、保温增湿、净化空气、改善局部小气候,同时提高绿化覆盖率,丰富建筑的美感。

建筑屋顶因覆土较薄,土质养分有限,且保水、抗寒、抗风能力较差,植物应选择体量轻、根系浅、抗风、抗旱、抗寒,花、叶、果美丽的小乔木、灌木、草花为主。

6.门窗

门是建筑的进出通道,是人们必经之处,是建筑重要的节点。建筑门口的植物多为对植,通过姿态、色彩和线条丰富建筑构图、增加生机和活力、软化入口单调的几何线条、扩大视野、增加景深、延伸空间,如图 8-13 所示。

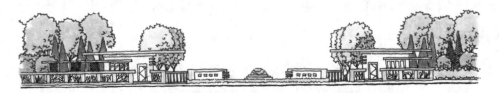

图 8-13　建筑入口植物造景立面效果

窗是最好的取景框。通过窗,可以将室外的场景尽收眼底;通过窗,可以形成很好的框景和画面。因此在窗口植物配置时要考虑室内的观赏效果,既要不影响采光和视线通畅,同时还要考虑植物长期的生长发育不破坏原有的画面感,以及植物体量增大可能带来的安全隐患。因此应尽可能选择生长缓慢或体型变化小的植物,维持稳定、持续的景观效果,如图 8-14 所示。

图 8-14　建筑窗景植物造景效果

第四节　建筑小品植物造景

园林建筑小品虽不像园林中的主体建筑那样处于景观核心的地位,但却是园林环境中不可缺少的重要组成要素。它像园林中欢快的音符,跳跃在园林之中,衬托着主体景观。如果与其周围植物配置合理、搭配得当,往往具有画龙点睛的作用,能收到意想不到的效果。

建筑小品的植物配置,要根据园林性质、意境、地点、空间、层次等因素综合考虑。首先,要考虑功能和技术,通过植物配置既要完善小品的功能,同时还要保证技术合理;其次,要突出小品地位并能烘托其精神内涵,但注意不要喧宾夺主,哗众取宠;最后,要协调建筑小品与外部环境之间的色彩、造型、尺度等方面的关系,使建筑小品更好地融入环境。法无定式,对于建筑小品的植物配置没有统一的标准,依据园林小品的不同功能对其植物配置简单讨论如下。

一、亲水平台

亲水平台是园林中的临水设施。一般从陆地延伸到水面,是能使游人更方便接触所想到达水域的平台。对于公园、居住区、广场、庭院中水位较为稳定的水体,亲水平台尽可能贴近水面,以景观浮桥、水上步道、观景走廊等结合木质栈道、局部汀步,满足人们亲近自然、接触水生动植物、了解水环境的需求,若为江、河、湖、海、湿地等水位有波动的大型水体,亲水平台往往控制在最高水位以上,并注意使用频率且考虑在平台周围设置围栏等以保障安全为先。

亲水平台的主要功能是为游人提供一个驻足和观赏的平台,因此在进行植物配置时以不遮挡视线为先,在其周围可设置耐水湿植物如垂柳等形成岸边与水面的互动。还可以种植季相明显的彩叶植物便于观赏,但注意不可密度过大影响视线。在亲水平台附近的水面可多布置荷花、睡莲等挺水、浮水的水生植物满足人们的亲水欲望,如杭州西湖的花港观鱼;若为自然驳岸还应考虑千屈菜、芦苇、香蒲等湿生植物营造自然野趣,打造返璞归真的自然生活。

二、雕塑

雕塑是为美化城市或用于纪念意义而雕刻塑造,具有一定寓意、象征或象形的观赏物和纪念物。最早多见于欧洲规则式园林,在中西方的现代园林中作为景观装饰小品也极为常见。依据其用途不同,常见的景观雕塑有纪念性景观雕塑、主题性景观雕塑、装饰性景观雕塑和陈列景观雕塑四种类型。它们在园林中往往起到画龙点睛的作用,对于提高环境品质作用显著。雕塑根据园林性质、周围环境、主题性的不同,可以采用不同的体量、造型、材质和色彩。常用的景观雕塑选材有大理石、花岗岩、金属、玻璃钢等。

随着社会的发展,高楼大厦逐渐成为了一个城市的标志,景观雕塑也同样具备成为城市标志的可能。景观雕塑的选题十分重要,要力争与环境协调,主题突出,注意发掘那些可以表现文化特色的题材,成为城市特色景观,切勿盲目、随意模仿,如青岛五四广场上"五月的风"红色钢质雕塑红极一时,类似雕塑随处可见,千篇一律,模仿痕迹严重,大大影响景观效果。

景观雕塑的选址也很重要,它可以在广场上、水体旁、草地、疏林地、小路旁、建筑旁等均可以安设。但对于其观赏条件、视觉空间特点、体量大小、尺度研究、植物配置等往往要认真推敲。以保证其在环境中的功能和地位。如位于主导地位的雕塑往往体量较大,位于视觉焦点、场地轴线中间或地形最高处,其周围的植物配置多以剪型绿篱和低矮植物为主,结合种植池和花坛,烘托其主体位置,为引导视线、突出主体,往往在周围很大空间内就控制植物及其他构筑物高度,以突显其造型,植物的色彩也力争与其形成鲜明对比来增加艺术效果。在雕塑的远方多以银杏、雪松、悬铃木等树形较好的高大乔木形成背景来营造优美的天际线。处于辅助和从属地位的雕塑造型小巧、活泼生动、色彩鲜艳，一般位置灵活，尺度亲切，而且以具象形态居多，对于它的植物配置，强调以营造环境氛围和情境为主，配置手法不拘一格，师法自然，可适当考虑将其置于中景，为其布置少许前景和背景，过渡自然，增加空间层次，使人感觉植物、雕塑小品自然协调，浑然一体，切忌植物拥堵，画蛇添足，空间局促（彩图 46）。

根据雕塑所表现的主题采用不同植物。纪念性雕塑可用绿地衬托，周围植匍匐植物如沙地柏；装饰性雕塑配置可以随意一些，花丛、灌丛、小乔木均可（彩图 47）。

三、大门

园林中的大门是进入园区的第一处展示空间，既分隔又联系，既是集散又是必经，是园林中的重要节点，展示性强，位置关键。园林中的入口区域往往独具匠心，构图、造型、色彩、工艺都经过严密设计。特别是大门的造型与体量往往都具有极强的装饰性与造景效果，并通过其周围植物的配置烘托氛围，营造意境。

园门前往往空间开阔，因此植物配置往往侧重空间视野和形成良好的画面感，如图 8-15 所示。如在公园入口大门两侧种植体型丰富的高大乔木，尖塔形的常绿树与枝叶开展茂密的阔叶树，延伸视线，扩大空间层次。在庭院入口一侧种植造型别致的小型花灌木或地被，如马蔺、紫杉、黄杨等，通过其小巧的体型，活泼的姿态和线条形成入口的特色和标识，情景相融，突出品质。

图 8-15　景观入口植物造景立面效果

四、景墙

景墙是古典园林与现代景观中都较为常见的小品。园林中的墙有分隔空间、组织导游、衬托景物、装饰美化或遮蔽视线的作用，是园林空间构图的一个重要因素，如图 8-16 所示。

图 8-16　景墙植物造景立面效果

景墙的形式不拘一格，功能因需而设，材料丰富多样。除了人们常见的园林中作障景、漏景以及背景的景墙外，近年来，很多城市更是把景墙作为城市文化建设、改善市容市貌的重要方式。如"文化墙"的出现就是将装饰艺术与文化展示良好结合的范例。

传统景墙多存在于山水园林中，基色多为白色，在景墙前置竹、红枫、芭蕉、月季、南天竹或季相变化明显的植物进行基础栽植，利用植物自然的姿态与色彩形成意境生动的立体山水画卷；也可以用藤本植物如紫藤、五叶地锦、凌霄等装饰墙面，增加景观色彩变化；体型较大的景墙前可植大乔木缓解视觉冲突，如图8-17所示。

图8-17　传统景墙植物造景实景效果

现代景墙依据其体量和主题的不同，在园林中的位置也有所不同。较大的景墙如雕塑般可以成为园林中的主体和视觉焦点，较小的景墙则亲切自然、灵活自在，在园林中往往处于从属地位。它们的位置和植物配置也大有不同。位于主体位置的景墙，周围往往要求空间开阔，视线通畅，以铺装和大面积草坪为主，或用低矮剪型植物和花卉烘托和强调其重要性，高大乔木往往成为背景或远景。而处于从属地位的景墙更强调趣味性，一般通过植物的高低错落来增加空间层次，软化景墙的线条。如在其前方丛植小灌木，在其周围和后方种植形态和色彩都有变化的高大植物，有时还结合水景，营造生动自然、活泼有趣的画面感。（彩图48）

五、栏杆

园林中的栏杆既是限定边界、围护和分隔空间、保障游览安全、组织交通的基础设施，同时又具有良好的装饰作用，在园林中的作用不可忽视。一般来说，在园林中要尽量少设栏杆，以免对游览者心理产生负面影响，但出于安全等考虑，在有些区域通常都要设置栏杆，如较深的水体边缘、陡峭的山体、挡墙和台阶一侧等。栏杆在设置时首先要考虑坚固、高度等是否符合规范要求，其次造型、材质、样式要与环境相协调。在植物配置时常以高大乔灌木形成背景，再以低矮的花灌木或剪型植物形成前景，加强景深，缩减栏杆过长所产生的单调感。在栏杆上主要以藤本攀援植物缠绕装饰，增加生机和活力；或在栏杆外侧植常绿植物或花卉，吸引视线，缓解几何形栏杆的硬线条；也可植大乔木，转移视线焦点。

六、引导牌

引导牌是园林中不可或缺的基础设施之一,分布于园林中的各个角落,它往往设计美观,造型别致,体量较小,材质色彩与环境协调,在园中起到指示和引导路线、介绍景点、展示空间的作用,与其说是引导标识,不如称其为集指示、装饰、照明等功能为一体的建筑小品,在园林中意义重大。要使引导牌与环境自然协调,又能有效发挥展示作用,植物配置尤为关键。展览牌多设路旁或开阔地,可采用大乔木遮阴;也可以在两侧和周围密植小灌木,构成视觉焦点,突出其形体和色彩。同时,植物体量要与其保持差异,植物枝叶不要遮挡文字和信息。另外,也可以在其周围形成开阔空间,后方进行基础种植为其形成背景,起伏变换的树形为其形成良好的天际线和空间效果,可以很好地凸显引导牌的艺术外观与展示作用。

七、圆椅

园椅在园林中不可或缺。它小而灵活,位置分布广泛,是集休息、游憩、观赏、交流、娱乐为一体的重要公共设施。它可以独立存在,也可以三五成组,还可以结合圆桌、种植池、灯具等其他环境设施。如秦皇岛汤河公园的红飘带就是将多种功能的"红飘带"集于一身,来减少人类对大自然的干预,维持当地生态平衡,当然这其中小坐、休憩的功能更不可少。园椅在园林中分布很广,可以设在道路旁、广场上、建筑旁、水岸边、灌丛中、林缘和林中空地。所用材料、造型和形式多种多样,在不同的风格、时代和环境中也有不同的表现,如图 8-18 所示。如传统园林里多用铁艺和石材,而当代园林则更侧重白钢、防腐木及多种材料工艺相结合。同时,在园林中恰当地设置园椅,还可起到加深意境、烘托氛围的作用。如北京前门大街上青灰色的石材座椅采用老北京的传统色彩与图案造型,与环境协调搭配,精致细腻,既可休息,又是景观,很好地展现了老北京的风貌。

园椅要能留住游人,就要做到夏可遮阴、冬不蔽日、可坐可赏、舒适美观,周围的环境,空间的围合就显得尤为重要。心理学调查表明,有所围合和依靠的场所是人比较理想的活动空间,也更有安全感和停留欲望,就好比没有人喜欢停留在烈日炎炎下的广场中央。因此在设计中常用植物配置营造园椅周围的空间感,如在幽静自然的庭院、公园中,可以在座椅边栽植五角枫、国槐等高大乔木作为庭荫树,形成覆盖空间,营造安静、舒适的休息空间;在开阔的广场上结合树阵设计树池座椅,既可遮阴又便于观赏;还可以篱植小灌木,形成半围合空间,造就安静氛围;周围也可以设花坛,花池与座椅相结合,既丰富景观类型又便于观赏(彩图 49)。

图 8-18　园椅植物配置实景效果

八、厕所

园林中的厕所往往造型别致,因其味觉和视觉影响不好,常位于园林中的隐蔽之处,同时还要有所显露以方便使用,因此常常要利用植物进行适当遮挡,还可兼得净化空气的作用。一般的做法是利用植物围合和遮挡住建筑主体,使其只露出局部或引导牌,尽量减小其对环境的污染(彩图50)。

九、灯具

近年来,园灯在景观中的使用越来越普及,它的功能已经由简单照明逐渐演变为造景的一种手段,有单体造景和群组造景。园灯种类繁多,常见的有路灯、景观灯柱、庭院灯、地灯等。为保持其周围有足够的亮度供游人行走及欣赏,所以园灯周围植物不宜过密。但根据其位置、数量、灯具体量、周围空间尺度的不同,其植物配置的方法也有差异。

路灯多体型高大,呈规则式行列布置,其周围的植物配置也多以行列式种植为主,注意株行距有规律的间隔和布置,如图 8-19 所示。

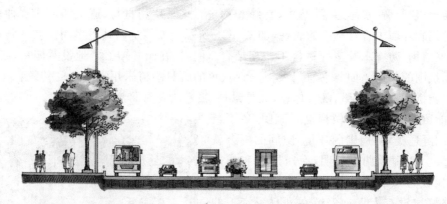

图 8-19 路灯的植物配置立面效果

景观灯柱体型多变,可大可小,也多以行列式为主,同时强调灯具的造型与环境的协调,这时植物多以规则式的乔灌木结合为主,上层可为整齐的乔木行列式种植,下层则多以整形绿篱结合花带进行衬托,注意乔木密度不宜过大,且与灯具间距适宜,绿篱的节奏与灯具保持一致,整体协调,风格统一。

庭院灯可如路灯般规则式布置,也可自由地分布于林间与丛中。分布在入口、大型园林中的庭院灯,周围多以规则式的绿篱和低矮植物为主,突出庭院灯的装饰效果,而分布在林间和游步道旁的庭院灯多造型别致,植物配置通常作为背景对其进行烘托,如图 8-20 所示。

地灯和草坪灯体量小巧,高度有限,多散置林中,为保持其照明效果及与周围环境的协调统一,往往可以在周围点缀花卉、低矮灌木或开阔草坪和地被,不宜用巨形叶植物;也可以稀疏地点缀干性较好、自然整枝好、树干下部枝条较少的乔木;园路两侧的地灯周围需植草坪。

图 8-20　庭院灯的植物配置立面效果

第九章　城市道路与园林植物造景

城市道路绿化是城市的"骨架",它像绿色飘带以"线"的形式联系着城市中分散的"点"和"面"的绿地,从而组成城市园林绿地系统。城市道路绿化是城市对外的窗口,是体现城市绿化风貌与景观特色的重要载体,反映着一个城市的生产力发展水平、市民的审美意识、生活习俗、精神面貌、文化修养等,其优劣直接影响到一个城市的景观品质。

城市道路景观具有组织交通、美化街景、调节温度和湿度、降低风速、减少噪声等功能。随着城市的发展和人们对城市环境质量要求的日益提高,城市道路绿化应运用先进的景观设计方法,遵循生态学原理,充分挖掘地域文化特色,为人们创造良好的生活和工作环境。

第一节　城市道路基本知识

一、城市道路分类

按照城市的骨架,大城市将道路分为四级,即快速路、主干路、次干路、支路;中等城市分为三级,即主干路、次干路、支路。

(一)快速路

快速路应为城市中大量、长距离、快速交通服务,在城市交通中起"通"的作用,城市人口200万人以上的大城市,城市各区间联系距离超过30 km,行车速度为70 km/h,在机动车道中设置中央隔离带,行车全程或部分采用立体交叉,最少四车道。

(二)主干路

主干路应为连接城市各主要分区的干路,是大中城市道路系统的骨架,联系城市中主要公共活动中心,行车速度为40~60 km/h,行车全程基本为平面交叉,最少四车道。

(三)次干路

次干路是区域性干路,是主干路的辅助交通线,用以沟通主干路和支路,行车速度较低,为25~40 km/h,行车全程为平面交叉,最少二车道。

(四)支路

支路是小区街坊胡同内道路,是次干路与街坊路的连接线,行车速度为15~25 km/h,全程为平面交叉,可不划分车道。

此外,有些城市还设置有专用道路,如公共汽车专用道路、自行车道路、商业集中地区的步行街等。

二、道路绿化断面布置形式

城市道路绿化断面布置形式是规划设计所用的主要模式,取决于道路横断面的构成。我国目前采用的道路断面形式常见有一板两带式、两板三带式、三板四带式、四板五带式和其他形式。

(一)一板两带式

一板两带式即一条车行道,两条绿化带。这是道路绿化中最常用的一种绿化形式。中间是车行道,在车行道两侧为绿化带,两侧的绿化带中以种植高大的行道树为主。这种形式的优点是:简单整齐、用地经济、管理方便。但当车行道过宽时,行道树的遮阴效果较差,景观相对单调。对车行道没有进行分隔,上下行车辆、机动车辆和非机动车辆混合行驶时,不利于组织交通,所以通常被用于车辆较少的街道或中小城市。一板两带式如图 9-1 所示。

图 9-1　一板两带式

(二)两板三带式

两板三带式即分成单向行驶的两条车行道和两条绿化带,中间用一条分车绿带将上行车道和下行车道进行分隔,构成两板三带式绿带,这种形式对城市面貌有较好的景观效果。

但这种布置依旧不能解决机动车与非机动车争道的矛盾,这种形式适于宽阔道路,绿带数量较大,生态效益显著,也多用于高速公路和入城道路。两板三带式如图 9-2 所示。

图 9-2　两板三带式

(三)三板四带式

两条绿化分隔带将道路分为三块,中间作为机动车行驶的快车道,两侧为非机动车的慢车道,加上人行道上的绿化,呈现出三板四带式的形式。

这种形式是城市道路绿地较理想的布置形式。其绿化量大,夏季蔽荫效果较好,组织交通方便,安全可靠,解决了机动车与非机动车混合行驶复杂的问题,较适用于非机动车流量较大的路段。三板四带式如图9-3所示。

图9-3　三板四带式

(四)四板五带式

在三板四带式的基础上,再用一条绿化带将快车道分为上下行,就成为四板五带式布置。这种形式避免了相向行驶车辆间的相互干扰,有利于提高车速、保障安全。但道路占用的面积会随之增加,因此在用地较为紧张的城市不宜采用。四板五带式如图9-4所示。

图9-4　四板五带式

(五)其他形式

按道路所处的地理位置、环境条件等特点,因地制宜设置绿带,如山坡、水道等的绿化设计。但实际上也是上述几种基本形式的变体或扩大的结果。

三、城市道路绿地植物景观的功能

道路绿化体现了城市绿化风貌,也是城市景观特色的重要载体,主要源于城市居民对道路的环境需求。其功能归纳为以下几点。

(一)提高交通效率,保证交通安全

现代城市的道路大多采用人车分流和快慢车分道的方法来提高通行能力、保障交通安全,而其中绿化隔离带的应用则是其中最有效的措施之一。在城市道路中设置绿带,可以减少相向行驶车辆间的干扰,同时对于夜间行车的人们来讲,避免因对面车灯的炫目造成危险;在机动车与非机动车道间安排绿带,能够解决快慢车混杂的情况;在车行道与人行道之间使用绿带,可以防止行人随意横穿马路。

(二)改善城市环境

道路绿化,不仅提高了交通效率,保证了交通安全,在生态环境、美化市容市貌、凸显城市特点方面也有很大作用。

(1)抗有害气体、减少汽车尾气污染,净化空气。

在城市中生活,汽车尾气是困扰城市居民的一大难题。绿色植物被称之为"生物过滤器",在一定浓度范围内,植物对汽车尾气有吸收和净化作用。据研究显示:在绿化的道路上距地面 1.5 m 处,空气中的含尘量比未绿化地区低 56.7%。有些植物能够吸附烟尘及二氧化硫、氟化氢等有毒气体,极大地改良了城市的空气质量。如悬铃木和臭椿,它们的树冠高大,枝叶繁茂,能抗烟尘污染;紫薇,不仅树姿优美,而且对二氧化硫、氟化氢等有毒气体及灰尘有较强的吸附能力;泡桐、夹竹桃有抗烟雾、抗灰尘、抗毒物和净化空气、保护环境的能力,被人们称为"环保卫士"。

(2)降低城市噪声。

据调查,环境噪声的 70%~80% 来自地面交通运输。当噪声超过 70 dB 时,就会使人们产生许多不良症状而有损于身体健康。

据研究发现,树下或森林里腐烂了的叶层能起到消声作用,同时,粗大的树干和茂密的树枝,可以消散声音,使部分声音沿着树枝、树干传导到地下被吸收掉。通常高大、枝叶密集的树种隔音效果较好,如雪松、桧柏、龙柏、悬铃木、梧桐、云杉、山核桃、臭椿、樟树、榕树、桂花树、女贞等。

(3)调节城市温度、湿度,改善小气候。

夏季,行道树树冠能阻拦阳光,减少辐射热,树冠大、枝叶茂密的树种,遮阳效果明显。据研究测定,夏日有行道树的路面温度比无行道树的路面温度低 4 ℃。树冠的蒸腾作用需要吸收大量的热,使周围的空气冷却,同时提高周围的相对湿度。据测定,树林内的空气湿度比空旷地方的湿度大 7%~14%。

(三)美化城市道路景观,彰显城市文化特色

城市文化的特征之一就是地域性,而乡土植物就是反映地域文化特征的要素之一,城市道路绿化采用反映城市所在地域的自然植被地带性物种,能够形成特有的地域风格。如新疆吐鲁番用葡萄棚架装点道路;江南城市以香樟、银杏栽种于道路的两旁;天津用绒毛白蜡作为主干道的行道树;广东用榕树做行道树;椰子树被海南大量应用等。这些城市的道路绿化选择了乡土植物,不仅美化了城市的道路景观,也充分展现出当地的地域风格,彰显了城市的特色。

(四)抗灾、避险功能

道路绿地植物景观具备特有的防护功能,尤其是以种植乔木、灌木为主的绿地能有效地起到防风、防火的作用,大面积的道路植物景观能抗洪防震,起到阻挡洪水和疏散人群的作用,是城市防灾抗灾设施的辅助用地。

第二节　城市道路植物种植设计与营造

城市道路的植物造景指街道两侧、中心环岛、立交桥四周、人行道、分车带、街头绿地等形式的

植物种植设计,不仅创造出优美的街道景观,同时还为城市居民提供日常休息的场地,在夏季为街道提供遮阴。

一、城市道路绿地植物造景的原则

植物景观配置中,应遵循统一、调和、均衡、韵律四大基本原则。在城市道路植物造景中则需统筹考虑道路的功能、性质、人性化和车型要求、景观空间构成、立地条件,以及与其他市政公用设施的关系。

(一)保障行车、行人安全的原则

道路植物造景,首先要保障行车及行人的安全,因此需考虑以下三个方面的问题:行车视线要求、行车净空要求、行车防眩要求。

(1)行车视线要求。

在道路交叉口视距三角形范围内和弯道内侧的规定范围内种植的树木要不影响驾驶员的视线通透,保持行车视距。在弯道外侧的树木应沿边缘整齐、连续栽植,预告道路线形变化,引导驾驶员行车视线。

(2)行车净空要求。

各种道路设计应根据车辆行驶宽度和高度的要求,规定车辆运行的空间,各种植物的枝冠、根系都不能入侵该空间内,以保证行车净空的要求。

(3)行车防眩要求。

在中央分车带及道路边侧种植的植物,要能够阻止相向行驶车辆的灯光、周围建筑玻璃幕墙上的反光等照射到驾驶员的眼睛,以免引起目眩。

(二)遵循生态与美化原则

道路绿化植物造景要遵循生态化原则,要尽量保留原有湿地、植被等自然生态景观,运用灵活的植物造景手段,在保证有良好的绿地生态功能,保护已有植被枝繁叶茂、生命力持久的同时,体现较强的景观艺术性,使道路及其周围植物景观不仅具备引导行驶的功能,还兼具景观生态学倡导的对自然的调节功能。

(三)因地制宜与适地适树相结合原则

城市道路的用地范围空间有限,在此范围内除安排机动车道、非机动车道和人行道等必不可少的交通用地外,还需安排许多市政公用设施,道路绿化也需要安排在这个空间里。绿化树木需要一定的地上、地下的环境条件,如得不到满足,树木就不能正常生长发育,甚至会直接影响其形态和树龄,影响道路绿化的作用。因此,应统一规划,合理安排道路绿化与交通、市政等设施的空间位置,充分结合公路沿线原有的地形地貌、周边自然环境资源,选择适宜当地环境的园林植物,进行合理的绿化景观布局。

"适地适树"主要是指绿化要根据本地区气候、栽植地的小气候和地下环境条件选择适于该地生长的树木,以利于树木的正常生长发育,抗御自然灾害,保持较稳定的绿化成果。

（四）近期与远期相结合的原则

道路植物景观从建设开始到形成较好的景观效果往往需要十几年时间,因此要有长远的观点,将近期、远期规划相结合。近期内可以使用生长较快的树种,或者适当密植,以后适时更换、移栽,充分发挥道路绿化的功能。

二、城市道路植物种植设计与植物选择

道路绿化包括行道树绿化、分车带绿化、林荫带绿化和交通岛绿化四个组成部分,为充分体现城市的美观大方,不同的道路或同一条道路的不同地段要各有特色,绿化规划在与周围环境协调的同时,四个组成部分的布局和植物品种的选择应密切配合,做到景色的相对统一。

（一）行道树绿带设计与植物选择

1.行道树绿带设计

（1）行道树绿带种植分类。

①树池式。树池的形状有方形和圆形两种。树池盖板由预制混凝土、铸铁、玻璃钢、陶粒等各种材质制成,目前也有在树池中栽种阴性地被植物等。（图9-5～图9-8）

图 9-5　聚酯材料树池

图 9-6　鹅卵石树池

图 9-7　树皮树池

图 9-8　地被植物树池

②树带式。在人行道和车行道之间，种植一行大乔木和树篱，若种植带宽度适宜，则可分别植两行或多行乔木和树篱，形成多层次的林带，如图 9-9 所示。

图 9-9　树带式

(2)行道树的株行距与定干高度。

行道树株行距一般根据植物的规格、生长速度、交通和市容的需要而定。一般高大乔木可采用 6～8 m，总的原则是以成年后树冠能形成较好的郁闭效果为准。设计初种植树木规格较小而又需在较短时间内形成遮阳效果时，可缩小株距，一般为 2.5～3 m，等树冠长大后再行间伐，最后定植株距为 5～6 m。小乔木或窄冠型乔木行道树一般采用 4 m 的株距。

行道树的定干高度主要考虑交通的需要，结合功能要求、道路性质、树木分级等确定。定干高度一般不低于 3.5 m。

(3)行道树配置的基本方式。

①单一乔木的种植形式，这是较为传统的种植形式，如图 9-10 所示。

②同树木间植，园林中通常将速生树种与慢生树种间植。

③乔、灌木搭配，分为落叶乔木和落叶灌木、落叶乔木与常绿灌木、常绿乔木与常绿灌木搭配三种，如图 9-11 所示。

图 9-10　单一乔木行道树

图 9-11　乔木与灌木搭配的行道树

④灌木与花卉的搭配,如图 9-12 所示。

⑤林带式种植,如图 9-13 所示。

图 9-12 灌木与花卉搭配的行道树

图 9-13 林带式行道树

2.行道树选择的原则

行道树绿带设置在人行道和车行道之间,以种植行道树为主。主要功能是为行人和车辆遮阴,减少机动车尾气对行人的危害。行道树选择应遵循以下原则。

(1)应选择适应当地气候、土壤环境的树种,以乡土树种为主。

乡土树种是经过漫长的时间,适应当地气候、土壤条件,自然选择的结果。

①华北地区可选用国槐、臭椿、栾树、旱柳、垂柳、银杏、悬铃木、合欢、刺槐、毛白杨、榆树、泡桐、油松等。

②华中地区可选用香樟、悬铃木、黄山栾、玉兰、广玉兰、枫香、枫杨、鹅掌楸、梧桐、枇杷、榉树、水杉等。

③华南地区可选用椰子、榕属、木棉、台湾相思、凤凰木、大王椰子、桉属、银桦、木菠萝等。

(2)优先选择市树、市花,彰显城市的地域特色。

市花、市树是一个城市文化特色、地域特色的体现,如北京老城区的古槐树;南京的法桐;天津的绒毛白蜡;成都的银杏和芙蓉等,无不体现城市的地域特色。

(3)选择花果无毒无臭味、无刺、无飞絮、落果少的树种。

银杏作为行道树应选择雄株,以免果实污染行人衣物;垂柳、旱柳、毛白杨也应选择雄株,避免大量飞絮产生。

(4)选择树干通直、寿命长、树冠大、荫浓、且叶色富于季相变化的树种。

(二)分车带设计与植物选择

分车带是车行道之间的隔离带,起着疏导交通和安全隔离的作用,保证不同速度的车辆能全速行驶。

目前,我国分车带按照绿带宽度分为 1.0 m 以下、1.0～3.0 m 和 3.0 m 以上三种。隔离带的宽度是决定绿化形式的主要因素。

分车带植物景观是道路绿带景观的重要组成部分,种植设计应从保证交通安全和美观角度出发,综合分析路形、交通情况、立地条件,创造出富有特色的道路景观。

分车带植物配置形式如下。

(1)绿带宽度1.0 m以下:以种植地被植物、绿篱或小灌木为主,不宜种植大乔木,如图9-14所示。

图 9-14 月季分车带

图 9-15 灌木、花卉、地被组合的分车带

(2)绿带宽度1.0~3.0 m:可根据具体的路况条件,选择小乔木、灌木、花卉、地被植物组成的复合式小景观,乔木不宜过大,以免影响行车视线(图9-15)。这种形式绿化效果较为明显,绿量大,色彩丰富,高度也有变化,缺点是修剪管理工作量大,管理不到位,会影响司机视线。

(3)绿带宽度3.0 m以上:可采用落叶乔木、灌木、常绿树、绿篱、花卉、地被植物和草坪相互搭配的种植形式,注重色彩的应用,形成良好的景观效果。这是一种应大力提倡的绿化带种植形式,绿量最大,环境效益最为明显。特别适合宽阔的城市道路,城市新区、开发区新修的道路多见采用。

(三)路侧绿地设计

路侧绿地主要包括步行道绿带及建筑基础绿带。由于绿带的宽度不一,因此植物配置各异。步行道绿带在植物造景上,应以营造丰富的景观为宜,使行人在步行道中感受道路的绿化舒适。在植物选择上,应选择乔木、灌木、花卉地被植物相结合的方式来做景观规划设计。

路侧绿带与建筑关系密切,当建筑立面景观不雅观时,可用植物遮挡,路侧绿带可采用乔木、灌木、花卉、地被、草坪形成立体的花境,在设计时要保持绿带的连续、完整和统一,如图9-16所示。

当路侧绿带濒临江、河、湖、海等水体时,应结合水面与岸线地形设计成滨水绿带,在道路和水面之间留出透景线。

图 9-16 天津友谊南路路侧绿带

(四)交叉口绿化设计与植物选择

1. 中心岛

中心岛绿化是交通绿化的一种特殊形式,主要起疏导与指挥交通的作用,是为回车、控制车流行驶路线、约束车道、限制车速而设置在道路交叉口的岛屿状构造物。

中心岛是不许游人进入的观赏绿地,设计时要考虑到方便驾驶车辆的司机准确、快速识别路口,又要避免影响视线,因此不宜选择高大的乔木,也不宜选用过于华丽、鲜艳的花卉,以免分散驾驶员的注意力。通常,绿篱、草地、低矮灌木是较合适的选择,有时结合雕塑构筑物等布置,如图9-17所示。

图 9-17　上海浦东某交叉口中心岛绿地

2. 立体交叉绿地

立体交叉是为了使两条道路上的车流可互不干扰,保持行车快速、安全的措施。目前,我国立体交叉形式有城市主干道与主干道的交叉、快速路与快速路的交叉、高速公路与城市道路的交叉等。

随着城市的发展,城市立交桥的增多,对立体交叉绿化应尤为重视。立体交叉植物景观设计应服从立体交叉的交通功能,使行车视线畅通,保证行车安全。设计要与周围的环境相协调,可采用宿根花卉、地被植物、低矮的彩色灌木、草坪形成大色块景观效果并与立交桥的宏伟大气相协调,桥下宜选择耐荫的植物,墙面可采用垂直绿化,如图9-18所示。

图 9-18　天津王顶堤立交桥绿地

第三节　高速公路的植物造景

高速公路是一种专供汽车高速、安全、顺畅行驶的现代化类型公路。在公路上由于采用了限制出入、分隔行驶、汽车专用、全部立交以及高标准的交通设施等措施,从而为汽车快速、安全、舒适、连续地行驶提供了必要的保证。高速公路具备以下特点:有 4 个以上的车道,在道路的中央设有隔离带,双向分隔行驶,全封闭,道路两旁设有防护栏,严禁产生横向干扰,完全控制出入口,并且全部采用立体交叉。除此之外,还设有专用的自动化交通监控系统和必要的沿线服务设施等。

高速公路为城市及地区之间提供了有效、快捷的交通,进一步发展了地区经济,它在传递信息、促进文明、加速物资生产流通、发展市场经济、改善投资环境、促进旅游事业和边远地区文教卫生事业等方面起着重要作用。但同时,高速公路也给环境造成了严重的破坏,它破坏原始岩土及沿线植被,加剧水土流失,危及野生动物栖憩活动,给环境带来声、光、气等方面的污染。

一、高速公路绿化功能

1. 美化景观,缓解疲劳

高速公路的中央分隔带和路边林带,通过植物在种类、色彩、质感、形式等方面的合理变化配置,可以减轻司机高速行驶的压力、缓解驾驶疲劳,提高驾驶者的注意力,避免漫长旅途中产生单调枯燥,从而减少交通事故,提高行车安全。

2. 防眩光,引导视线

中央分隔带具有阻挡会车时灯光对人眼的刺激,即起到防眩作用,保证司机视线畅通。在弯道及出口处,植物对司机起着引导、指示等作用。

3. 生态修复功能

高速公路的建设给沿线的地貌及植被带来了很大的破坏,通过合理科学的景观设计,尽量恢复路域范围内原有的植被群落和景观,使之能与周围自然环境有机地融为一体,为各种生物提供栖息地。

4. 调节路面温湿度

高速公路绿地内的植被对调节沿线大气微环境有明显的生态作用,可以降低周围温度、增加湿度,这样使得路面的温度和湿度也得以调节,避免了高温干燥及温湿度的急剧变化对路面的破坏性影响。

5. 保持水土,稳定路基

在有大量的土石方工程的地段,通过护坡绿化,选择抗逆性强,具有耐干旱、耐瘠薄、抗寒、抗污染等特性的植物,防止了坡表面的水土流失,加固稳定了路基。

6. 降低污染,减少负面影响

高速公路绿地内的植物对改善路域环境起着相当重要的作用,两侧林带及分隔带上的绿色植物可以阻挡和吸收行车所产生的噪声、粉尘和有害气体,缓解大量的交通给环境带来的压力并减小对沿路居民的危害和影响。

二、高速公路植物造景原则

1. 安全性原则

安全性是高速公路景观设计的基础与前提。在高速公路景观设计时,要充分考虑视觉空间大小、道路的线形变化、安全设施的色彩及尺度,以及视觉导向、视觉连续性等交通心理因素与行车安全的关系,以便消除司乘人员在行车时所产生的心理压抑感、威胁感及视觉上的遮挡、眩光等视觉障碍;形成有韵律感、线性连续流畅、开敞型的空间,实现行车的安全舒适。

2. 美观性原则

高速公路的景观设计需充分考虑景观的美学功能。宏观上,这种特性由周边环境的地形、植被、土地使用状况等客观因素决定的,它们从形体、线条、色彩和质地等外部信息上给人以美的享受;而从道路内部景观来看,景观元素的美学特征包括:合适的空间尺度,有序而整齐划一,多样性和变化性、清洁性、安静性,生命活力和土地应用潜力等。

3. 生态性原则

高速公路的建设对当地的地形、地貌、土壤、植被破坏是非常严重的,景观设计时应以"尊重自然、保护自然、恢复自然"为原则,尽量减少裸露岩石和挖方岩石,充分利用当地的自然植被和植物种类。以大环境绿化为依托,与大环境相融合,最大限度保持和维护当地的生态景观。

4. 地域性原则

景观设计时应充分地挖掘当地的地域文化特征,创造出具有地域性的道路景观。体现当地特色,首选乡土树种,也可合理地引用外来树种,借鉴自然植被类型的特征,合理进行植物搭配。

三、高速公路植物造景

高速公路植物种植设计主要包括:中央分隔带绿化、边坡及预留地林带绿化、互通立交区绿化、服务区绿化。

(一)中央分隔带景观设计

中央分隔带设在两条对行的车道之间,具有分隔对向行车、防止对向车辆碰撞,减轻夜间车灯眩光,引导司机视线等作用。在欧美发达国家,高速公路中央分隔带的宽度大于 12 m,在我国中央分隔带的宽度为 2~3 m,由于高速公路中央分隔带宽度窄、土层浅等特殊的立地条件。不宜选择乔木,同时乔木的枝条及树冠投射到路面上的树荫会影响驾驶人员的视觉,影响行驶安全。

中央分隔带绿化景观一般以防眩光的常绿灌木规则种植,配以底层地被为主。基本形式有整形式、树篱式、图案式、平植式等。

1. 整形式

用同一种树木按照一定的株距排列,下层根据景观需要配以不同的灌木及地被。目前,整形式是我国应用最为普遍的种植形式。缺点是:给人单调乏味的感觉,容易产生驾驶疲劳。

2. 树篱式

树篱式用植物形成连续的树篱,下层用花灌木或色叶灌木形成满铺,优点是遮光效果好,对撞击隔离栏的车辆有很强的缓冲能力,可减轻车体与驾驶人员的损伤。缺点与整形式相似,同样具有视觉上单调呆板的缺陷,而且对树木数需求量大。

3. 图案式

将灌木或绿篱修剪成几何图形,在平面和立面上适当变化,形成优美的景观绿化效果。缺点是遮光效果不佳,容易分散司机的注意力,增加了日常的养护管理工作量。

4. 平植式

当中央分隔带较窄时或在管理受限的路段,可以用植物满铺密植,并修剪成形。优点是可以减少养护管理工作量,常见于中央分隔带的开口处。

(二)边坡景观设计

边坡主要指在路堑、路堤段填挖方的倾斜部分,它是高速公路重要的组成部分。边坡绿化在保护路基和坡面的稳定性、防止落石影响行车安全、减少水土流失、美化沿线景观、恢复植被等方面有着重要的意义。

边坡一般从土方工程上分为挖方边坡和填方边坡,按照其构造不同可分为土质边坡、石质边坡、土石混合边坡,按边坡防护方式的不同可分为工程防护边坡、植物防护边坡及工程防护和植物防护相结合的边坡。

1. 壤土型边坡

边坡主要由壤土构成,边坡绿化的主要目的是固土护坡。对于工程防护面积小的坡面,如单、双衬砌拱,浆砌片石网格及粘包坡等护坡,对于工程防护面积较大的坡面,如六角空心块护坡。绿化方式有草坪地被结合护坡、地被覆盖护坡、草灌结合护坡、灌木林护坡、藤本覆盖护坡。

2. 岩石型边坡

边坡多出现于桥梁、通道附近或土壤条件恶劣、坡度较大的路段,采用浆砌片石满铺,采用垂直绿化的形式,坡脚种植藤本植物,使其沿坡面爬,以达到软化岩石坡面的目的,种植方法:在坡角设置种植槽,槽坑内换上肥沃的砂壤土和基肥,坡顶与坡脚同时种植,尽快达到铺满坡面的绿化效果。

3. 土石混合型边坡

这种边坡由砂、石、土混杂构成,可用拱形、矩形、菱形网格形或"人"字形等浆砌片石骨架,并在骨架内植草或加三维网植草。

(三)立交区景观设计

互通立交是高速公路整体结构中的重要节点,也是与其他道路交叉行驶时的出入口。它是高速公路景观设计中场地最大、立地条件最好、景观设置可塑性最强的部位。景观设计时要尽可能与原有的地貌特征相吻合,能够反映地方特色,突出文化内涵。

目前,我国立交区景观设计有以下两种形式。

(1)规则式:利用植物的色彩及整齐的树形构造景观,运用大手笔,大色块的欧式模块栽植,给人以一种磅礴和大气之感,这种形式较普遍。

(2)自然式:利用原有的树木、溪流、湿地、岩石和地域文化相融合,应用乔木、灌木以及地被植物合理的搭配,应用植物组景的高低错落、点线面交互穿插、不同的色彩和季相变化,富有地方特色的景观。

(四)服务区景观设计

服务区是为高速公路上行驶人员提供休息、餐饮及加油、机械维修的场所,其主要功能是满足司乘人员休闲、休息、缓解疲劳的需求,景观设计应以静态景观设计为主,运用丛植种植形式,多选择香花、观花树种进行配植,使整体环境舒适宜人、轻松活泼,达到良好的休闲目的。

第四节　城市道路及高速公路的植物造景设计案例分析

案例　城市主干道景观设计——天津津滨大道绿地景观设计

一、概况

　　天津津滨大道绿地景观改造提升工程范围以中环线东风桥站为起点,经东兴桥、津昆桥、津滨桥,向东直至津滨高速收费站,全长约 10.4 km。规划景观改造的绿地范围包括道路两侧规划宽度为 30 m 的绿地、中央分隔带、立交桥桥区绿地等,规划改造绿地总面积约 96 万平方米。津滨大道是天津的东大门,是重要的景观道路,通过设计反映天津滨海城市的风情和国际大都市的气魄。

二、设计构思

　　(1)以绿色为基调,以舒缓自然为设计目标,运用现代园林的大手笔,形成简洁、壮观、流畅、舒展的景观格局,创造有规律、有变化、富有线形美和节奏变化的动态画卷。使之成为一条集景观、交通、生态功能于一体的综合性城市景观走廊。

　　(2)结合水系、河道和画龙点睛的小品体现天津滨海城市的特点,隐喻天津是"天子经由之渡口"的历史和"九河下梢"的地理位置。

　　(3)利用不同树种的形态特征,通过运用高低、姿态、叶形叶色、花形花色的对比手法,采用细腻的模纹图案景观,通过树种组合表现植物配置的群体美,营造津滨大道特有的树木、花卉景观展示园地。

三、具体设计

1. 中央分隔带

　　设计以细腻的模纹图案景观形式为主,加入流畅的曲线组,曲线系与直线系的应用形成富有动感的空间,使行人和车辆感到空间的流动与跳跃,极具现代感。中央分隔带每隔 30 m 运用市花与不同季节彩叶、开花的灌木和树冠优美的乔木配合形成色彩对比强烈的生态景观,如雪松、金枝槐、金叶槐、旱柳、紫薇、银杏、紫叶桃、月季、美人蕉、萱草、千屈菜等适生天津的花卉,不仅丰富了结构层次,又营造了天津市民喜闻乐见的"桃红柳绿"的水畔景观。"古木交柯""松竹听风""沁芳花坞"等景点的设计运用传统造园手法,采取松、竹与景石搭配的方式,把生态造景与大众广泛接受的审美情趣相融合,营造苍松翠竹、古树青石的古典园林意境,成为津滨大道标志性的景观。

2. 道路两侧绿地

　　道路两侧绿化带重点体现植物的空间层次,开合变化,疏密有致的"城市森林"效果,同时兼顾风格统一,体现多姿多彩的大道风情。运用各具特色的花灌木、地被与大量乔木组合成绚丽斑斓的植物组团,营造出"人行树荫下,花草随行间"的绿化景观。两侧绿地宽度 30 m,外侧以折线形的模纹组合形成基线，相错种植国槐、悬铃木、绒毛白蜡，并点缀龙柏、紫薇、石榴等常绿树种和花灌木，形成有开有合、大小不同的空间，起到展示城市生态面貌的窗口作用，如图 9-19、图 9-20 所示。

图 9-19　天津津滨大道路侧绿地

图 9-20　天津津滨大道路侧绿地

第十章　城市广场与园林植物造景

第一节　城市广场的定义及功能

一、城市广场的定义

城市广场是一种物质要素和非物质要素的复合物,是地中海文化的产物,亦是欧洲城市起源和发展乃至整个欧洲城市文明发展的一个引人瞩目的特殊现象。

在英国人昂温(Unwin)的《城市设计基础》一书中,他将城市广场看做是古希腊、古罗马文明的历史延续,广场是古希腊、古罗马市场的现代表现形式,广场一词用以描述空间的自身完整性和封闭性。

阿明得认为:"城市广场是由边界限定了内外明确的三维空间,其基面和边界都被赋予了建筑学的定义。""城市广场是公共的城市空间组成部分,它在任何时候对所有人开放。"

《城市规划原理》中说:"广场是由于城市功能上的要求而设置的,是提供人们活动的空间。城市广场通常是城市居民社会活动的中心,广场上可组织集会、供交通集散、组织居民游览休息、组织商业贸易的交流等。"

综上所述,广场可以定义为由建筑物、道路和绿地等围合或限定形成的开敞的永久性公共活动空间,是城市空间环境中最具公共性、最富艺术魅力、最能反映城市文化特征的开放空间,是人们日常生活、进行社会活动不可缺少的场所。

城市广场是城市居民社会生活的中心,广场可进行集会、交通集散、居民游览休憩、商业服务和文化宣传活动等。

二、城市广场的功能

(一)城市广场是城市的起居室

城市广场作为城市开放空间的重要组成部分,为人们的户外活动提供场地。由于城市广场空间的公共性、开放性和中心性,很多人把它比喻为城市起居室。

在城市广场中,人群的行为一般具有公共性。古希腊时代,城市广场是作为市民进行宗教、商业、政治活动的场所。罗马时代,城市广场开始是作为市场和公共集会的场所,后来也把它作为发布广告、进行审判、欢度节庆的场所,也可以说是国家表达其统治意志的重要场所。

中世纪时期,欧洲的城市生活以宗教活动为中心,广场成为教堂和市政厅的前庭,在中世纪的欧洲城市,市民按照自己的需要自行建设城市,把文化和生活融入城市空间,形成了富有人性化的广场和结构空间。市民在广场空间中沟通交流,安静、舒适地进行各种各样的活动。威尼斯的圣马可广场,从中世纪开始建设,一直到文艺复兴时期建成,广场形式自由,由不同时期的建筑围合而成,界面丰富协调,空间亲切宜人,与海面和谐地交融在一起。人们喜欢在这里约会亲友、聊天、消遣,所以圣马可广场被誉为"欧洲的客厅"。

意大利的锡耶纳大广场每年七月举行的赛马活动,吸引了全世界的旅游者前往观光欣赏。这些广场活动使广场具有强大的生命力。中国较有名气的广场活动有:北京天安门广场放风筝,上海人民广场放鸽子等。

把历史上较成功的广场作一个比较分析,可以得出一个结论:广场之所以具有强大的生命力,正是因为它们赋予城市生活以生命力。

(二)城市广场是城市构图的需要

按照格式塔心理学中"图—底"关系的观点,城市广场在整个城市平面图中,与城市其他部分构成鲜明的对比,是城市中"虚"的部分。从平面构图的角度看,它无疑是城市平面构图的重要组成部分。

在古典主义的城市设计中,城市广场成为城市构图的中心。一般是以城市中心的标志性建筑物为中心,建造一个圆形或椭圆形的广场,与城市道路相结合,形成向四周发散的格局,也象征着权力的集中。这种布局,在视觉空间上形成了美妙的对景效果,空间视觉的构图极具向心性和秩序感。

在中世纪的城市中,城市布局比较自由,建筑布局高度密集,广场是城市中局部拓展的空间区域,都位于城市的中心,周围建筑物均有良好的视觉、空间和尺度的连续性,从而创造出一种如画的城市景观,前行时则达到视觉抑制与开放的强烈对比,成为中世纪城市布局的典型构图方式。

而在现代的城市规划中,城市广场作为城市的节点成为城市主要的构图手段。经常用它来组织城市的其他组成要素,现代的城市往往不局限于一个中心广场,而是具有大大小小的、各种性质的广场。这些广场往往以轴线关系的手法形成联系,与道路一起形成城市的骨骼。从这个角度看,广场是城市构图的重要手段之一。

(三)城市广场是城市形象的体现

许多让人流连忘返的城市,不仅因为它们拥有许多优美的建筑,还因为它们拥有许多吸引人的城市外部空间,特别是充满活力的城市广场空间。在现代城市环境中,城市广场空间变得非常重要。它为城市健康生活提供了不同于户内的开放空间环境。同时,也创造了宜人的都市环境,成为体现城市风貌的重要场所。

城市广场往往是城市形象的最为显著的代表。当游客步入一个设计成功的广场,观赏到壮丽的城市建筑物及优美的天际线,观赏到具有田园风情而令人心旷神怡的绿茵和水景,观赏到不同形式的艺术作品和参与各式各样的文化活动时,会对该城市留下深刻的印象。

提到国际著名的大都市,同时会联想到该城市标志性的广场。如莫斯科的红场、巴西利亚的三权广场、罗马的威尼斯广场。这些广场都因具有独特的风格、传奇的色彩而名扬四方。这些城市中心广场的形象在人们的心目中已经成为这些著名城市的标志和象征。

(四)城市广场是城市生活的重要舞台

城市广场是城市开发和城市更新中提高城市质量的重要途径,是改善城市空间、提高景观质量、增强城市活力、塑造有吸引力的现代城市的重要途径,是维护和改善生态环境、提高资源利用效益的重要途径。

随着现代都市的发展,生活节奏的加快,人们需要用某种方式宣泄自己的紧张情绪,消除孤独落寞。城市广场是最好的公共活动场所,也是最好的休闲空间。当人们在广场中交谈、静坐、观赏,广场优美的环境可以使人从压抑的机械节奏中释放出来。公共广场的文化配套设施,为市民提供了文化交流的场所。广场环境设计的文化品位,广场上的各种活动,使每个人都有机会相互交流思想,有机会接触到多元文化,分享文化上的成就。随着时间的推移,将接触到的东西逐渐转变为自己的见解,使得思想认识、文化水平、人生修养等得到提高。

(五)城市广场是建筑间联系的纽带

广场是建筑师寻求建筑之间相互配合的有效途径,好的广场可以使人们陶醉于建筑所围合的空间中。本质上,城市广场是一种被限定的室外空间。上海市人民广场是个典型的例子。它的北边是上海大剧院、人民大厦,南边是上海博物馆,东西两边都是城市建筑,广场处于枢纽地位,把四个方向的建筑紧密地联系了起来。

第二节　城市广场的类型及特点

一、城市广场类型

从广场性质上进行分类,大致可分为以下几类:纪念广场、宗教广场、市民广场、生活休闲广场、商业广场、交通广场等,现实中往往一个广场兼具着多种功能。

1. 纪念广场

纪念广场顾名思义是指为了纪念某些人或者某一事件的广场,主要包括纪念广场、陵园广场、陵墓广场等。一般纪念广场会用来举行国家或者城市重要庆典活动与纪念仪式场所,具有较强的政治意义,如北京天安门广场,莫斯科红场等。

2. 宗教广场

宗教广场一般布置在寺庙或者祠堂的前面,主要是进行宗教祭祀活动集会的广场。一般宗教建筑群内都会设有专门的进行宗教活动的内部广场,在外部会设置群众集会、休息的广场空间。

3. 市民广场

市民广场包括城市中心广场和一般休闲娱乐广场等类型。中心广场一般位于城市中心地区,最能反映城市面貌,是城市的主广场,如成都的天府广场,合肥的人民广场等。休闲娱乐广场一般位于城市的副中心地区,满足一定范围的市民休闲娱乐需求。

4. 生活休闲广场

生活休闲广场与人们的生活最为息息相关,一般会设置在小区中心区或者小区周边,生活休闲广场要考虑到周边居民的生活需要,无论从整体的空间形态还是从小品、植物造景等方面都要进行人性化考虑,为居民提供一个休闲、游憩的公共空间。

5. 商业广场

在城市的繁华地段,人流集中的餐饮、商场、娱乐场所的地方,为了减缓交通压力,疏散和疏导人群,因而在设计上会要求设置商业广场。此类广场在植物造景设计上简洁明快,层次丰富。现在多数的商业广场与步行街结合起来形成了独特的景观,并且便于人们购物、交流和休憩。

6. 交通广场

交通广场通常位于重要交通节点,主要作用是:引导交通流量、适当缓解交通压力、作为车辆转换地点。常见的交通广场有火车站、汽车站的站前广场,它们对人车分流,合理安排车辆转换路线有着很大的作用,因而这类广场在规划和配置上要注重人性化,植物景观要简洁明快,周边设施应完备,如超市、餐饮、取款机等,以达到方便旅客出行的目的。

二、城市广场的空间形态

城市广场从古到今经历了一系列的历史演变。城市广场的空间形态在自由与严格之间不断反复。现代城市广场主要有平面型和空间型,以平面型居多。广场造型形态中最常见的是正方形、圆形、三角形、矩形、梯形和不规则弧线形。从空间形态上,城市广场可以分为以下几种。

1. 上升式广场

上升式广场一般将车行放在较低的层面上,而把人行和非机动车交通放在地下,实现人车分流。

2. 下沉式广场

下沉式广场不仅能够解决不同交通的分流问题,而且在现代城市喧嚣、嘈杂的外部环境中,更容易取得一个安静、安全、围合有秩且有较强归属感的空间广场。

3. 阶梯式广场

在外环境设计中,阶梯是构成不同标高层的垂直空间系统的要素之一,同时,它也是丰富空间形态,加强空间层次的一种极富表现力的造型形式。所以,阶梯式广场具有非常丰富的空间层次。

4. 台地式广场

台地式广场是通过垂直交通系统,将抬高层、下沉层和地面层相互穿插组合,构成一种能产生仰视、俯瞰等不同视角和空间起伏变化的广场表现形式。

5. 多层立体广场

多层立体广场多体现为由上下垂直交通系统设施、步行廊道和过街天桥组成的多层复合式空间,不仅提高了土地的利用率,同时也提供了更多可观赏的内容(人的活动也成为可观赏的风景),从而营造出更热闹、更活跃的商业气氛。

6. 空中广场

空中广场指设在屋顶层或高层建筑顶层的带有绿化、水池或其他活动场地的空间形式。它有效利用了现代城市中的高层空间,扩大了城市公共空间的范围,并使人亲历登高远望的视觉感受和心理体验。

7. 地下广场

地下广场是充分利用了地下空间设计的实用广场,包括地下商业街、地下步行系统、地下停车场和地铁站等,如上海人民广场的地铁站就是一个商业活动广场。

第三节　城市广场植物造景的原则及植物选择

一、广场绿地植物造景的原则

1. 充分考虑广场的类型和功能需求

城市广场的类型多样,功能定位和用途不同,其植物选择和配置要符合广场的功能要求。如公共活动广场一般面积较大,因此绿化应适应人流、车流集散的要求,应有可进入的、较集中的开放绿地。植物设计以疏松通透为主,保持广场与绿地的空间呼应,扩大视觉空间,丰富景观层次。纪念性广场和文化广场,为了表达区域文化和特色绿化,布局上要求严整、雄伟,多为对称布局,应选高大常绿乔木,树形整齐完整。

2. 遵循地域性,反映地方特色

广场植物选择和造景应因地制宜,适地适树,并体现地方特色和风格,突出个性化。

3. 明确广场基调树种

基调树种是广场植物配置的支柱,对保护环境、美化广场、反映广场面貌的作用显著,应在一定的调查研究的基础上确定。基调树种应用量大、分布较广,对广场环境的面貌和特色起决定作用,要求抗性和适应性强。

4. 考虑植物的多样性

注意常绿树和落叶树,乔、灌、草等植物的合理比例关系,同时考虑植物的花色、花期、叶形、树形、花形、果形等,以营造多种植物景观效果。

二、广场绿地植物造景的形式

1. 规则式植物景观设计

规则式植物景观设计主要用于广场围合地带或长条形地带,用于间隔、遮挡或作背景。特点是整齐庄重,富有秩序感,适用于规则式广场。可用乔、灌、花相间种植形成丰富的植物景观,适当株间距以保证充足光照和土壤面积。主要形式有对植、列植、绿篱等。对植常用于广场道路两侧,与广场入口中轴线等距离栽植两株大小相同的树种;列植常用于道路树和绿篱围合。应选用树干通直,树冠规整、枝叶茂密、树形美观的树种,如香樟、广玉兰、雪松、棕榈、朴树、栾树、银杏、合欢、乌桕、樱花树等。

2. 组合式植物景观设计

组合式植物景观设计形式有丰富、浑厚的效果,排列整齐时远看很壮观,近看又很细腻,可用花卉和灌木组成树丛,或者用不同乔木或灌木组成,也可用片植,多用于林带和林地,形成树木规整的群体景观。设计时横向和纵向要规则等距、高低一致,给人以整齐有气势之感。大面积的片植林中,可按四季景色配置成春花、夏荫、秋色、冬青等画意浓厚的观赏风景林。

3. 自然式植物景观设计

自然式广场植物景观设计在一定地段内,花木种植不受统一的株行距限制,层次分明,疏落有序,从不同的角度望去有不同的景致,生动而活泼。这种布置不受地块大小和形状的限制,可巧妙地解决与地下管线的矛盾。种植形式主要有孤植、丛植以及组团式栽植等。

三、广场绿地植物造景的方法

1.依植物的形态和习性进行造景

每种植物都具有一定的生态学和生物学特性,景观植物的景色随季节而变,因此要避免树种单一,要结合不同植物的观赏特点,进行搭配。如由银杏、油松、连翘、紫薇、翠柏组成的植物配置中,春观连翘,夏观紫薇,秋观银杏,冬季油松、翠柏常绿,避免了景色的单调。

2.强化色彩的设计

色彩的表现形式一般以对比色、邻补色、协调色体现,另一种表现效果是色块,色块的大小直接影响对比与协调,色块的集中与分散是最能表现色彩效果的手段,而色块的排列又决定了绿地的形式美。

3.考虑景观层次及远近观赏效果的植物造景

景观层次包括平面和立面层次,观赏平面上应注意植物的疏密度和轮廓线,立面上应注意林冠线和透视感。远近观赏效果包括空间和时间的远近,远看整体效果,近看个体形态。时间上应注意近期与远期观赏效果相结合。

四、广场绿地植物造景

1.广场入口与道路的植物应用

广场绿地大多是开敞式的,其入口往往是多方位的,有的甚至没有明显的入口。为充分和合理利用广场空间,可根据功能的分区需要,利用市政道路与广场的节点,巧妙进行植物栽植,创造出入口的意境和景观,不仅可引导游人出入,也可增加广场绿量并形成亮点。广场绿地道路主要通过乔、灌、草花的科学和艺术性进行合理搭配,在展示风景和美感的同时,发挥间隔和引导游人集散的功能,并提供休闲放松、健身娱乐的场所。

2.广场草坪的应用

草坪铺设是广场绿化最普通的手法。草坪一般布置在广场的辅助性空地,供观赏、游戏之用。草坪空间具有视野开阔的特点,可拓展层次,衬托广场形态美感,所选草种需低矮、耐践踏、抗性强、绿期长、管理方便。

3.广场花卉的应用(花坛、花台、花池、花境)

花卉是广场绿化的重要造景要素,可以给广场的平面、立面形态增加变化。花坛、花池的形状要根据广场的整体形式来安排,常见的形式有花带、花台、花钵及花坛组合等。其布置位置灵活多变,可放在广场中心,也可布置在广场边缘、四周,可根据具体情况具体安排。

花境的布置多在块状绿地中间,或在广场周边与道路过渡的绿地中,也常结合广场景石或建筑等布置。

4.广场攀援植物的应用

攀援植物在广场中多用于花架、假山石绿化及灯柱装饰灯,也可用于广场小品、建筑或构筑物的美化等方面。

攀援植物的应用形式有附壁式、凉廊式、棚架式、篱垣式、栏蔓式、立柱式、悬垂式等,常用植物有紫藤、凌霄、炮仗花、常春藤、络石、矮牵牛、爬山虎、五叶地锦等。

5.广场地被植物应用

大片种植地被植物可营造出较开阔的广场空间,且比草坪景观更为丰富;在广场的树坛、树池中种植,可增加绿量,丰富景观层次;林下片植,可保持土壤自然,增添林相和层次等。

常用地被植物有玉簪、吉祥草、沿阶草、阔叶麦冬、红花酢浆草、石蒜、鸢尾等。

五、不同类型广场的植物造景

1.纪念广场

纪念广场包括纪念广场、陵园广场、陵墓广场等,其造景应创造与主题相一致的环境气氛。一般在广场中心或侧面设置突出的纪念雕塑、纪念碑、纪念馆、纪念物和纪念性建筑物作为广场标志物。主体标志物应位于构图中心,布局及形式应满足纪念气氛和象征性的要求。

纪念广场的绿化上应考虑常绿树为主,配合有象征性意义的建筑小品、雕塑,形成庄严、肃穆的环境空间。植物不宜过于繁杂,而以某种植物重复出现为好,达到强化的目的。在布置形式上多采用规整式。具体树种以常绿树为佳,象征永垂不朽、流芳百世。

2.中心广场

中心广场一般位于城市中心地区,最能反映城市面貌,是城市的主广场,在设计时应充分考虑所用植物与周围建筑布局协调,无论平面、立面、透视感、空间组织、色彩和形体对比等,都应起到相互烘托、相互辉映的作用,反映出中心广场开阔壮丽的景观形象。

中心广场一般呈对称布局,标志性建筑在景观轴线上,整体效果稳重庄严。绿化以规则式为主,特别是矩阵式的树木种植和图案式地被种植。同时注意利用树木的围合作用,以形成广场边缘绿色柔和的垂直界面,在重点地段配置常绿树或美丽的观景树,节日可点缀花卉,强调广场空间感和整体感。

3.交通广场

交通广场主要作用为组织交通,也可装饰街景。

交通广场植物造景必须服从交通安全的需要,应能有效疏导车辆和行人。客运站前的广场是旅客集散、短时停留的场所,广场的绿化布置除了适应人流、车流集散的要求,同时还要创造出开敞、明快的效果。面积较小的广场可采用以草坪、花坛为主的封闭式布置,植株应矮小,以不影响驾驶人员的视线;面积较大的广场可用树丛、灌木和绿篱组成不同形式的优美空间,但在车辆转弯处,不宜用过高、过密的树丛,以免遮挡司机的视线,也不要用过于艳丽的花卉,以免分散司机的注意力。

交通广场除要协调好人行、车行、公共交通换乘、人群集散、绿地、排水、照明等各方面设施外,还应考虑植物配置的空间形体与周围建筑的关系,创造整齐、开敞的城市空间,丰富城市的景观风貌。

4.商业广场

商业广场必须在整个商业区的整体规划设计中进行综合考虑,结合步行街两侧商业设施,确定不同的空间环境组合,并在广场中设置绿化、雕塑、喷泉、座椅等小品和娱乐设施,从而形成富有吸引力、充满生机的城市商业空间环境。

5.文化娱乐休闲广场

文化娱乐休闲广场分布最广、形式最多样,包括花园广场、水边广场、文化广场等,具有参与性、生态性、丰富性、灵活性等特点。广场为居民提供一个娱乐休闲的场所,体现公众的参与性,因而在广场绿化上可根据广场自身的特点进行植物造景,表现广场的风格,使广场在植物景观上具有可识别性。同时要善于运用植物材料来划分组织空间,使不同的人群都有适宜的活动场所,避免相互干扰。选择植物材料时,应在满足植物生态要求的前提下,根据景观需要来进行配置。在造景形式上,更富有灵活性,根据环境、地形、景观特点合理安排。总之,文化娱乐休闲广场的植物配植比较灵活、自由,最能发挥植物材料的美妙之处。

休闲广场植物造景需注意:①植物应用形式上要多样化,营造多层次、持久的植物景观效果;②在植物搭配上要注重于广场绿地的使用功能,充分发挥植物对广场功能的强调与提示作用;③景观平面上注意植物的密度与轮廓线,景观立面上注意林冠线和透视感。

第四节　城市广场植物造景设计案例分析

一、休闲广场——合肥琥珀潭广场

1.背景分析

合肥环西风景区位于老城西区,西连琥珀山庄。安庆路把整个景区分为南北两部分,路南为琥珀潭景区,路北为黑池坝景区,总面积约20公顷。琥珀潭景区整体地形中间低凹,四周高,地形的高度差大,特别是东北角高度差达13 m以上。据此,将整个景区划分为绿化喷泉广场(图10-1)、水上舞台(图10-2)和以"琥珀潭"为中心的人工石壁群(图10-3)三部分,创造一个开放的、具有朴野风格的城市休闲观光场所。

图10-1　绿化喷泉广场

图10-2　水上舞台

图10-3　人工石壁群

2. 植物造景的特点分析

喷泉广场位于广场的最南部,中部为圆形水上舞台,是周边居民休闲的好场所,该广场面积不大,却有着自己的空间主题。在这样一个较小的空间里进行植物造景,要注意合理的搭配,营造出私密性与开放性并存的景观空间(图10-4)。

该广场是以硬质铺装为主的休憩空间,因此没有过多的植物来占据广场的使用面积,做到了恰如其分的搭配,没有造成植物喧宾夺主的情况,植物的应用上形式多样,层次丰富,有着可持续的景观效果;在植物搭配上,配合广场的休闲主题搭配有可嵌入式草坪,草坪的面积恰到好处,充分发挥了植物对广场性质的强调作用(图10-5)。栽植时应注意植物的疏密度与轮廓线,人们在观赏它的竖向立面时能够看到林冠线,并感受到植物所营造出的空间通透感。在广场的南面有着明显的地势的起伏,设计者利用这块起伏搭配色块绿篱,不仅做到了与繁华马路的相隔,并且给人带来了视觉上的冲击(图10-6、图10-7)。

图10-4　绿化喷泉广场(下沉式广场外围整齐的花坛绿篱)

图10-5　绿化喷泉广场南侧可嵌入式草坪

图10-6　绿化喷泉广场南侧坡地
(巧妙地利用绿篱和草坪过渡处理地形的高差)

图10-7　水上舞台看台
(看台间的绿篱起到划分空间的作用)

琥珀潭广场在植物造景上疏密有致、各种造景手法运用得恰如其分,对于植物空间的把握恰到好处,既有大面积草坪,又有大树点缀其中,既有平面植物造景,又有立体植物造景,整体景观层次鲜明。广场植物的养护十分到位,是个难得一见的具代表性的经典之作(图10-8~图10-13)。整个广场为了避免人流穿行和践踏绿地,使用灌木绿篱做围栏,而未使用栏杆,使游人不会感觉到压抑;由于整个广场的养护工作得当,所以修剪成型的造型树也成为该广场植物造景的一个亮点。

图 10-8　琥珀潭水面的曲桥
（垂柳飘逸的线条增加了亭子的神秘感）

图 10-9　水上舞台
（两侧的水杉起到引导视线的作用）

图 10-10　水上舞台入口
（修剪整齐的绿篱起到了空间界定作用）

图 10-11　人工石壁群内侧
（通过假石山和植物形成了隐蔽私密空间）

图 10-12　琥珀潭水边垂柳细长的枝条软化了硬景

图 10-13　人工石壁群边的藤本植物和孝顺竹

二、中心广场——合肥市人民广场

1.背景分析

合肥市人民广场位于徽州大道,面对老市政府,紧邻快速公交换乘中心,处于合肥市中心位置,是政治、经济、文化要地。人民广场经历几次改造后得到现在的景观效果,人民广场原先是作为休闲娱乐广场出现的,在设计中结合了合肥当地特色,蕴含合肥本土文化。设计中三条轴线汇交于喷泉广场,每条轴线都有自身的景观特色,却又相互呼应,构成广场的整体景观(图 10-14)。整个广场以现代为主题,结合合肥的历史,突出合肥的本土文化特色,体现合肥科教之城的特点,富有时代的气息。由于快速公交换乘中心的建成,人民广场的功能已经不仅仅是市民广场,更是休闲广场、交通广场。

2. 广场植物景观满意度调查分析

对于广场植物景观满意度进行调查,由分析问卷的结果得知游人对人民广场的植物景观满意度较好,游人在穿行广场到达快速公交换乘中心的路途中,感觉整体植物景观宜人,但是广场植物造景中色彩运用较少,香花树种也很少,单一的绿色景观无法满足游人的多方面的需求。多数游人对于广场上的树阵表示满意,因为它为游人提供了很好的休憩、庇荫场所(图 10-15)。

图 10-14　合肥人民广场整体布局(鸟瞰)

图 10-15　广场上的树阵

3. 合肥人民广场植物造景特点

合肥市人民广场植物景观总体来说效果较好,主要特点有如下几点。

(1)以绿篱为主,结合花坛、花台、花池的搭配(图 10-16～图 10-19)。

图 10-16　广场上的绿篱和花坛(规则式)

图 10-17　广场上的绿篱(不规则式)

图 10-18　广场上的绿篱和花台

图 10-19　乔木前的绿篱组合

（2）广场中的树阵是整个广场的设计亮点之一。

（3）植物在造景时注意植物的引导性,结合园路,营造出植物的空间感,同时良好的植物景观能让游人放松,并有亲近自然的归属感(图 10-20)。

（4）广场外围栅栏采用藤本月季进行垂直绿化,既起到了隔离的效果,又美化了环境(图10-21)。

图 10-20　植物造景结合园路

图 10-21　广场外侧栅栏绿化

（5）人民广场的一条轴线中设计有小型演艺广场,该小型演艺广场以主题雕塑为中心,辅以造型绿篱用来隔离出道路与小型演艺广场的空间(图 10-22)。

（6）大面积的草坪和疏林为市民提供了休息、游憩场所。广场绿地部分采用草坪,满足了视线通透的同时,也为市民游憩提供了场地。部分场地采用了疏林草地和孤植树,为市民休息纳凉提供了场所(图 10-23～图 10-25)。

图 10-22　小型演艺广场

图 10-23　草坪中孤植的桂花

图 10-24 绿篱边缘孤植的香樟

图 10-25 广场边缘的疏林草地

三、纪念广场——武汉首义广场

1. 背景分析

为迎接辛亥革命百年庆典,武汉市政府于2009—2011年期间倾力打造"武昌首义文化区"。该文化区规划面积107公顷,整体规划为"一心、两轴、三大板块",即以首义文化园为中心,形成南北向的首义纪念景观轴和东西向的山水生态景观轴,呈蛇山、首义、紫阳湖三大板块分布。辛亥革命博物馆南轴线景观工程位于首义纪念景观轴的南端。其中,首义广场是武昌首义百年庆典纪念活动的重要场所。

首义广场是首义文化区的核心内容,扩建后的首义广场目前是武汉市规模最大,集历史、文化、生态等多功能于一体的城市广场。

首义广场作为纪念性广场,建筑及雕塑更为丰富,整体布局大气、规整,营造出了一种庄严、肃穆的气氛,以此强化首义文化的主题;广场采用欧式园林的风格,讲究整齐节律美,有大气典雅之风。

针对广场的使用、活动两者之间的关系,以简洁的绿化,合理的交通,鼓励人们到广场逗留、闲逛,满足大量人流集散的需求。广场的南部和西部分别设置有彭楚藩、刘复基、杨洪胜三烈士雕像和孙中山雕像。在广场中间的两轴交会处是一个以十八星旗为图案的大型喷泉花坛,围绕着花坛设置有四个扇形水池,壮丽美观(图10-26)。

图 10-26 武汉首义广场整体布局(鸟瞰)

2. 植物造景特点分析

（1）东西中轴线两侧栽植的乔木树阵，在冷暖季里展现不同色彩，季相表现清晰。落叶树种有黄色叶的马褂木、银杏，红色叶的榉树、枫香、三角枫，深绿色的无患子等，往市政道路方向，则从常绿树种香樟，过渡到绿色间杂红色的杜英，再到嫩叶全红的红叶石楠。到了冷暖季节更替之时，整齐的树阵以统一、明亮、艳丽的叶面色彩，形成极富观赏的视觉效果。

（2）首义广场花坛一年四季花常艳。另外，由于武汉夏季时间长且气候炎热，大面积采用白色、紫色为主色调的花卉，给人以清凉明快的感觉；而冬季气温低，采用红色、黄色为主色调的花卉，营造温暖热烈的气氛（图10-27、图10-28）。

图10-27　不同色彩的矮牵牛组成的中心花坛（一）

图10-28　不同色彩的矮牵牛组成的中心花坛（二）

（3）广场用大片的草坪、规整的花坛和点缀有代表性的常绿树种（雪松、棕榈、广玉兰等）衬托和强调纪念物，局部设置坐凳供人们休息（图10-29、图10-30）。

图10-29　孙中山雕塑旁不同色彩的草花

10-30　采用雪松、广玉兰等常绿植物为背景的雕塑

（4）广场南北轴向用长条草坪分隔两条林荫小道，种植高大乔木，有乐昌含笑、法桐、水杉、栾树等，主要为中老年人提供休息、闲谈的场所（图10-31、图10-32）。

图 10-31　南北主轴的观赏草坪

图 10-32　南北次轴的乐昌含笑林荫道

第十一章　居住区与园林植物造景

居住区从广义上讲就是人聚居的区域,狭义上是指由城市主要道路所包围的、独立的生活居住地段。居住区用地按功能要求可由下列四类用地组成。

一、居住区建筑用地

居住区建筑用地是指由住宅的基底占有的土地和住宅前后左右必要留出的空地,包括通向住宅入口的小路、宅旁绿地、房屋院落用地等。它占整个居住区用地的 50% 左右,是居住区用地中占有比例最大的用地。

二、公共建筑和公共设施用地

公共建筑和公共设施用地指居住区中各类公共建筑和公用设施建筑物基底占有的用地及周围的专用土地,如居住区内银行、学校、卫生机构、幼托机构等。

三、道路及广场用地

道路及广场用地指以城市道路红线为界,在居住区范围内不属于以上两项的道路、广场、停车场等。

四、居住区绿地

居住区绿地是指居住区内除以上三项用地以外的绿地,包括居住区公共绿地、公共建筑及设施专用绿地、宅旁绿地、道路绿地及防护绿地等。

此外,还有在居住区范围内但又不属于居住区的其他用地。如大范围的公共建筑与设施用地、居住区公共用地、单位用地和不适宜建筑的用地等。

在居住区内,绿地的类型及结构主要是由居住区内建筑布局的不同形式决定。居住区建筑布局的常见形式主要有以下几种。

(一)行列式

在居住区中,行列式布局的建筑一般依照一定的朝向成行、成列布局。这种布局形式的优点是绝大多数的居民能够得到一个比较好的朝向;缺点是绿化空间比较小,容易产生单调感,如图 11-1 所示。

(二)周边式

周边式布局的居住建筑一般沿道路或院落呈周边式安排。这种布局形式的优点是可形成较大的绿化空间,有利于公共绿地的布置;缺点是较多的居室朝向差或通风不良,如图 11-2 所示。

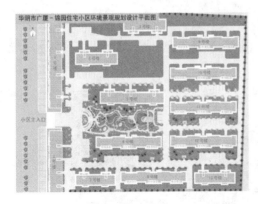

图 11-1　采用行列式建筑布局形式的居住区

图 11-2　采用周边式建筑布局形式的居住区

(三)混合式

混合式的建筑布局形式一般是周边式和行列式结合起来布置。这种布局形式一般沿街采取周边式,内部使用行列式,如图 11-3 所示。

图 11-3　采用混合式建筑布局形式的居住区

(四)自由式

这种布局形式,通常是结合地形或受地形地貌的限制,充分考虑日照、通风等条件灵活布置,如图 11-4 所示。

图 11-4 采用自由式建筑布局形式的居住区

(五)散点式

散点式的建筑布局形式常应用于别墅区或以高层建筑为主的小区,在散点式建筑布局的小区里,建筑常围绕公共绿地、公共设施、水体等散点布置,如图 11-5 所示。

图 11-5 采用散点式建筑布局形式的居住区

(六)庭院式

庭院式的建筑布局形式一般位于建筑底层的住户有院落,也常应用于别墅区,这种布局有利于保护住户的私密性、安全性,绿化条件、生态条件均比较好。

第一节　居住区绿地的作用类型与特点

一、居住区绿地的作用

居住区绿地的特殊之处在于与人的关系最密切,其服务对象最广泛(各类人等均在其中生活),服务时间最长。居住区绿地的作用具体体现在以下三个方面。

(一)营造绿色空间

居住区中较高的绿地标准以及对屋顶、阳台、墙体、架空层等闲置、零星空间的绿化应用,为居民多接近自然的绿化环境创造了条件。同时,绿化所用的植物材料本身就具有多种功能,能改善居住区内的小环境,净化空气,减缓西晒,对居民的生活和身心健康都有很大的益处。

(二)塑造景观空间

进入 21 世纪,人们对居住区绿化环境的要求,已不仅仅是多栽几排树、多植几片草等单纯"量"的增加,而且在"质"的方面也提出了更高的要求,做到"因园定性,因园定位,因园定景",使入住者产生家园的归属感。绿化环境所塑造的景观空间具有共生、共存、共荣、共乐、共雅等基本特征,给人以美的享受,它不仅有利于城市整体景观空间的创造,而且大大提高了居民的生活质量和生活品位。另外,良好的绿化环境景观空间还有助于保持住宅的长远效益,增加房地产开发企业的经济回报,提高市场竞争力。

(三)创造交往空间

社会交往是人的心理需求的重要组成部分,是人类的精神需求。通过社会交往,使人的身心得到健康发展,这对于今天处于信息时代的人而言显得尤为重要。居住区绿地是居民社会交往的重要场所,通过各种绿化空间以及适当设施的塑造,为居民的社会交往创造了便利条件。

同时,居住区绿地所提供的设施和场所,还能满足居民休闲时间室外体育、娱乐、游憩活动的需要,得到"运动就在家门口"的生活享受。

二、居住区绿地的类型

居住区绿地是城市园林绿地系统的重要组成部分,是改善城市生态环境的重要环节,同时也是城市居民使用最多的室外活动空间,是衡量居住环境质量的一项重要指标。居住区绿地由以下几部分组成。

(一)居住区公共绿地

居住区公共绿地是为全区居民公共使用的绿地,其位置适中,并靠近小区主路,适宜于各年龄段的居民进行不同的活动,根据其规模大小及服务半径不同,又分为以下几种。

1.居住区级公园

其主要服务对象是居住区居民,一般情况下,居住区级公园的规模相当于城市小型公园。图11-6为某居住区级公园。

图 11-6　居住区级公园

2. 居住小区游园

其主要服务对象是小区居民,如图 11-7 所示。

图 11-7　居住小区游园

3. 组团绿地

其主要服务对象是组团内居民,如图 11-8 所示。

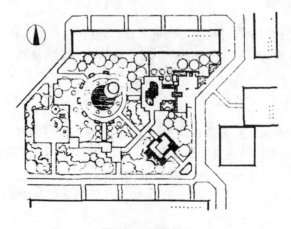

图 11-8　组团绿地

居住区公共绿地集中反映了小区绿地质量水平,一般要求有较高的规划设计水平和一定的艺术效果。

(二)宅旁绿地

宅旁绿地,也称宅间绿地,是居住区中最基本的绿地类型。多指在行列式建筑前后两排住宅之间的绿地,其大小、宽度取决于楼间距,一般包括宅前、宅后以及建筑物本身的绿化,它只供本幢居民使用,是居住区绿地内总面积最大、居民最经常使用的一种绿地形式,尤其是对学龄前儿童和老人,如图11-9、图11-10所示。

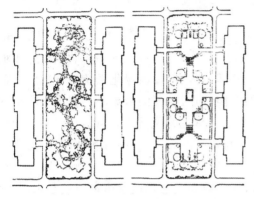

图 11-9　有游憩设施的宅间绿地

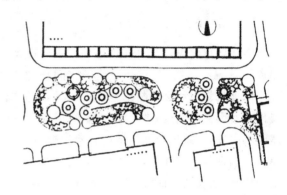

图 11-10　自然绿化的宅间绿

(三)道路绿地

居住区道路绿地是居住区内道路红线以内的绿地,其靠近城市干道,具有遮阴、防护、丰富道路景观等功能,根据道路的分级、地形、交通情况等布置。

(四)公共设施绿地

居住区内各类公共建筑、公共设施四周的绿地称为公建设施绿地,如俱乐部、展览馆、电影院、图书馆、商店等周围的绿地,还有其他块状观赏绿地等。其绿化布置要满足公共建筑、公共设施的功能要求,并考虑其与周围环境的关系。

通过学习,可将居住区的组织结构模式、绿地组成以及服务对象之间的关系如表11-1所示。

表 11-1　居住区组织结构模式、绿地组成及服务对象关系

居住区组织结构	绿地组成	服务对象
居住区	居住区公共绿地	居住区内所有居民
居住小区	宅旁绿地	小区内居民
居住组团	道路绿地	组团内居民
住宅楼	公共设施绿地	住宅楼内居民

三、居住区绿地的特点

(一)功能性

居住区绿化要讲究实用并做到"三季有花,四季常青",同时还应考虑其经济效益。常绿的针叶树应少量种植,主要选择生长快、夏日遮阳降温、冬天不遮挡阳光的落叶树,名贵树种尽量少用,多用适合当地气候、土壤条件的乡土树种。绿地内需有一定的铺装地面供老人、成年人锻炼身体和少年儿童游戏,但不要占地过多而减少绿化面积。按照功能需要,座椅、庭园灯、垃圾箱、沙坑、休息亭等小品也应妥善设置,不宜设置太多的昂贵、观赏性的建筑物和构筑物。

(二)系统性

居住区绿化设计与总体规划相一致又自成一个完整的系统。居住区绿地是由植物、场地、水面和各种景观小品组成,它是居住区空间环境中不可缺少的部分,也是城市绿化系统的有机组成部分。绿地规划设计必须将绿地的构成元素与周围建筑的功能特点、居民的行为心理需求和当地的文化艺术因素相结合,进行综合考虑,形成一个整体性的系统。绿化系统首先要从居住区规划的总体要求出发,反映出自己的特色。然后要处理好绿化空间与建筑的关系,使两者相辅相成,融为一体。人们常年居住在建筑所围合的人工环境里,必然向往大自然,因此在居住区内利用草坪、不规则的树丛、活泼的水面、山石等,创造出接近自然的景观,将室内和室外环境紧密地连接起来,让居民感到亲切、舒畅。

绿化系统形成的重要手法就是"点、线、面"结合,保持绿化空间的连续性,让居民随时随地生活在绿化环境之中。对居住区的绿地来说宅间绿地和组团绿地是"点",沿区内主要道路的绿化带是"线",小区小游园和居住区公园是"面"。点是基础,面是中心,线是连接点和面的纽带,从而构成一个点、线、面相结合的绿化系统。

(三)全面性

居住绿化要满足各类居民的不同要求,必须要设置各种不同的设施。通过对居民室外环境要求的调查,大多数居民的共同愿望是:居住区内多种花草树木,室外空间要以绿化为主,少设置不必要的亭台阁楼,营造安静、幽雅的环境。具体到每个人,又因年龄不同要求也不一样。儿童要有娱乐设施,青少年要有宽敞的活动场地,老人则需要锻炼身体的场所。因此,居住区绿地应根据不同年龄组居民的使用特点和使用程度,做出合理的布置。

(四)可达性

除了宅旁绿地供居民方便使用,公共绿地的设置也要考虑合适的服务半径,便于居民随时进入,设在居民经常经过并可自然到达的地方。当公共绿地与建筑交错布置时,要注意两者之间应有明确的界限。住宅靠近中心绿地布置时,也应有围墙分隔,避免领域地混淆而将无关人员引入住宅组团。文化活动站等公共建筑应尽可能与绿地组合在一起。

第二节 居住区绿化设计的原则及植物选择

一、居住区绿化设计的原则

(一)适地适树的原则

居住小区房屋在建设时,对原有土壤破坏极大,建筑垃圾就地掩埋,土壤状况进一步恶化,因此应选择耐贫瘠、抗性强、管理粗放的乡土树种为主,结合种植速生树种,以保证种植成活率、环境和快速成景。还需考虑乔木、灌木、藤本、草本、花卉的适当搭配和果树、药材、观赏植物的搭配,以及平面绿化与立体绿化的多种手段的运用。

(二)因地制宜的原则

居住区绿化是以满足居民生活、为生活在喧闹都市的人们营造接近自然、生态良好的温馨家园为宗旨,因地制宜,巧于因借,充分利用原有地形地貌,用最少的投入、最简单的维护,达到设计出与当地风土人情、文化氛围相融合的绿化设计的境界。设计必须根据不同的气候特点、居民生活习惯的不同、对户外活动要求不同来进行。乔木、灌木、草坪要有合理的配置比例,以达到最佳的生态、美化作用。

(三)经济实用性原则

充分利用原有地形地貌,尽量减少土方工程。适地适树,由于建筑施工产生的建筑垃圾的影响,建筑周围的土壤不利于植物的生长,需选择耐瘠薄、抗性强的树种。而且现在很多居住区的物业管理水平低,导致植物的生长状况不良,因此更需选择适合当地环境的树种。

(四)以人为本的原则

小区绿地最贴近居民生活,规划设计不仅要考虑植物配置与建筑构图的均衡、对建筑的遮挡与衬托,更要考虑居民生活对通风、光线、日照的要求,花木搭配应简洁明快,树种应按三季有花,四季常青来选择,并区分不同的地域,因地制宜。北方冬春风大,夏季烈日炎炎,绿化设计应以乔、灌、草复层混交为基本形式,不宜以开阔的草坪为主。另外以人为本并非一味迎合人的喜好,更重要的是通过环境影响人、造就人、提高人的修养和品味。

(五)景观多样性原则

园林绿地设计是一种多维立体空间艺术的设计,是以自然美为特征的空间环境设计,有平面构图,也有立体构图,同时又是将植物、建筑、小品等综合在一起的造型艺术。绿化要有统一的形式,在统一的形式中再求得各个部分的变化。要充分利用对比与调和、韵律节奏、主从搭配等设计手法进行规划设计。

(六)空间合理化原则

居住区绿化同居民的日常生活关系密切,更具有功能性和实用性。居住区绿化主要采取分割、渗透的手法来组织空间。

(1)绿化空间的分割要满足居民在绿地中活动时的感受和需求。当人处于静止状态时,空间中的封闭部分给人以隐蔽、宁静、安全的感受,便于休憩;开敞部分能增强人们交往的生活气息。当人在流动时,分割的空间可起到抑制视线的作用。通过空间分割可创造人所需的空间尺度,丰富视觉景观,形成远、中、近多层次的纵深空间,获得园中园、景中景的效果。

(2)空间的渗透、联系同空间的分割是相辅相成的。单纯分割而没有渗透、联系的空间令人感到局促和压抑,通过向相邻空间的扩展、延伸,可产生层次变化。

二、居住区绿化植物的选择

在居住区绿化中,为了更好地创造出舒适、卫生、宁静、优美的生活、休息、游憩的环境,应注意植物的配置和树种的选择,选择树种需考虑以下几方面。

1. 绿化功能

要考虑绿化功能的需要,以树木花草为主,提高绿化覆盖率,以期获得良好的生态环境效益。

2. 四季景观

要考虑四季景观及早日普遍绿化的效果,采用常绿与落叶树种、乔木与灌木、速生与慢生树种、重点与一般相结合、不同树形及色彩变化的树种相配置,使乔、灌、花、篱、草相映成景,丰富美化居住环境。

3. 种植形式

树木花草的种植形式要多种多样,除道路两侧需要成行栽植树冠宽阔、遮阴效果好的树种外,可多采用丛植、群植等手法,以打破成行成列住宅群的单调和呆板感。用植物配置的多种形式,来丰富空间的变化,并结合道路的走向、建筑、门洞的形式,运用对景、框景、借景等造景手法创造优美的景观。

4. 植物种类

植物材料的种类不宜太多,又要避免单调,力求以植物材料形成特色,使统一中有变化。各组团、各类绿地在统一基调的基础上,又各有特色树种,如丁香路、玉兰院、樱花街等。宜选择生长健壮、管理粗放、病虫害少、有地方特色的优良乡土树种。还可栽植有经济价值的植物,特别在庭院内、专用绿地内可多栽既好看又实惠的植物,如核桃、樱桃、葡萄、玫瑰、连翘、垂盆草、麦冬等。花卉的布置给居住区增色添景,可大量种植宿根花卉及自播繁衍能力强的花卉,以省工节资,又获得良好的观赏效果,如美人蕉、蜀葵、玉簪、芍药、葱兰等。为了绿化建筑墙面、围栏、矮墙等,提高居住区立体绿化效果,还需选用攀援植物,如地锦、五叶地锦、凌霄、常春藤等。

在居民的活动场地周围,尤其是幼儿园和儿童游戏场忌用有毒、带刺、带尖以及易引起过敏的植物,以免伤害儿童,如夹竹桃、凤尾兰、枸骨、漆树等。在运动场、活动场地不宜栽植大量飞毛、落果的树木,如杨雌株、柳雌株、银杏(雌株)、悬铃木和构树等。

5. 建筑、地下管网与植物的关系

植物种植要注意与建筑、地下管网保持适当的距离,以免影响建筑的通风、采光,影响树木的生长和破坏地下管网。乔木应距建筑物 5 m 左右,距地下管网 2 m 左右,灌木应距建筑物和地下管网 1~1.5 m。

第三节　居住区绿地景观设计案例分析

案例一　华阴市广厦·锦园环境景观规划设计

华阴市广厦·锦园环境景观规划设计如图 11-11～图 11-25 所示。

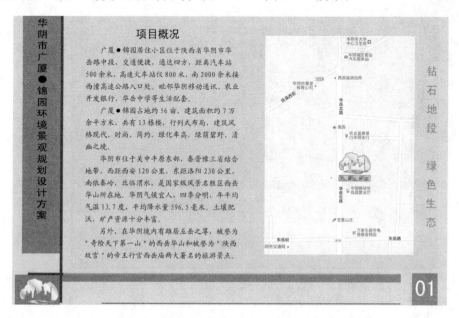

图 11-11

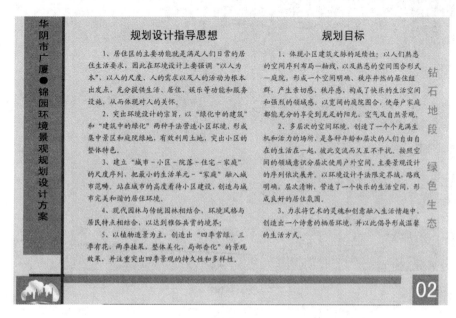

图 11-12

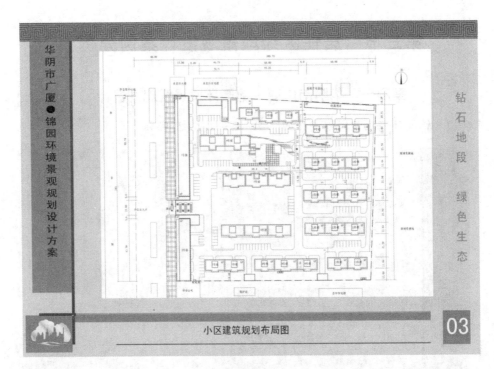

小区建筑规划布局图

03

图 11-13

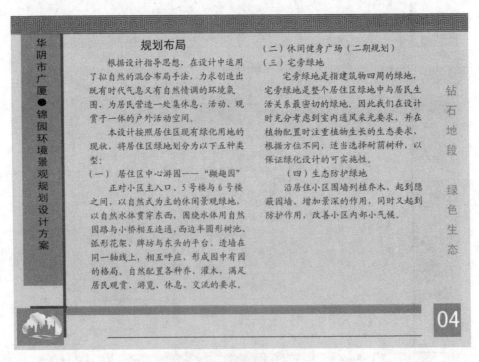

规划布局

根据设计指导思想，在设计中运用了拟自然的混合布局手法，力求创造出既有时代气息又有自然情调的环境氛围，为居民营造一处集休息、活动、观赏于一体的户外活动空间。

本设计按照居住区现有绿化用地的现状，将居住区绿地划分为以下五种类型：

（一）居住区中心游园——"撷趣园"

正对小区主入口、5号楼与6号楼之间，以自然式为主的休闲景观绿地，以自然水体贯穿东西，围绕水体用自然园路与小桥相互连通，西边半圆形树池、弧形花架、牌坊与东头的平台、透墙在同一轴线上，相互呼应，形成园中有园的格局。自然配置各种乔、灌木，满足居民观赏、游览、休息、交流的要求。

（二）休闲健身广场（二期规划）

（三）宅旁绿地

宅旁绿地是指建筑物四周的绿地，宅旁绿地是整个居住区绿地中与居民生活关系最密切的绿地。因此我们在设计时充分考虑到室内通风采光要求，并在植物配置时注重植物生长的生态要求，根据方位不同，适当选择耐荫树种，以保证绿化设计的可实施性。

（四）生态防护绿地

沿居住小区围墙列植乔木，起到隐蔽围墙、增加景深的作用，同时又起到防护作用，改善小区内部小气候。

04

图 11-14

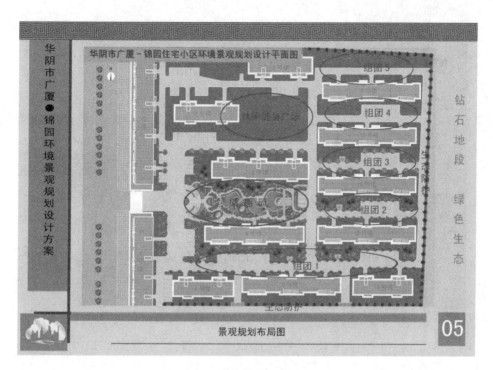

图 11-15

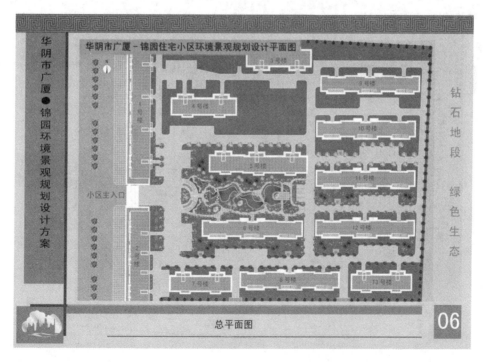

图 11-16

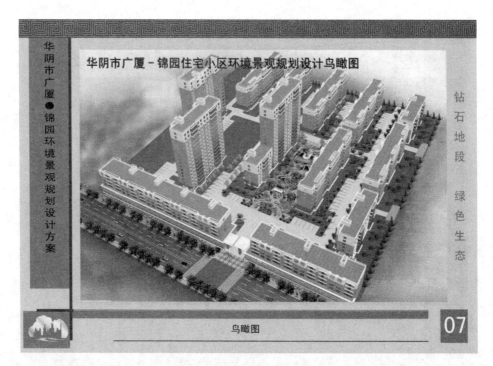

图 11-17

图 11-18

图 11-19

图 11-20

华阴市广厦●锦园环境景观规划设计方案

钻石地段 绿色生态

园路铺装意向图

11

图 11-21

华阴市广厦●锦园环境景观规划设计方案

钻石地段 绿色生态

园桥意向图

12

图 11-22

图 11-23

图 11-24

图 11-25

案例二　陇西县龙熙·臻品住宅小区环境景观规划设计

一、项目概况

　　甘肃陇西县位于甘肃省东南部，定西地区中部，渭河上游，东接通渭县，南连武山、漳县，西邻渭源县，北靠定西市。陇西区位优越，交通便利，气候温和，两千多年的历史长河中，陇西一直为历代郡、州、府治所在，还一度成为甘肃省最早的省会，是陇西政治、经济、军事、文化的中心。陇西有"西部药都"、"中国黄芪之乡"、"中华李氏文化发祥地"等美誉。

　　龙熙·臻品坐拥陇西新行政中心巅峰，周边人事局、卫生局、国土局、学校、医院等配套齐备，四通八达的交通网络，天生王者姿态谁与争锋。小区北望万亩绿色河浦山，亲密连接依依环绕的渭水畔和印象时代的绿化公园，是政府重点打造的居住新区。

　　项目占地 200 亩，共有住宅建筑 42 栋，幼儿园 1 所，沿街商业建筑 30000 m²，总建筑面积 30 多万 m²，建筑形式由多层电梯洋房与小高层组成，建筑风格为现代中式，色调以灰、褐、红色为主。

　　小区四周均为城市道路，小区内地势平坦，住宅建筑呈行列式布局，绿化率高达 35.4%，绿化面积 37540 m²，容积率仅有 2.7，社区入住户数近 2600 户，是陇西县新兴人居社区的典范（图 11-26、图 11-27）。

图 11-26 陇西县龙熙·臻品住宅小区建筑规划鸟瞰图

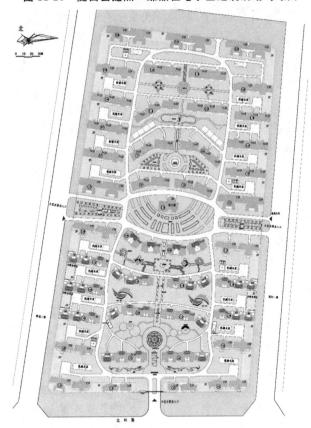

图 11-27 现状平面图

二、设计理念

根据"陇西"地区历史文化特征和本小区名称"龙熙臻品",取其谐音"龙"字,将龙脉作为小区环境景观设计的立轴线,体现"龙"文化。

环境景观规划设计理念示意图如图 11-28 所示。

图 11-28 环境景观规划设计理念示意图

三、设计指导思想

结合居住区内的建筑布局、地势情况,通过景观营建,创造一个能突出区域和小区特色,体现以人为本思想,改善居住环境,满足不同年龄、不同职业群体居民的使用要求,提升城市环境景观形象并反映地方文化的人居环境,最大限度地将景观融入生活,让居民感触居住景观的生态之美,享受幸福生活。

四、设计原则

设计原则为整体性、生态性、舒适性、人文性、经济性。

五、景观结构(图 11-29)

景观结构

一环:小区主环路绿带
两轴:景观轴、生态轴
三庭:前庭(景观庭)
　　　中庭(生态庭)
　　　后庭(生活庭)
六点:九龙聚首
　　　兴福来临
　　　生肖祥和
　　　百姓熙娱
　　　荷语逸趣
　　　康健安乐
十九院:宅旁庭院

图 11-29 景观结构分析图

六、景点设计(图 11-30)

景点设计

北
0 10 20 30M

1、小区大门
2、龙照照壁
3、叠水
4、龙纹拼图
5、九龙柱旱喷广场
6、四角亭
7、蘑菇亭
8、福字铺地
9、华宇拼图
10、生肖广场
11、单臂花架
12、特色坐凳廊架
13、树阵铺装
14、景观水池
15、百姓广场
16、下沉舞台
17、木栈台
18、荷池鱼塘
19、健身广场
20、景观构架

图 11-30　景点分布图

七、效果展示(图 11-31~图 11-41)

图 11-31　主入口效果

图 11-32　九龙旱喷广场效果

图 11-33　四角亭效果

图 11-34　蘑菇亭组合效果

图 11-35　生肖广场效果

图 11-36　宅间铺地小品效果

图 11-37　宅间特色廊架坐凳效果

图 11-38　次入口水景树池效果

图 11-39　楼间小景效果

图 11-40　健身构架效果

图 11-41 部分选用植物意向图

第十二章　附属绿地与园林植物造景

　　附属绿地是指在某一部门或单位内,由该部门或单位投资、建设、管理、使用的绿地。附属绿地的服务对象主要是本单位的员工,一般不对外开放,因此附属绿地又常被称为专用绿地或单位环境绿地。

　　常见的附属绿地主要包括机关团体、部队、学校、医院、工矿企业等单位内部的绿地。这些绿地在丰富人们的工作、生活,改善城市生态环境等方面起着重要的作用。

　　附属绿地是城市园林绿地系统的重要组成部分,这类绿地在城市中分布广泛,占地面积大,是城市普遍绿化的基础。良好的附属绿地建设,不但能够为广大职工创造一个清新优美的学习、工作和生活环境,更能体现单位的面貌和树立单位的形象,为单位带来巨大的间接效益。

第一节　校园绿地植物造景

　　校园绿地是附属绿地中的一个重要组成部分。随着人民生活水平的提高,国家对教育行业投资的逐渐加大,校园环境建设也更加受到人们的关注。校园绿化的主要目的是创造浓荫覆盖、花团锦簇、绿草如茵、清洁卫生、安静清幽的校园绿地,从而为师生们的工作、学习和生活提供良好的环境景观和场所。

一、校园绿化的作用与特点

(一)校园绿化的作用

　　校园是学校精神、学术和文化的物质载体。校园绿化建设是学校建设工作的重要组成部分,它既是两个文明建设必不可少的内容,又是一个学校整体面貌和外在形象的表现。

　　良好的校园环境犹如一部立体、多彩、富有吸引力的教科书,具有独特的感染力、约束力,有利于陶冶学生的情操、净化学生的心灵。如何创建优美的校园环境是当前各类学校日益关注和重视的环境建设问题。

(二)校园绿化的特点

　　校园绿化应体现学校的特点和校园文化特色,形成充满生机和活力的现代学校校园环境,满足师生学习、活动、交流与休闲的需要。

　　根据我国目前的教育模式,学校可分为小学、中学和大专院校等。由于学校规模、教育阶段、学生年龄的不同,其绿地建设也有很大的差异。一般情况下,中小学校的规模较小、建设经费紧张、学生年龄较小,学生大部分以走读方式为主,因此绿地无论是从设计还是从功能角度来讲都比较简单;而大专院校由于规模较大、学生年龄较大、学生以住校方式为主,因此绿地设计以及功能要求比较复杂。

二、大专院校绿地设计

优美的校园绿地和环境,不仅有利于师生的工作、学习和身心健康,同时也为社区乃至城市增添了一道道靓丽的风景线。我国许多环境优美的校园,都令国内外广大来访者赞叹不已、流连忘返,令学校广大师生员工引以为荣、终生难忘。如水清木秀、湖光塔影的北京大学;古榕蔽日、楼亭入画的中山大学;依山面海、清新典雅的深圳大学等,都是校园绿化建设的典范。

(一)大专院校的特点

1. 面积与规模

大专院校一般规模大、面积广、建筑密度小,尤其是重点院校,相当于一个小城镇,通常占据相当规模的用地,其中包含着丰富的内容和设施。校园内部具有明显的功能分区,各功能区以道路分隔和联系,不同道路选择不同树种,形成了鲜明的功能区标志和道路绿化网络,也构成了校园绿化的主体和骨架。

2. 师生工作学习的特点

大专院校是以课时为基本单位组织教学工作的。学生们一般没有固定的教室,一天之中要多次往返穿梭位于校园内各处的教室、实验室等之间,匆忙而紧张,脑力劳动繁重。

大专院校中教师的工作包括科研和教学两个部分,没有固定的八小时工作制,工作学习时间比较灵活。

3. 学生特点

大专院校的学生正处在青年时期,这一时期,人生观和世界观逐渐形成,各方面逐步走向成熟。他们精力旺盛,朝气蓬勃,思想活跃,开放活泼,可塑性强,又有独立的个人见解,掌握一定的科学知识,具有较高的文化修养。他们需要良好的学习、运动环境和高品位的娱乐交往空间,从而获得德、智、体、美、劳的全面发展。

(二)大专院校的绿地组成

大专院校一般面积较大,总体布局形式多样。由于学校规模、专业特点、办学方式以及周围的社会条件不同,其功能分区的设置也不尽相同。一般情况下校园可分为教学科研区、学生生活区、体育活动区、后勤服务区及教工生活区等。根据校园的功能分区,我们常相应地将校园绿地分为以下七大类。

1. 教学科研区绿地

教学科研区是大专院校的主体,主要包括教学楼、实验楼、图书馆以及行政办公楼等建筑,该区也常常与学校大门主出入口综合布置,体现学校的面貌和特色。教学科研区周围要保持安静的学习与研究环境,其绿地一般沿建筑周围、道路两侧呈条带状或团块状分布。

2. 学生生活区绿地

学生生活区为学生生活、活动区域,主要包括学生宿舍、学生食堂、浴室、商店等生活服务设施及部分体育活动器械。该区与教学科研区、体育活动区、校园绿化区、城市交通及商业服务区有密切联系。一般情况下该区绿地沿建筑、道路分布,比较零碎、分散。但是该区又是学生课余生活比较集中的区域,绿地设计要注意满足其功能性。

3. 体育活动区绿地

大专院校体育活动场所是校园的重要组成部分,是培养学生德、智、体、美、劳全面发展的重要场地。该区主要包括大型体育场馆和操场,游泳馆,各类球场及器械运动场等。该区要求与学生生活区有较方便的联系。除足球场草坪外,绿地沿道路两侧和场馆周边呈条带状分布。

4. 后勤服务区绿地

后勤服务区分布着为全校提供水、电、热力的设施,各种气体动力站及仓库、维修车间等,占地面积大,管线设施多,既要有便捷的交通对外联系,又要离教学科研区较远,避免干扰。其绿地也是沿道路两侧及建筑周边呈条带状分布。

5. 教工生活区绿地

教工生活区为教工生活、居住区域,居住建筑和道路一般单独布置,或者位于校园一隅,与其他功能区分开,以求安静、清幽。其绿地分布与普通居住区无差别。

6. 休息游览区绿地

休息游览区是在校园的重要地段设置的集中绿化区或景区,供学生休息散步、自学、交往,另外,还起着陶冶情操、美化环境、树立学校形象的作用。该区绿地呈团块状分布,是校园绿化的重点部位。

7. 校园道路绿地

校园道路绿地分布于校园内的道路系统中,对各功能区起着联系与分隔的双重作用,且具有交通运输功能。道路绿地位于道路两侧,除行道树外,道路外侧绿地与相邻的功能区绿地融合。

(三)大专院校绿地设计的原则

大学生是朝气蓬勃、活力四射的年轻一代,具有一定的文化素养和道德素养,他们是祖国的未来,也是民族的希望。大专院校是培养具有一定政治觉悟,德智体全面发展的高科技人才的园地。因此,大专院校的园林绿地设计应遵循以下原则。

1. 以人为本

校园环境生活的主体是人,是广大师生员工。园林绿地作为校园的重要组成部分之一,其规划设计应树立人文空间的规划思想,处处体现以人为主体的规划形态,使校园环境和景观体现对人的关怀。在校园绿化设计过程中,设计者一定要深入研究师生员工的工作、学习、休息、交往及文化活动的规律和需要,深入分析他们的心理和行为,研究各种空间层次与校园生活的关系,从而发现他们的需求,满足他们的需求。

因此,在校园园林绿地设计中要根据不同部位、不同功能,因地制宜地创造多层次、多功能的园林绿地空间,供师生员工学习、交往、休息、观赏、娱乐、运动和居住。

2. 突出校园文化特色

大专院校的环境设计应充分挖掘学校历史的文化内涵,利用校区中独特的环境特色和文化因素,通过景观元素的提取、组合、搭配,塑造自然环境与人文环境完美结合的校园景观,从而突出校园景观的文化特色,陶冶学生的情操并培养其健康向上的人生观。

3. 突出育人氛围

校园既是文化环境,也是教育环境。环境是无声的课堂,优美的校园环境对青年学子高尚品格的塑造、健康的心理状态和精神结构的形成,将起到潜移默化的重要作用,正所谓校园环境中"一草一木都参与教育"。因此我们在进行设计时,应以富有情感特质的场所来实现环境与人的互动,实现环境对师生的美育和艺术功能,做到山水明德,花木移性;诗意景观,人文绿地;静赏如画,动观似乐;绿团锦簇,水意朦胧。

4. 突出校园景观的艺术特色

创造符合大专院校高文化内涵的校园艺术环境之美,称为做"心灵的体操"。美的环境令人心地纯洁、情感高尚,使人的个性获得全面、和谐的发展。

大专院校校园是一个高文化环境,是社会文明的橱窗。美好的校园景观环境,理应具有更深层次的美学内涵和艺术品位。

首先,校园景观应具有整体美。凡能撼人心灵的建筑群体和园林佳景,无不体现着整体美,正如格式塔心理学所指出的美学现象:"整体大于个体的总和。"校园整体美的内涵是十分丰富的,如建筑个体之间,通过形状、体量、材质、色彩之间的对比与协调、统一与变化所形成的总体美学效果,建筑群所形成的校园空间的整体性,以及校园空间序列的起、承、转、开、合、围、透所构成的整体效果,建筑群体与绿化、小品所形成的整体效果,园林绿地中造景素材协调配置所形成的整体美学效果,人工环境与自然环境构成的随机的、和谐的、整体的效果,校园环境与周边环境所构成的整体效果……总之,人们所感受的是校园的整体,局部只有处在整体脉络中才能使人认同。

在校园中,建筑群形成主体骨架,道路显示出整体的脉络,广场及标志物形成校园的核心和节点,边缘划分出校园的范围,园林绿地衬托美化着建筑群、填充地域空间,这些构成因素共同交织,体现自然美和园林美,形成校园环境整体美的生动形象。

其次,校园景观应具有特色美。没有特色的校园,无法引起人的深切感知,也最容易被人遗忘。校园中不同院系的建筑、道路、绿地,在总体环境协调的前提下,也应具有各自的特点和个性。校园环境既要传承文脉,显示出历史久远的印痕,又要体现新的时代特色。校园环境的特点主要通过形式与内容、自然环境、地方民族文化和技术材料等不同方面来体现,其中自然环境特色往往成为最主要的影响因素。校园园林绿地以表现自然景观为主题,将自然环境引入城市和校园,与建筑、道路等人工环境相协调,其特色表现在园林绿地的形式与内容的独创性,乡土树种和植物季相变化等方面。如南京林业大学校园内参天的鹅掌楸行道树;武汉大学春季盛开的樱花,是校园乃至武汉市富有特色的景观,常吸引市民及游人观赏。

第三,校园景观应具有朴素、自然的美。优美的自然环境是大自然提供给人类的宝贵财富,也是启发人类灵感的重要源泉。自然环境最能体现原始的、朴素的、自然的美,也正因为如此,我国人民具有热爱自然的传统,在咫尺天地间,可创造出千变万化、富有自然情趣的园林佳境。中国传统造园手法,在校园园林绿地规划设计中值得借鉴。依顺自然,尊重和发掘自然美,寻求与自然的交融;强化自然,以人工手段,组织改造空间形态,突出自然特色,形成环境特征;创造自然,筑山理水,使自然与人工一体化;再现自然,追求真趣,抒发灵性。世界上许多大学校园都保持着基地原有的自然地形地貌植被和生态印痕,体现自然、朴素的美,形成校园环境特色。

5. 创造宜人的小空间环境

符合生态学、美学原理的小环境空间,具有宜人的尺度、优美的环境、个性化的设计,有利于调节情绪、活跃思维、陶冶情操,而良好的交往场所,往往是智慧碰撞、科技创新的摇篮。

一般情况下,凡能形成围合、隐蔽、依托、开敞的空间环境,都会使人们渴望在其中停留。因此,在校园绿地规划设计时要注重创造具有可容性、围蔽性、开放性、领域感及依托感等环境氛围的校园绿地空间,让人们在各种清新幽静、温馨宜人的环境中感到轻松,得到休息,或调整思绪,或静心思考,或潜心读书,或散步赏景,或聚会谈心,相互交流沟通,开展集体活动。为满足人们的休息、遮阳、避雨等功能,可在园林绿地中适当点缀园林建筑和小品,使校园绿地更具实用性、人情味、亲切感和鲜明的时代特征。图 12-1 是西北农林科技大学校园内三种不同的绿地环境空间。

图 12-1 西北农林科技大学校园内三种不同的绿地环境空间

6. 以自然为本,创造良好的校园生态环境

学校园林绿地作为城市园林绿地系统的构成之一,对学校和城市气候的改善及环境的保护发挥着重要的功能作用。因此,校园应是一个富有自然生机的、绿色的良好生态环境。校园绿地规划设计要结合其总体规划进行,强调绿色环境与人的活动及建筑环境的整合,体现人与自然共存的理念,形成人的活动能融入自然的有机运行的生态机制。要充分尊重和利用自然环境,尽可能保护原有的生态环境。在建设中树立不再破坏生态环境的意识,坚决反对"先破坏,后治理"的错误观点。对已被破坏的生态环境,要尽可能抢救,使其恢复到原有的平衡状态。对于坡地、台地、山地,要随形就势进行布局,尽量减少填挖土方量。对原有的水面,尽可能结合校园环境设计,使其成为校园一景。如新江汉大学基地呈弧形带状,与自然山丘、湖泊、田野、植被构成一片宁静优美的环境,设

计中保留原有的自然山体和植被,充分利用湖岸景观,形成大片绿地空间。

校园园林绿地应以植物绿化美化为主,园林建筑小品辅之。在植物选择配置上要充分体现生物多样性原则,以乔木为主,乔灌花草结合,使常绿与落叶树种,速生与慢生树种,观叶、观花与观果树木,地被植物与草坪草地保持适当的比例。要注意选择乡土树种,突出特色。尽可能保留原有树木,尤其是古树名木。对于成材的树木伐不如移,移不如不移,其原因如《园冶》所云:"斯谓雕栋飞楹构易,荫槐挺玉成难。"

另外,农、林、师范院校还可以把树木标本园的建设与校园园林绿化结合起来。这样一来,校园中的树木花草,既是校园景观和生态环境的组成部分,又是教学实习的活标本。如西北农林科技大学、南京林业大学、华南农业大学、杨凌职业技术学院、河南科技大学林业职业学院等学校都运用了这种方法。

(四)大专院校各区绿地规划设计要点

1.校前区绿化

校前区主要是指学校大门、出入口与办公楼、教学主楼之间的空间,有时也称作校园的前庭,是大量行人、车辆的出入口,具有交通集散功能,同时起着展示学校标志、校容校貌及形象的作用,一般有一定面积的广场和较大面积的绿化区,是校园重点绿化美化地段之一。校前区的绿化要与大门建筑形式相协调,以装饰观赏为主,衬托大门及立体建筑,突出庄重典雅、朴素大方、简洁明快、安静优美的高等学府校园环境。图 12-2 所示为西北农林科技大学入口景观效果图。

图 12-2　西北农林科技大学入口景观效果图

校前区的绿化主要分为两部分:门前空间(主要指城市道路到学校大门之间的部分)和门内空间(主要指大门到主体建筑之间的空间)。

门前空间一般使用常绿花灌木形成活泼而开朗的门景,两侧花墙用藤本植物进行配置。在四周围墙处,选用常绿乔灌木自然式带状布置,或以速生树种形成校园外围林带。另外,门前的绿化既要与街景有一致性,又要体现学校特色。

门内空间的绿化设计一般以规则式绿地为主,以校门、办公楼或教学楼为轴线,在轴线上布置广场、花坛、水池、喷泉、雕塑和主干道。轴线两侧对称布置装饰或休息性绿地。在开阔的草地上种植树丛,点缀花灌木,自然活泼;或种植草坪及整形修剪的绿篱、花灌木,低矮开朗,富有图案装饰效果。在主干道两侧种植高大挺拔的行道树,外侧适当种植绿篱、花灌木,形成开阔的绿荫大道。

校前区绿化要与教学科研区衔接过渡,为体现庄重效果,常绿树应占较大比例。

2. 教学科研区绿化

教学科研区一般包括教学楼、大礼堂、实验楼、图书馆以及行政办公楼等建筑,其主要功能是满足全校师生教学、科研的需要。教学科研区绿地要为教学科研工作提供安静优美的环境,也为学生创造能在课间进行适当活动的绿色室外空间。图 12-3 所示为东南大学九龙湖校区教学科研区景观效果图。

图 12-3 东南大学九龙湖校区教学科研区景观效果图

教学科研主楼前的广场设计,一般以大面积铺装为主,结合花坛、草坪,布置喷泉、雕塑、花架、园灯等园林小品,体现简洁、开阔的景观特色(有的学校也将校前区和其结合起来布置)。

为满足学生休息、集会、交流等活动的需要,教学楼之间的广场空间应注意体现其开放性、综合性的特点,并具有良好的尺度和景观,以乔木为主,花灌木点缀。绿地布局平面上要注意其图案构成和线型设计,以丰富的植物及色彩,形成适合师生在楼上俯视的鸟瞰画面,立面要与建筑主体相协调,并衬托、美化建筑,使绿地成为该区空间的休闲主体和景观的重要组成部分。教学楼周围的基础绿带,在不影响楼内通风采光的条件下,应多种植落叶乔灌木。图 12-4 所示为咸阳文理学院文科楼前小游园平面图和效果图。

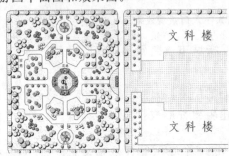

图 12-4 咸阳文理学院文科楼前小游园平面图和效果图

大礼堂是集会的场所,正面入口前一般设置集散广场,绿化同校前区绿化,由于其周围绿地空间较小,内容相对简单。礼堂周围基础栽植,以绿篱和装饰树种为主。礼堂外围可根据道路和场地大小,布置草坪、树林或花坛,以便人流集散。

实验楼的绿化基本与教学楼的相同,但应注意根据不同实验室的特殊要求,在选择树种时,综合考虑防火、防爆及空气洁净等因素。

图书馆是图书资料的储藏之处,为师生教学、科研活动服务,也是学校标志性建筑之一,其周围的布局与绿化基本与大礼堂的相同。

3. 学生生活区绿化

大专院校为方便师生学习、工作和生活,在校园内设置有生活区提供各种服务设施。该区是丰富多彩、生动活泼的区域。生活区绿化应以校园绿化基调为前提,根据场地大小,兼顾交通、休息、活动、观赏诸功能,因地制宜进行设计。食堂、浴室、商店、银行、邮局前要留有一定的交通集散及活动场地,周围可留基础绿带,种植花草树木,活动场地中心或周边可设置花坛或种植庭荫树。

学生宿舍区绿化可根据楼间距大小,结合楼前道路进行设计。楼间距较小时,在楼梯口之间只进行基础栽植或硬化铺装。楼间距较大时,可结合行道树,形成封闭式的观赏性绿地,或布置成庭院式休闲性绿地,铺装地面、花坛、花架、基础绿带和庭荫树池结合,形成良好的学习、休闲场地。图12-5 所示为某学生公寓周围绿化设计。

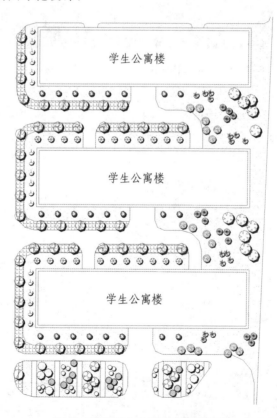

图 12-5　某学生公寓周围绿化设计

4.教工生活区绿化

教工生活区绿地与普通居住区的绿化设计相同,设计时可参阅普通居住区绿地设计中的有关内容。

5.休息游览区绿化

大专院校一般占地面积较大,在校园的重要地段可设置花园式或游园式绿地,供师生休闲、观赏、游览和读书。另外,大专院校中的花圃、苗圃、气象观测站等科学实验园地,以及植物园、树木园也可以园林形式布置成休憩游览绿地。

休憩游览绿地规划设计构图的形式、内容及设施,要根据场地地形地势、周围道路、建筑等环境综合考虑,因地制宜地进行。图 12-6 所示为西北农林科技大学校园休憩游览绿地。

图 12-6　西北农林科技大学校园休憩游览绿地

6.体育活动区绿化

体育活动区绿化一般在场地四周栽植高大乔木,下层配置耐荫的花灌木,形成具有一定层次和密度的绿荫,能有效地遮挡夏季阳光的照射和抵御冬季寒风的侵袭,以及减弱噪声对外界的干扰。图 12-7 所示为某体育运动区绿化效果图。

图 12-7　某体育运动区绿化效果图

　　室外运动场的绿化不能影响体育活动和比赛,以及观众的通视,应严格按照体育场地及设施的有关规范进行。为保证运动员及其他人员的安全,运动场四周可设围栏。在适当之处设置坐凳,供人们观看比赛,设坐凳处可植落叶乔木遮阳。图 12-8 所示为某运动场周边结合花坛设置的坐凳及绿化效果。

图 12-8　某运动场周边结合花坛设置的坐凳及绿化效果

　　体育馆建筑周围应因地制宜地进行基础绿带绿化。

7. 校园道路绿化

　　校园道路两侧行道树应以落叶乔木为主,构成道路绿地的主体和骨架,浓荫覆盖,有利于师生们的工作、学习和生活。在行道树外还可以种植草坪或点缀花灌木,形成色彩丰富、层次分明的道路侧旁景观。

　　校园道路绿化可参阅交通绿地中有关内容。

8. 后勤服务区绿化

　　后勤服务区绿化与生活区绿化基本相同,不同的是还要考虑水、电、热力及各种气体动力站、仓库、维修车间等管线和设施的特殊要求。在选择配置树种时,应综合考虑防火、防爆等因素。

三、中小学校园绿化设计

(一)中小学校校园的特点

1. 面积与规模

　　与大专院校相比,一般情况下,中小学校规模小、建筑密度大、绿化用地紧张,尤其是小学和一些普通中学,用地更是紧张。图 12-9 所示为陕西省周至第六中学鸟瞰图。

2. 师生学习工作的特点

　　中小学校的学生大部分以走读为主,学生在校内停留的时间仅限于上课时间,且一般中小学校

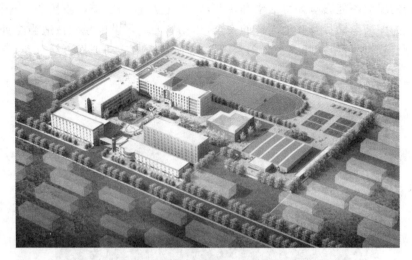

图 12-9　陕西省周至第六中学鸟瞰图

由于师生员工较少、用地紧张,教师在校内居住的并不是很多,因此,绿地从功能上讲比较单一,主要以观赏功能为主。

3. 学生特点

中、小学生一般年龄较小,学习任务比较繁重,因此,绿化设计时应主要考虑学生的年龄特点,并注意满足学生休息、活动、放松的需求。

（二）中小学校校园绿化设计要点

中、小学用地一般可分为建筑用地(包括办公楼、教学及实验楼、广场道路及生活杂务场院)体育场地和道路用地。图 12-10 所示为某小学校园总体规划图。

1. 建筑用地周围的绿化设计

中小学建筑用地绿化,往往沿道路两侧、广场、建筑周边和围墙边呈条带状分布,以建筑为主体,绿化相衬托、美化。因此绿化设计既要考虑建筑物的使用功能,如通风采光、遮阳、交通集散,又要考虑建筑物的形状、体积、色彩和广场、道路的空间大小。

大门出入口、建筑门厅及庭院,可作为校园绿化的重点。在这些位置,可结合建筑、广场及主要道路进行绿化布置,注意色彩、层次的对比变化,建花坛,铺草坪,植绿篱,配置四季花木,衬托大门及建筑物入口空间和正立面景观,丰富校园景色。建筑物前后作低矮的基础栽植,5 m 内不能种植高大乔木。在两山墙外可种植高大乔木,以防日晒。庭院中也可种植乔木,形成庭荫环境,并可适当设置乒乓球台、阅报栏等文体设施,供学生课余活动之用。图 12-11 所示为某中学教学楼前装饰性绿地设计。

2. 体育场地周围的绿化设计

体育场地主要供学生开展各种体育活动。普通小学操场较小,经常以楼前后的庭院代之。中学单独设立较大的操场,可划分为标准运动跑道、足球场、篮球场及其他体育活动用地。

运动场周围植高大遮阳落叶乔木,少种花灌木。地面铺草坪(除道路外),尽量不硬化。运动场要留出较大空地满足户外活动使用,并且要求视线通畅,以保证学生安全和体育比赛的进行。

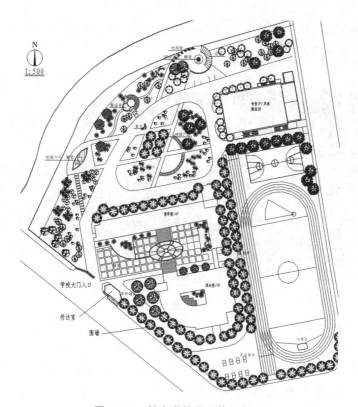

图 12-10　某小学校园总体规划图

图 12-11　某中学教学楼前装饰性绿地设计

3. 道路绿化设计

校园道路绿化,主要考虑功能要求,满足遮阳需要,一般多种植落叶乔木,也可适当点缀常绿乔木和花灌木。

另外,学校周围沿围墙植绿篱或乔灌木林带,与外界环境相对隔离,避免相互干扰。

四、幼儿园绿化设计

幼儿园主要承担学龄前儿童的教育,一般正规的幼儿园包括室内活动场地和室外活动场地两部分。根据活动要求,室外活动场地又分为公共活动场地、自然科学等基地和生活杂务用地。图 12-12 所示为某幼儿园绿化效果图。

图 12-12　某幼儿园绿化效果图

公共活动场地是儿童游戏活动场地,也是幼儿园重点绿化区。该区绿化应根据场地大小,结合各种游戏活动器械的布置,适当设置小亭、花架、涉水池、沙坑。在活动器械附近,以遮阳的落叶乔木为主,角隅处也可适当点缀花灌木,所有场地应开阔、平坦、视线通畅,不能影响儿童活动。

菜园、果园及小动物饲养地,是培养儿童热爱劳动、热爱科学的基地。有条件的幼儿园可将其设置在全园一角,用绿篱隔离,里面种植少量果树、油料、药材等经济植物,或饲养少量家畜家禽。

整个室外活动场地,应尽量铺设耐践踏的草坪,或采用塑胶铺地,在周围种植成行的乔灌木,形成浓密的防护带,起防风、防尘和隔离噪音的作用。图 12-13 所示为某幼儿园绿化平面图。

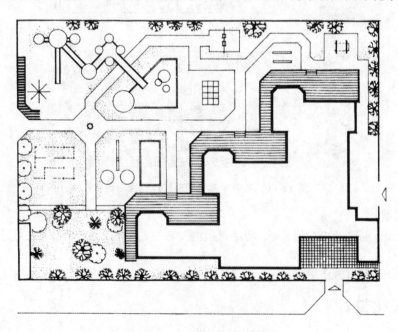

图 12-13　某幼儿园绿化平面图

幼儿园绿地植物的选择,要考虑儿童的心理特点和身心健康,要选择形态优美、色彩鲜艳、适应性强、便于管理的植物,禁用有飞毛、飞絮、毒、刺及引起过敏的植物,如花椒、黄刺梅、漆树、凤尾兰等。同时,建筑周围注意通风采光,5 m内不能种植高大乔木。

第二节 机关单位绿地植物造景

一、机关单位绿化特点

机关单位绿地是指党政机关、行政事业单位、各种团体及部队管界内的环境绿地,也是城市园林绿地系统的重要组成部分。搞好机关单位的园林绿化,不仅可以为工作人员创造良好的户外活动环境,使其在工休时间得到身体放松和精神享受,还可以给前来联系公务和办事的客人留下美好印象,提高单位的知名度和荣誉度,更是提高城市绿化覆盖率的一条重要途径,对于绿化、美化市容,保护城市生态环境的平衡,起着举足轻重的作用。另外,机关单位绿地还是机关单位乃至整个城市管理水平、文明程度、文化品位、面貌和形象的反映,如图12-14所示。

图12-14 某政府前绿地规划效果图

机关单位绿地与其他类型的绿地相比,规模小,较分散。其园林绿化需要在"小"字上做文章,在"美"字上下功夫,突出特色及个性化。

机关单位往往位于街道侧旁,其建筑物又是街道景观的组成部分。因此,园林绿化要结合文明城市、园林城市、卫生和旅游城市的创建工作,配合城市建设和改造,逐步实施"拆墙透绿"工程,拆除沿街围墙或用透花墙、栏杆墙代替,使单位绿地与街道绿地相互融合、渗透、补充、统一和谐,如图12-15所示,办公楼绿地与城市景观融为一体。新建和改造的机关单位,在规划阶段就应进行总体设计,尽可能扩大绿地面积,提高绿地率。在建设过程中,通过审批、检查、验收等环节,严格把关,确保绿化美化工程得以实施。大力发展垂直绿化和立体绿化,使机关单位在有限的绿地空间内取得较大的绿化效果,增加绿量,如图12-16所示。

图 12-15 某机关办公楼前绿地

图 12-16 某单位的垂直绿化与休息设施

二、机关单位绿地组成及植物配置

机关单位绿地主要包括:大门入口处绿地、办公楼绿地(主要建筑物前)、庭院式休息绿地(小游园)、附属建筑绿地、道路绿地等。

1.大门入口处绿地

大门入口处是单位形象的缩影,入口处绿地也是单位绿化的重点之一。绿地的形式、色彩和风格要与入口空间、大门建筑统一协调,设计时应充分考虑,以形成机关单位的特色及风格。一般大门外两侧采用规则式种植,以树冠规整、耐修剪的常绿树种为主,与大门形成强烈对比,衬托大门建筑,强调入口空间,或在入口对景位置设计花坛、喷泉、假山、雕塑、树丛、树坛及影壁等。某单位大门入口处绿地不同处理模式如图 12-17 所示。

大门外两侧绿地,应由规则式过渡到自然式,并与街道绿地中人行道绿化带结合。入口处及临街的围墙要通透,也可用攀援植物绿化。

2.办公楼绿地

办公楼绿地可分为楼前装饰性绿地(此绿地有时与大门内广场绿地合二为一)、办公楼入口处

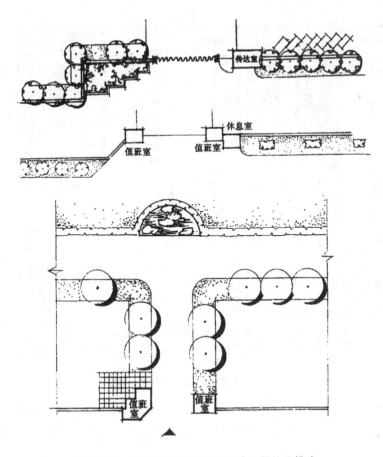

图 12-17　某单位大门入口处绿地不同处理模式

绿地及楼周围基础绿地。

大门入口至办公楼前,根据空间和场地大小,往往规划成广场,供人流交通集散和停车,绿地位于广场两侧。若空间较大,也可在楼前设置装饰性绿地,两侧为集散和停车广场。办公楼前广场两侧绿地,视场地大小而定。场地小宜设计成封闭型绿地,起绿化美化作用,场地大可建成开放型绿地,兼休息功能,如图 12-18 所示为某单位绿地开放性设计模式、图 12-19 所示为某单位绿地封闭性设计模式。

图 12-18　某单位绿地开放性设计模式

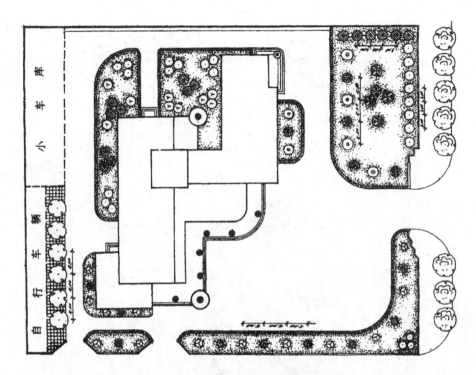

图 12-19　某单位绿地封闭性设计模式

办公楼入口处绿地,一般结合台阶或坡道,设花台或花坛,用球形或尖塔形的常绿树或耐修剪的花灌木,对植于入口两侧,或用盆栽的苏铁、棕榈、南洋杉、鱼尾葵等摆放于大门两侧,如图 12-20所示。

图 12-20　以图案造型装饰与植物对称栽植强调入口空间的绿化模式

办公楼周围基础绿带,位于楼与道路之间,呈条带状,既美化衬托建筑,又能隔离建筑与道路,保证室内安静,还是办公楼与楼前绿地的衔接过渡。绿化设计应简洁明快,绿篱围边,草坪铺底,栽植常绿树与花灌木,低矮、开敞、整齐,富有装饰性。在建筑物的背阴面,要选择耐荫植物。为保证室内通风采光,高大乔木可栽植在距建筑物 5 m 之外。为防日晒,也可于建筑两山墙处结合行道树栽植高大乔木。办公楼前基础绿带栽植模式如图 12-21 所示。

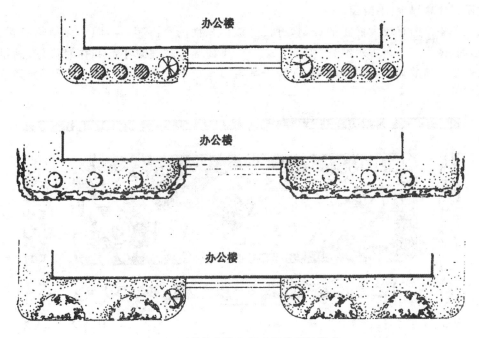

图 12-21　办公楼前基础绿带栽植模式

　　不同机关单位职能性质不同,绿地规划设计时还要充分结合单位的性质功能,如外交部内庭绿地设计,以和平鸽造型构成主景,以体现和平外交的主旨,见图 12-22。

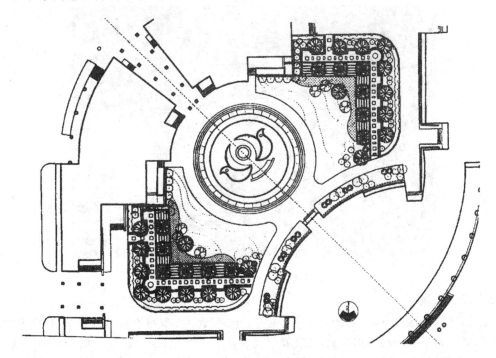

图 12-22　外交部内庭绿地设计图

3.庭院式休息绿地(小游园)

如果机关单位内有较大面积的绿地,可设计成休息性的小游园。游园中以植物绿化、美化为主,结合道路、休闲广场布置水池、雕塑及花架、亭、桌椅等园林建筑小品和休息设施,满足人们休息、观赏、散步活动的需要,如图 12-23 所示为某市市政府庭园绿地、图 12-24 所示为某单位中心游园。

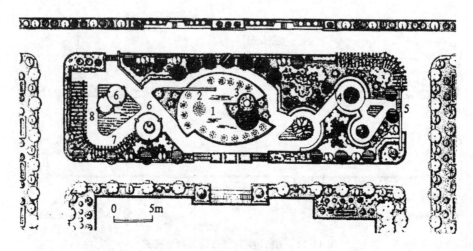

图 12-23 某市市政府庭园绿地

1.喷泉水池 2.壁水景墙 3.雕塑小品 4.休息岛 5.花架景墙 6.圆亭 7.单柱花架 8.双柱花架

图 12-24 某单位中心游园

4.附属建筑绿地

单位附属建筑绿地指食堂、锅炉房、供变电室、车库、仓库、杂物堆放等建筑及围墙内的绿地。这些地方的绿化首先要满足使用功能,如堆放煤及煤渣、车辆停放、人流交通、供变电要求等。其次要对杂乱的、不卫生、不美观之处进行遮蔽处理,用植物形成隔离带,阻挡视线,起卫生、防护、隔离和美化作用。

第三节　工矿企业绿地植物造景

一、工矿企业绿化的作用

(一)保护生态环境,保障职工健康

工业生产在国民经济的发展中,发挥着至关重要的作用。工业给社会创造了巨大的物质财富和经济效益,促进了社会文明的进步和发展,但同时也给人类赖以生存的环境带来了严重污染,形成危害,造成灾难,有时甚至威胁人们的生命。从某种意义上讲,工业是城市环境的大污染源,特别是一些污染性较大的厂矿,如钢铁厂、化工厂、造纸厂、玻璃厂、水泥厂、煤矿等,排出的废气、废水、粉尘、废渣及产生的噪声,污染了空气、水体和土壤,破坏了清洁、宁静的环境,严重影响了城市生态平衡。而绿色植物对环境有着较强的保护和改善作用,主要表现在以下几个方面:①吸收 CO_2,放出 O_2;②吸收有害气体;③吸收放射性物质;④吸滞烟尘和粉尘;⑤调节改善小气候;⑥减弱噪声;⑦监测环境污染。

总之,工矿企业绿化不仅可以减轻污染,改善厂区环境质量,还可以为职工提供良好的劳动场所,保障身体健康,而且对城市环境的生态平衡起着巨大的作用。

(二)美化工矿企业环境,树立企业形象

在社会主义市场经济体制下,工矿企业要走向市场,开拓市场,良好形象的塑造与工矿企业的生存和发展有着密切的关系。工矿企业绿化的好坏,不仅能体现出工矿企业生产管理水平和厂容厂貌,还能反映厂区建设布局、环境保护、职工精神面貌等构成企业形象的要素,与商标一样,是企业的信誉投资和珍贵资产。如苏州刺绣厂内古典风格的园林绿化,吸引着众多的国内外友人和客户前去参观,其产品畅销世界各地,供不应求。南京江南光学仪器厂的绿化,有助于提高其主要产品显微镜的清洁度,客商拍了该厂优美环境的录像,广为宣传,其产品不仅畅销全国,还远销世界十多个国家和地区。

(三)改善工作环境,提高劳动效率

工矿企业绿化、美化是社会主义现代化建设中精神文明的重要标志。通过园林绿化,形成绿树成荫、繁花似锦、清新整洁、富有生机的厂区环境,不仅可使职工在紧张的劳动之余,得到充分的休息,体力上得以调节和恢复,以更充沛的精力投身到劳动生产中去,为建设美好的生活多做贡献,而且也使职工在精神上得到美的享受,心情愉快,精神振奋,有利于高尚情操的陶冶和优良道德风尚的培养。国外的研究资料表明:优美的厂区环境可以使生产率提高 15%~20%,使工伤事故率下降40%~50%。南京江南光学仪器厂绿化面积占全厂面积的 31%,人均绿地面积 16 m²,厂内建筑、花草树木、园林小景相映成趣,职工赋诗赞曰:"春风姗姗来我厂,桃红柳绿笑开颜,鸟语花香蝶儿飞,都说江光胜花园。"总之,工矿企业绿化的精神价值是不可低估的。

(四)提升综合环境,创造经济效益

工矿企业绿化可以创造物质财富,产生直接和间接的经济效益。直接经济效益包括园林植物

提供的果品、蔬菜、药材、饲料和编织材料。间接经济效益体现在优美的厂容环境使职工的健康水平、劳动积极性和效率得到提高,产品的数量得以增加,质量也得以提高,促进了销售,获得了良好的经济效益。

在进行工矿企业绿化设计时我们应尽可能地注意将环境效应与厂区园林绿化的经济效益相结合。

二、工矿企业绿地的环境条件

工矿企业绿地与其他园林绿地相比,环境条件有其相同的一面,也有其特殊的一面。认识工矿企业绿地环境条件的特殊性,有助于正确选择绿化植物,合理进行规划设计,满足功能和服务对象的需要。

(一)环境恶劣,不利于植物生长

工矿企业在生产过程中常常排放各种有害于人体健康和植物生长的气体、粉尘、烟尘和其他物质,使空气、水、土壤遭到不同程度的污染。虽然人们采取各种环保措施进行治理,但由于经济条件、科学技术和管理水平的限制,污染还是不能完全杜绝。因此,工业用地的选择应尽量不占耕地良田。工程建设及生产过程中材料的堆放、废物的排放,都会使土壤结构、化学性能和肥力明显下降,而且工矿企业绿地的气候、土壤等环境条件,对植物生长发育往往不利,甚至有些污染性较大的厂矿环境条件非常恶劣,这也相应增加了绿化的难度,如图 12-25 所示。

图 12-25　某工矿企业的生产环境

因此,根据不同类型、不同性质的工矿企业,慎重选择那些适应性强、抗性强、能耐恶劣环境的花草树木,并采取措施加强管理和保护,是工矿企业绿化成败的关键环节,否则会出现植物死亡、事倍功半不见效的结果。

(二)用地紧凑,绿化用地面积小

工矿企业内建筑密度大,道路、管线及各种设施纵横交错,尤其是城镇中小型工厂,绿化用地就更为紧张。因此,工矿企业绿化要"见缝插绿"、"找缝插绿"、"寸土必争",灵活运用绿化布置手法,争取较多的绿化用地。如在水泥地上砌台栽花,挖坑植树,墙边栽植攀援植物垂直绿化,开辟屋顶花园空中绿化等,都是增加工矿企业绿地面积行之有效的办法。

(三)要把保证生产安全放在首位

工矿企业的中心任务是发展生产,为社会提供质优量多的产品。工矿企业的绿化要有利于生产正常运行,有利于产品质量的提高。工矿企业地上、地下管线密布,可谓"天罗地网",建筑物、构筑物、铁道、道路交叉如织,厂内外运输繁忙。有些精密仪器厂、仪表厂、电子厂的设备和产品对环境质量有较高的要求。因此,工矿企业绿化首先要处理好与建筑物、构筑物、道路、管线的关系,保证生产运行的安全,既要满足设备和产品对环境的特殊要求,又要使植物能有较正常的生长发育条件。

(四)服务对象主要以本厂职工为主

工矿企业绿地的服务对象主要是本厂职工,因此,工矿企业绿化必须有利于职工工作、休息和身心健康,创造优美的厂区环境。所以在进行设计之前必须详细了解广大职工工作的特点,在设计中处处体现为工人服务、为生产服务的宗旨。

三、工矿企业绿地的树种选择

(一)工矿企业绿地树种选择的原则

要使工矿企业绿地内的树种生长良好,取得较好的绿化效果,必须科学、认真地进行绿化树种选择,原则上应注意以下几点。

1.识地识树,适地适树

识地识树就是对拟绿化的工矿企业内的绿地环境条件有清晰的认识和了解,包括温度、湿度、光照等气候条件和土层厚度、土壤结构和肥力、pH值等土壤条件,也要对各种园林植物的生物学和生态学特征了如指掌。

适地适树就是根据绿化地段的环境条件选择园林植物,使环境适合植物生长,也使植物能适应栽植地环境。

在识地识树前提下,适地适树地选择树木花草,苗木成活率高,生长健壮,抗性和耐性就强,绿化就能取得非常好的效果。

2.选择抗污染能力强的植物

工矿企业中一般或多或少都会有一些污染,因此,绿化时要在调查研究和测定的基础上,选择抗污染能力较强的植物,尽快取得良好的绿化效果,避免失败和浪费,发挥工矿企业绿地改善和保护环境的功能。

3.绿化要满足生产工艺的要求

不同工厂、车间、仓库、料场,其生产工艺流程和产品质量对环境的要求也不同,如空气洁净程度、防火、防爆等。因此,选择绿化植物时,要充分了解和考虑这些对环境条件有限制的因素。

4.易于繁殖,便于管理

工矿企业绿化管理人员有限,为省工节支,应选择繁殖、栽培容易和管理粗放的树种,尤其要注意选择乡土树种。装饰美化厂容,要选择那些繁衍能力强的多年生宿根花卉。

(二)工矿企业绿化常用树种

1. 抗二氧化硫气体树种(主要用于钢铁厂、大量燃煤的电厂等)

(1)抗性强的树种:大叶黄杨、雀舌黄杨、瓜子黄杨、海桐、蚊母、山茶、女贞、小叶女贞、棕榈、凤尾兰、夹竹桃、枸骨、金橘、构树、无花果、枸杞、青冈栎、白蜡、木麻黄、相思树、榕树、十大功劳、九里香、侧柏、银杏、广玉兰、鹅掌楸、柽柳、梧桐、重阳木、合欢、皂荚、刺槐、国槐、紫穗槐、黄杨。

(2)抗性较强的树种:华山松、白皮松、云杉、赤杉、杜松、罗汉松、龙柏、桧柏、石榴、月桂、冬青、珊瑚树、柳杉、栀子花树、飞蛾槭、青桐、臭椿、桑树、楝树、白榆、椰榆、朴树、黄檀、蜡梅树、榉树、毛白杨、丝棉木、木槿、丝兰、桃榄、红背桂、芒果树、枣树、榛子、椰树、蒲桃、米仔兰、菠萝树、石栗、沙枣树、印度榕、高山榕、细叶榕、苏铁、厚皮香、扁桃、枫杨、红茴香、凹叶厚朴、含笑、杜仲、细叶油茶、七叶树、八角金盘、日本柳杉、花柏、粗榧、丁香、卫矛、板栗树、无患子、玉兰、八仙花、地锦、梓树、泡桐、香梓树、连翘、金银木、紫荆、黄葛榕、柿树、垂柳、胡颓子、紫藤、三尖杉、杉木、太平花树、紫薇、银杉、蓝桉、乌桕、杏树、枫香、加杨、旱柳、小叶朴、木菠萝。

(3)反应敏感的树种:苹果树、梨树、羽毛槭、郁李、悬铃木、雪松、油松、马尾松、云南松、湿地松、落地松、白桦、毛樱桃、贴梗海棠、油梨、梅花树、玫瑰树、月季树。

2. 抗氯气的树种

(1)抗性强的树种:龙柏、侧柏、大叶黄杨、海桐、蚊母、山茶、女贞、夹竹桃、凤尾兰、棕榈、构树、木槿、紫藤、无花果、樱花树、枸骨、臭椿、榕树、九里香、小叶女贞、丝兰、广玉兰、柽柳、合欢、皂荚、国槐、黄杨、白榆、木棉、沙枣树、苦楝、白蜡、杜仲、厚皮香、桑树、柳树、枸杞。

(2)抗性较强的树种:桧柏、珊瑚树、栀子花树、青桐、朴树、板栗树、无花果、罗汉松、桂花、石榴、紫薇、紫荆、紫穗槐、乌桕、悬铃木、水杉、天目木兰、凹叶厚朴、红花油茶、银杏、桂香柳、枣树、丁香、假槟榔、江南红豆树、细叶榕、蒲葵、枇杷、瓜子黄杨、山桃、刺槐、铅笔柏、毛白杨、石楠、榉树、泡桐、银桦、云杉、柳杉、太平花、蓝桉、梧桐、重阳木、黄葛榕、小叶榕、木麻黄、梓树、扁桃、杜松、卫矛、接骨木、地锦、人心果、米仔兰、芒果树、君迁子、月桂。

(3)反应敏感的树种:池柏、核桃、木棉、樟子松、紫椴、赤杨。

3. 抗氟化氢气体的树种(主要用于铝电解厂、磷肥厂、炼钢厂、砖瓦厂等)

(1)抗性强的树种:大叶黄杨、海桐、蚊母、山茶、凤尾兰、瓜子黄杨、龙柏、构树、朴树、石榴、桑树、香椿、丝棉木、青冈栎、侧柏、皂荚、国槐、柽柳、黄杨、木麻黄、白榆、沙枣、夹竹桃、棕榈、红茴香、细叶香桂、杜仲、红花油茶、厚皮香。

(2)抗性较强的树种:桧柏、女贞、小叶女贞、白玉兰、珊瑚树、无花果树、垂柳、桂花树、枣树、樟树、青桐、木槿、楝树、枳橙、臭椿、刺槐、合欢、杜松、白皮松、拐枣、柳树、山楂、胡颓子、楠木、垂枝榕、滇朴、紫茉莉、白蜡、云杉、广玉兰、飞蛾槭、榕树、柳杉、丝兰、太平花、银桦、梧桐、乌桕、小叶朴、梓树、泡桐、油茶、鹅掌楸、含笑、紫薇、地锦、柿树、山楂、月季、丁香、樱花、凹叶厚朴、黄栌、银杏、天目琼花、金银花树。

(3)反应敏感的树种:葡萄、杏、梅、山桃、榆叶梅、紫荆、金丝桃、慈竹、池柏、白干层、南洋杉。

4. 抗乙烯的树种

(1)抗性强的树种:夹竹桃、棕榈、悬铃木、凤尾兰。

(2)抗性较强的树种:黑松、女贞、榆树、枫杨、重阳木、乌桕、红叶李、柳树、香樟、罗汉松、白蜡。

(3)反应敏感的树种:月季、十姐妹、大叶黄杨、苦楝、刺槐、臭椿、合欢、玉兰。

5.抗氨气的树种

(1)抗性强的树种:女贞、樟树、丝棉木、蜡梅、柳杉、银杏、紫荆、杉木、石楠、石榴、朴树、无花果树、皂荚、木槿、紫薇、玉兰、广玉兰。

(2)反应敏感的树种:紫藤、小叶女贞、杨树、虎杖、悬铃木、核桃树、杜仲、珊瑚树、枫杨、芙蓉、栎树、刺槐。

6.抗二氧化碳的树种

龙柏、黑松、夹竹桃、大叶黄杨、棕榈、女贞、樟树、构树、广玉兰、臭椿、无花果、桑树、栎树、合欢、枫杨、刺槐、丝棉木、乌桕、石榴、酸枣、柳树、糙叶树、蚊母、泡桐。

7.抗臭氧的树种

枇杷、悬铃木、枫杨、刺槐、银杏、柳杉、扁柏、黑松、樟树、青冈栎、女贞、夹竹桃、海州常山、冬青、连翘、八仙花、鹅掌楸。

8.抗烟尘的树种

香榧、粗榧、樟树、黄杨、女贞、青冈栎、楠木、冬青、珊瑚树、广玉兰、石楠、枸骨、桂花、大叶黄杨、夹竹桃、栀子花、国槐、厚皮香、银杏、刺楸、榆树、朴树、木槿、重阳木、刺槐、苦楝、臭椿、构树、三角枫、桑树、紫薇、悬铃木、泡桐、五角枫、乌桕、皂荚、榉树、青桐、麻栎、樱花、蜡梅、黄金树、大绣球。

9.滞尘能力强的树种

臭椿、国槐、栎树、皂荚、刺槐、白榆、杨树、柳树、悬铃木、樟树、榕树、凤凰木、海桐、黄杨、女贞、冬青、广玉兰、珊瑚树、石楠、夹竹桃、厚皮香、枸骨、榉树、朴树、银杏。

10.防火树种

山茶、油茶、海桐、冬青、蚊母、八角金盘、女贞、杨梅、厚皮香、交让木、白榄、珊瑚树、枸骨、罗汉松、银杏、槲栎、栓皮栎、榉树。

11.抗有害气体的花卉

(1)抗二氧化硫:美人蕉、紫茉莉、九里香、唐菖蒲、郁金香、菊、鸢尾、玉簪、仙人掌、雏菊、三色堇、金盏花、福禄考、金鱼草、蜀葵、半支莲、垂盆草、蛇目菊等。

(2)抗氟化氢:金鱼草、菊、百日草、千日红、醉蝶花、紫茉莉、蛇目菊等。

(3)抗氯气:大丽菊、蜀葵、百日草、千日红、醉蝶花、紫茉莉、蛇目菊等。

四、工矿企业绿地组成及植物配置

(一)厂前区绿地设计

1.厂前区环境特点

(1)是工厂对外联系的中心,要满足人流集散及交通联系的要求。

(2)代表工厂形象,体现工厂面貌,也是工厂文明生产的象征。

(3)与城市道路相邻,环境好坏直接影响到城市的面貌。

2.厂前区绿地组成及其规划

厂前区的绿化要美观、整齐、大方、开朗明快,给人以深刻印象,还要方便车辆通行和人流集散。

绿地设置应与广场、道路、周围建筑及有关设施(光荣榜、画廊、阅报栏、黑板报、宣传牌等)相协调,一般多采用规则式或混合式。植物配置要和建筑立面、形体、色彩相协调,与城市道路相联系,种植类型多用对植和行列式。因地制宜地设置林荫道、行道树、绿篱、花坛、草坪、喷泉、水池、假山、雕塑等。入口处的布置要富于装饰性和观赏性,并注意入口景观的引导性和标志性,以起到强调作用。建筑周围的绿化还要处理好空间艺术效果、通风采光、各种管线的关系。广场周边、道路两侧的行道树,选用冠大荫浓、耐修剪、生长快的乔木或选用树姿优美、高大雄伟的常绿乔木,形成外围景观或林荫道。花坛、草坪及建筑周围的基础绿带或用修剪整齐的常绿绿篱围边,点缀色彩鲜艳的花灌木、宿根花卉,或植草坪,用低矮的色叶灌木形成模纹图案。(图 12-26、图 12-27)

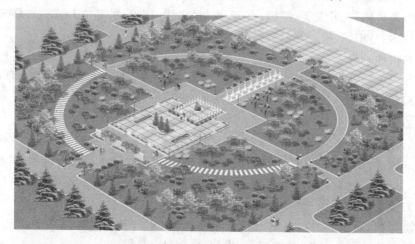

图 12-26 某工厂厂前区绿化效果

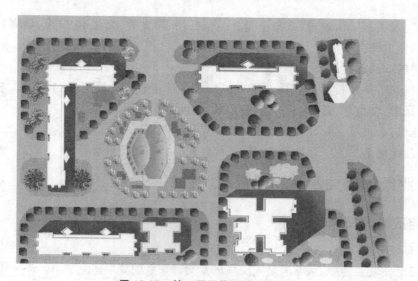

图 12-27 某工厂厂前区设计平面图

若用地宽余,厂前区绿化还可与小游园的布置相结合,设置山泉水池、建筑小品、园路小径,安置园灯、凳椅,栽植观赏花木和草坪,形成恬静、清洁、舒适、优美的环境。为职工工余班后休息、散步、谈心、娱乐提供场所,也充分体现厂区面貌,成为城市景观的有机组成部分。要通过多种途径,积极扩大绿化面积,坚持多层次绿化,充分利用地面、墙面、屋面、棚架、水面等形成全方位的绿化空间。

为丰富冬季景色,体现雄伟壮观的效果,厂前区绿化常绿树种比例较大,为30%~50%。

(二)生产区绿地设计

1.生产区环境特点

(1)污染严重、管线多。

(2)绿地面积不大且分散,绿化条件差。

2.生产区绿化设计中应注意的问题

(1)了解生产车间职工生产劳动的特点。

(2)了解职工对园林绿化布局、形式以及观赏植物的喜好。

(3)将车间出入口作为重点美化地段。

(4)注意合理选择绿化树种,特别是在有污染的车间附近。

(5)注意车间对通风、采光以及环境的要求。

(6)绿化设计要满足生产运输、安全、维修等方面的要求。

(7)处理好植物与各种管线的关系。

(8)绿化设计要考虑四季的景观效果与季相变化。厂房周围绿化设计如图12-28所示。

3.生产区绿地规划设计

(1)有污染车间周围的绿化。这类车间在生产的过程中会对周围环境产生不良影响和严重污染,如产生有害气体、烟尘、粉尘、噪声等。在设计时应该首先掌握车间的污染物成分以及污染程度,有针对性地进行设计。植物种植形式采用开阔草坪、地被、疏林等,以利于通风、及时疏散有害气体。在污染严重的车间周围不宜设置休息绿地,应选择抗性强的树种,并在与主导风向平行的方向上留出通风道。在噪声污染严重的车间周围应选择枝叶茂密、分枝点低的灌木,并多层密植形成隔音带。

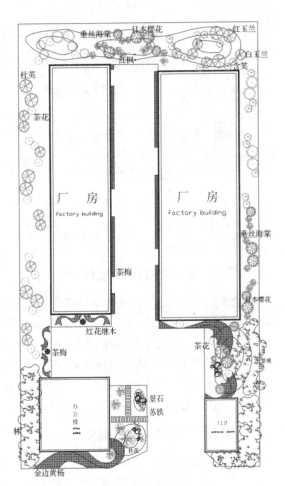

图12-28　厂房周围绿化设计

(2)无污染车间周围的绿化。这类车间周围的绿化与一般建筑周围的绿化一样,只需考虑通风、采光的要求,并妥善处理好植物与各类管线的关系即可。

(3)对环境有特殊要求的车间周围的绿化。对于类似精密仪器车间、食品车间、医药卫生车间、易燃易爆车间、暗室作业车间等这些对环境有特殊要求的车间,在设计时也应特别注意,具体做法参考表12-1。

表 12-1　各类生产车间周围绿化特点及设计要点

车　间　类　型	绿　化　特　点	设　计　要　点
1.精密仪器车间、食品车间、医药卫生车间、供水车间	对空气质量要求较高	以栽植藤本、常绿树木为主,铺设大块草坪,选用无飞絮、种毛、落果及不易落叶的乔灌木和杀菌能力强的树种
2.化工车间、粉尘车间	有利于有害气体、粉尘的扩散、稀释或吸附,起隔离、分区、遮蔽作用	栽植抗污、吸污、滞尘能力强的树种,以草坪、乔灌木形成一定空间和立体层次的屏障
3.恒温车间、高温车间	有利于改善和调节小气候环境	以草坪、地被物、乔灌木混交,形成自然式绿地。以常绿树种为主,花灌木色淡味香,可配置园林小品
4.噪声车间	有利于减弱噪声	选择枝叶茂密、分枝低、叶面积大的乔灌木,以常绿落叶树木组成复层混交林带
5.易燃易爆车间	有利于防火、防爆	栽植防火树种,以草坪和乔木为主,不栽或少栽花灌木,以利可燃气体稀释、扩散,并留出消防通道和场地
6.露天作业区	起隔音、分区、遮阳作用	栽植大树冠的乔木混交林带
7.工艺美术车间	创造美好的环境	栽植姿态优美、色彩丰富的树木花草,配置水池、喷泉、假山、雕塑等园林小品,铺设园路小径
8.暗室作业车间	形成幽静、荫蔽的环境	搭荫棚,或栽植枝叶茂密的乔木,以常绿乔木灌木为主

（三）仓库、堆物场绿地设计

　　仓库区的绿化设计,要考虑消防、交通运输和装卸方便等要求,选用防火树种,禁用易燃树种,疏植高大乔木,间距 7～10 m,绿化布置宜简洁。在仓库周围要留出 5～7 m 宽的消防通道,并且应尽量选择病虫害少、树干通直、分枝点高的树种。

　　装有易燃物的贮罐周围应以草坪为主,防护堤内不种植物。

　　露天堆物场绿化,在不影响物品堆放、车辆进出、装卸条件的情况下,周边栽植高大、防火、隔尘效果好的落叶阔叶树,以利工人夏季遮阳休息,外围加以隔离。

（四）厂内道路、铁路绿化

1.厂内道路绿化

　　厂区道路是工厂生产组织、工艺流程、原材料及成品运输、企业管理、生活服务的重要通道,是厂区的动脉。满足生产要求、保证厂内交通运输的畅通和职工安全既是厂区道路绿化规划的第一要求,也是基本要求。

　　厂内道路是连接内外交通运输的纽带。职工上下班时人流集中,车辆来往频繁,地上地下的管线纵横交叉,这都给绿化带来了一定的困难。因此在进行绿化设计时,要充分了解这些情况,选择生长健壮、适应性强、抗性强、耐修剪、树冠整齐、遮阳效果好的乔木做行道树,以满足遮阳、防尘、降低噪声、交通运输安全及美观等要求。

　　绿化的形式和植物的选择配置应与道路的等级、断面形式、宽度,两侧建筑物、构筑物,地上地下的各种管线和设施,人车流量等相结合,协调一致。主要道路及重点部位绿化,还要考虑建筑周围空间环境和整体景观艺术效果,特别是主干道的绿化,栽植整齐的乔木做行道树,体态高耸雄伟,其间配置花灌木,繁花似锦,为工厂环境增添美景。某工厂主干道绿化设计如图 12-29 所示。

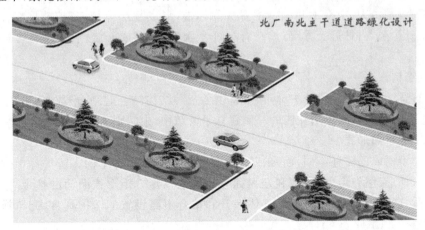

图 12-29　某工厂主干道绿化设计

2. 厂内铁路绿化

在钢铁、石油、化工、煤炭、重型机械等大型厂矿内,除一般道路外,还有铁路专用线,厂内铁路两侧也需要绿化。铁路绿化有利于减弱噪声、保持水土、稳固路基,还可以通过栽植,形成绿篱、绿墙,阻止人流,防止行人胡乱穿越铁路而发生交通事故。

厂内铁路绿化设计时,植物离标准轨道外轨的最小距离为 8 m,离轻便窄轨不小于 5 m。前排密植灌木,以起隔离作用,中后排再种乔木。铁路与道路交叉口处,每边至少留出 20 m 的地方,不能种植高于 1 m 的植物。铁路弯道内侧至少留出 200 m 的视距,在此范围内不能种植阻挡视线的乔灌木。铁路边装卸原料、成品的场地周边,可大株距栽植一些乔木,不种灌木,以保证装卸作业的进行。

(五)工厂防护林带设计

1. 功能作用

工厂防护林带是工厂绿化的重要组成部分,尤其对那些产生有害排出物的工厂或对产品卫生防护要求很高的工厂显得更为重要。

工厂防护林带的主要作用是滤滞粉尘、净化空气、吸收有毒气体、减轻污染、保护改善厂区乃至城市环境。

2. 防护林带的结构(图 12-30(a))

(1)通透结构。

通透结构的防护林带一般由乔木组成,株行距因树种不同而异,一般为 3 m×3 m。气流一部分从林带下层树干之间穿过,一部分滑升从林冠上面绕过。在林带背风一侧 7 倍树高处,风速为原风速的 28%,在 52 倍树高处,恢复原风速。

(2)半通透结构。

半通透结构的防护林带以乔木构成林带主体,在林带两侧各配置一行灌木。少部分气流从林带下层的树干之间穿过,大部分气流则从林冠上部绕过,在背风林缘处形成涡旋和弱风。据测定,在林带两侧30倍树高以下的范围内,风速均低于原风速。

（3）紧密结构。

紧密结构一般是由大、小乔木和灌木配置成的林带,形成复层林相,防护效果好。气流遇到林带,在迎风处上升扩散,由林冠上方绕过,在背风处急剧下沉,形成涡旋,有利于有害气体的扩散和稀释。

（4）复合式结构。

如果有足够宽度的地带设置防护林带,可将以上三种结构结合起来,形成复合式结构。在临近工厂的一侧建立通透结构,临近居住区的一侧建立紧密结构,中间则建立半通透结构。

3. 防护林带的断面形式

防护林带由于构成的树种不同,而形成的林带横断面的形式也不同。防护林带的横断面形式有矩形、凹槽形、梯形、屋脊形、背风面和迎风面垂直的三角形。矩形横断面的林带防风效果好,屋脊形和背风面垂直的三角形林带有利于气体上升和结合道路设置的防护林带,迎风梯形和屋脊形的防护效果较好。如图12-30(b)所示。

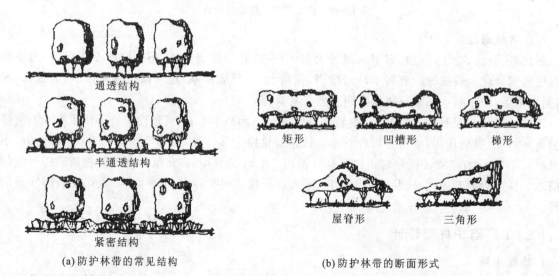

（a）防护林带的常见结构　　　　　（b）防护林带的断面形式

图12-30　防护林带的常见结构和断面形式示意图

4. 防护林带的位置

（1）工厂区与生活区之间的防护林带。

（2）工厂区与农田交界处的防护林带。

（3）工厂内分区、分厂、车间、设备场地之间的隔离防护林带。如厂前区与生产区之间,各生产系统为减少相互干扰而设置的防护林带,防火、防爆车间周围起防护隔离作用的林带。

（4）结合厂内、厂际道路绿化形成的防护林带。

5. 工厂防护林带的设计

工厂防护林带的设计首先要根据污染因素、污染程度和绿化条件来综合考虑,确立林带的条数、宽度和位置。

烟尘和有害气体的扩散,与其排出量、风速、风向、垂直温差、气压、污染源的距离及排出高度有关,因此设置防护林带,也要综合考虑这些因素,才能使其发挥较大的卫生防护效果。

通常在工厂上风方向设置防护林带,防止风沙侵袭及邻近企业污染。在下风方向设置防护林带,必须根据有害物排放、降落和扩散的特点,选择适当的位置和种植类型。一般情况下,污物排出并不立即降落,在厂房附近地段不必设置林带,而应将其设在污物开始密集降落和受影响的地段内。防护林带内,不宜布置散步休息的小道、广场,在横穿林带的道路两侧加以重点绿化隔离。

在大型工厂中,为了连续降低风速和污染物的扩散程度,有时还要在厂内各区、各车间之间设置防护林带,以起隔离作用。因此,防护林带还应与厂区、车间、仓库、道路绿化结合起来,以节省用地。

防护林带应选择生长健壮、病虫害少、抗污染性强、树体高大、枝叶茂密、根系发达的树种。树种搭配上,要常绿树与落叶树相结合,乔、灌木相结合,阳性树与耐荫树相结合,速生树与慢生树相结合,净化与绿化相结合。

第四节　小庭院植物造景

一、小庭院的含义和类型

小庭院是一种历史悠久、应用广泛、形态多样的建筑空间类型,是由建筑与墙围合而成的并具有一定景象的室外空间。所以起初的庭院概念只由四周的墙垣界定,后来,其围合方式逐渐演变成以建筑、柱廊和墙垣等为界面,形成围合空间。随着现代建筑空间的多样性以及实体材料的丰富性,可以将庭院的概念进一步理解为:庭院是由建筑和墙或实体(植物、小品等)围合的、有明确边界的、内向型的、对外封闭对内开放的空间。庭院相对于建筑而言是外部空间,是外向的、自然的;相对于城市和大自然而言,则是内向的、依附性的。

从使用方面来说小庭院一般有以下 3 种类型。

(1)住宅小庭院,这类小庭院非常广泛,数量也很多。除了少数豪宅别墅庭院外,一般住宅建筑的首层庭院分布较多,住宅小庭院和人们的生活息息相关,如图 12-31 所示。

图 12-31　住宅庭院

（2）小型公共建筑、服务建筑的庭院和办公庭院，包括餐厅、茶室、图书馆、医院、学校、银行、办公楼等建筑的小型庭院。这类庭院与人们工作、学习、就餐、就医等事务性的活动相关，如图 12-32 所示。

图 12-32　某酒店后庭院

（3）公共休憩小庭院，即被建筑、围墙等围合的小块空地，被辟为开放性的休憩用庭院。这类庭院面积一般较小，人流量很大，一般供人作短时休息、停留、等候之用。

二、植物在小庭院中的作用

小庭院一般是由植物、铺装、小品等构成。植物在小庭院中具有非凡的意义，是小庭院空间中一种非常活跃、极具表现力的要素，能带来美感、提升环境质量、丰富其空间变化。

1. 形成主景

单株植物或者植物的搭配组合，均能在小庭院中营造非常好的视觉效果。植物具有这一功能主要是因为它们与周围的环境事物相比具有突出的、赏心悦目的形态、色彩，既可展示个体之美，又能按照一定的构图方式配置，展现群体美。一株风姿优美的孤植乔木、三五成群的丛植花灌木、色彩丰富的花境，都是小庭院主景的佳选。还有一些在形态或色彩方面有特色的植物，能给庭院带来独特的装饰作用，如大株的龙血树，如同雕塑般，在庭院作主景很有张力。

2. 柔化作用

建筑是硬质的，用坚固耐久的材料和墙体、门、窗、屋顶等实体形式构筑室内空间；植物则是柔质的，用根、茎、叶、花、果实以及悦目的色彩、怡人的芬芳来软化、美化空间，满足人的行为心理及审美情趣的需要。植物丰富的自然色彩、柔和多变优美的姿态及风韵都能增添建筑的美感，形成动态的均衡构图，使小庭院空间更加和谐而有生气。

3. 衬托作用

植物配置得体，可以与其他庭院景观元素相互衬托，达到和谐一致的效果。以水景为例，一般小庭院的水景以小型水池、溪流、涌泉等形式为主，均可借助植物来丰富景观。水中、水旁造景植物的姿态、色彩和所形成的倒影，均能加强水体美感。植物能使规则的几何水池活泼生动起来。在小庭院中，往往以常绿树或绿篱作为雕塑、喷泉等园林小品的背景，通过色彩、质感的对比和空间的围合来强调小品，起到点景的作用。

三、小庭院绿化植物配置

庭院能否达到实用、经济、美观的效果,除了取决于庭院的风格、定位外,在很大程度上还取决于对园林植物的选择和配置上。庭院植物配置的常见类型主要有以下几种。

(1)景观型庭院:这类庭院中,构筑物、小品、铺装、山石等硬质景观要素和水景所占比例较大。植物配置作为这些景观要素的补充和装饰,见缝插绿,强化景观效果,甚至有的植物种植在盆、槽或种植钵中,绿量虽小但很精致,形成"园中园",适合于面积大的庭院,如图12-33所示。

图12-33　景观型庭院

(2)开阔型庭院:以草坪、花卉和地被植物栽种为主,花卉可选取高、中、矮不同种类搭配,也可选取一些奇花异草,使庭院格外生辉,此类型适宜于面积狭小的庭院,如图12-34所示。

图12-34　开阔型庭院

(3)林果型庭院:在较宽的庭院,可选取多类树木形成树林效果。如根据庭院布局,厨房附近宜种植可吸附油烟及灰尘的梧桐、刺槐、臭椿、杨树等;厕所附近宜种植国槐、榆树;厅房附近宜种植桂花、榆树、槐树等；或者选择各种合适的果树进行栽植，如石榴、桃、梨、山楂、柑橘、芭蕉等，使其形成一个果园，面积较大的庭院可采取这种形式，如图 12-35 所示。

图 12-35　林果型庭院

（4）保健型庭院：干旱地区庭院宜栽耐旱药材，如柴胡、黄芪、知母等；水湿地区可选择种植湿润、不耐寒的药材，如附子、北沙参等；山区则应选择套种喜湿怕热的黄连、党参、三七等。根据庭院大小和视线，还可间植具有药用价值的小乔木或灌木，形成视线开阔的保健型庭院。

（5）立体型庭院：这类庭院，在不影响室内通风采光的前提下，结合花架、廊架、构架、棚架、栏杆等设施，栽植各种攀援植物如紫藤、木香、凌霄、山荞麦、扶芳藤等形成丰富立体的空间，也可选择葡萄、啤酒花等有实用价值的攀援植物布置，如图 12-36 所示。

图 12-36　立体型庭院

（6）果蔬型庭院：在庭院四周栽种花木，中间光线较好的空地栽种西红柿、辣椒、葱、韭菜等时令蔬菜，充实自家的菜篮子，还可种草莓、番茄等既可观赏又可收获果实的植物。

第五节　屋顶花园植物造景

屋顶花园是在各类建筑物、构筑物、桥梁(立交桥)等顶部、阳台、天台、露台上进行园林绿化、种植草木花卉作物所形成的景观。

屋顶绿化能增加城市绿地面积,改善日趋恶化的人类生存环境空间;改善因城市高楼大厦林立、道路过多硬质铺装而使自然土地和植物资源日趋减少的现状;改善因过度砍伐自然森林、各种废气污染而形成的城市热岛效应,减轻沙尘暴等对人类的危害;开拓人类绿化空间,建造田园城市,改善人民的居住条件,提高生活质量,美化城市环境。屋顶花园对改善城市生态效应有着极其重要的意义,是一种值得大力推广的屋面绿化形式。

一、屋顶花园的类型

按屋顶花园的使用功能,通常可将其分为以下几类。

(一)游憩性屋顶花园

这种花园一般属于专用绿地的范畴,其服务对象主要是本单位的职工或生活在该小区的居民,满足生活和工作在高层空间内人们对室外活动场所的需求。这种花园入口的设置要充分考虑到出入的方便性,满足使用者的需求,如图 12-37 所示。

图 12-37　游憩性屋顶花园

(二)盈利性屋顶花园

这类花园多建在宾馆、酒店、大型商场等的内部,其建造的目的是为了吸引更多的顾客。这类花园面积一般超过 1000 m²,空间比较大,在园内可为顾客安排一些服务性的设施,如茶座等,也可布置一些园林小品,植物景观要精美,必要时可考虑一些景观照明,如图 12-38 所示。

图 12-38　盈利性屋顶花园

(三)家庭式屋顶花园

随着现代化社会经济的发展,人们的居住条件越来越好,多层式阶梯式住宅公寓的出现,使这类屋顶小花园走入了家庭。这类小花园面积较小,主要侧重植物配置,但可以充分利用立体空间作垂直绿化,种植一些名贵花草,布设一些精美的小品,如小水景、小藤架、小凉亭等,还可以进行一些趣味性种植,领略城市早已消失的农家情怀,如图 12-39 所示。

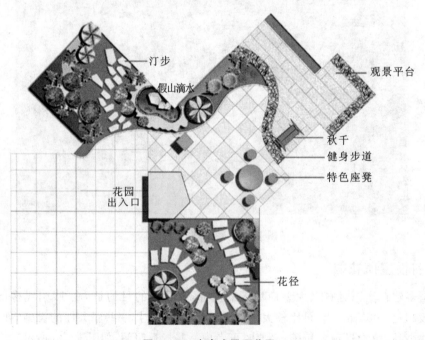

图 12-39　家庭式屋顶花园

(四)科研性屋顶花园

这类花园主要是指一些科研性机构为进行植物研究所建造的屋顶试验地。虽然其目的并非是从绿化的角度考虑,但也是屋顶绿化的一种形式,同时具有科学研究的性质,一般以规则式种植为主。

二、屋顶花园种植设计的原则

1. 选择耐旱、抗寒性强的矮灌木和草本植物

屋顶花园夏季气温高、风大、土层保湿性能差,冬季则保温性差,因而应选择耐干旱、抗寒性强的植物为主,同时要考虑到屋顶的特殊地理环境和承重的要求,应注意多选择矮小的灌木和草本植物,以利于植物的运输、栽种和养护。

2. 选择阳性、耐瘠薄的浅根系植物

屋顶花园大部分地方为全日照直射,光照强度大,植物应尽量选用阳性植物,但在某些特定的小环境中,如花架下面或靠墙边的地方,日照时间较短,可适当选用一些半阳性的植物种类,以丰富屋顶花园的植物品种。屋顶的种植层较薄,为了防止根系对屋顶建筑结构的侵蚀,应尽量选择浅根系的植物。因施用肥料会影响周围环境的卫生状况,故屋顶花园应尽量种植耐瘠薄的植物种类。

3. 选择抗风、不易倒伏、耐积水的植物种类

在屋顶上空风力一般较地面大,特别是雨季或台风来临时,风雨交加对植物的生存危害最大,加上屋顶种植层薄,土壤的蓄水性能差,一旦下暴雨,易造成短时积水,故应尽可能选择一些抗风、不易倒伏,同时又能耐短时积水的植物。

4. 选择以常绿为主,冬季能露地越冬的植物

营建屋顶花园的目的是增加城市的绿化面积,美化"第五立面",因此,屋顶花园的植物应尽可能以常绿为主,宜用叶形和株形秀丽的品种。为了使屋顶花园更加绚丽多彩,体现花园的季相变化,还可适当栽植一些彩叶树种。另在条件许可的情况下,可布置一些盆栽的时令花卉,使花园四季有花。

5. 尽量选用乡土植物,适当引种绿化新品种

乡土植物对当地的气候有较高的适应性,在环境相对恶劣的屋顶花园,选用乡土植物有事半功倍之效。同时考虑到屋顶花园的面积一般较小,为将其布置得较为精致,可选用一些观赏价值较高的新品种,以提高屋顶花园的档次。

三、屋顶花园植物种植设计的要点

(1)屋顶花园一般土层较薄而风力又比地面大,易造成植物的"风倒"现象,因此要考虑各类植物生存及生育的植土最小厚度、排水层厚度与平均荷载值,详见表12-2。

(2)乔木、大灌木尽量种植在承重墙或承重柱上。

(3)评估屋顶花园的日照条件时要考虑周围建筑物对植物的遮挡,在阴影区应配置耐荫植物,还要注意建筑物的反射和聚光情况,以免灼烧植物。

(4)根据选择的植物种类不同,科学设计种植区结构并确定种植土的合理配比。

表 12-2 各类植物生存及生育的植土最小厚度、排水层厚度与平均荷载值

类　别	单位	地被	花卉或小灌木	大灌木	浅根乔木	深根乔木
植物生存植土最小厚度	cm	15	30	45	60	90～120
植物生育植土最小厚度	cm	30	45	60	90	120～150
排水层厚度	cm	5～10	10	15	20	30
平均荷载（种植土容重按 1000 kg/m³ 计）	kg/m²（生存）	150	300	450	600	600～1200
	kg/m²（生育）	300	450	600	900	1200～1500

第十三章 公园绿地与园林植物造景

公园绿地为现代城市居民提供了游憩、娱乐的场所和优美的文化生活空间。公园绿地中植物的色、香、味、形丰富多彩,在改善城市生态环境、调节净化空气的同时,又把大自然的植物美融入城市人文生活当中,形成城市中的"绿洲"。公园绿地植物造景的配置应遵循调查与分析的手法,探讨如何为公园绿地营造优美的植物景观,如何运用艺术手法配置和表现植物景观。

公园绿地植物造景是城市景观设计中科学性与艺术性两个方面的结合与高度统一,既要满足园林植物与环境在生态适应性上的统一,又要通过艺术构图原理体现出园林植物个体及群体的形式美及人们在欣赏时所产生的意境美。

造景植物种类应根据不同的园林植物及其不同的生长习性和形态特征进行选择。植物配置时,要因地制宜,因时制宜,首选乡土树种,优化选择适合区域内生长的特色树种,尽可能满足园林植物正常生长,充分发挥其观赏特性。

第一节 综合性公园植物造景

一、综合性公园植物造景的特点与种植原则

综合性公园是城市绿地系统的重要组成部分,也是城市环境建设的主体。植物性景观元素在综合性公园景观体系中具有主导性。

(一)造景特点

(1)景观用地规模较大,植物元素多元化并存。

(2)人流量大,植物观赏性强。

(3)多功能空间分割较多,乔木、灌木、花草搭配表现复杂,形式多样。

(4)植物景观与其他景观要素相互搭配结合,在公园环境中占据主导地位。

(二)种植原则

1. 还原自然生长环境的原则

尽可能模仿自然生长习性,根据植物习性和自然界植物群落形成的规律,还原自然界植物群落的生长形态,使植物造景兼具自然美与艺术美(图 13-1)。

2. 植物多样性搭配、统一性原则

在植物种类组织设计时,植物造景应注重体现植物的多样性特色,相互组合配置,形成景色各异的植物组景,注意植物搭配要丰富而不杂乱,避免一味追求植物数量而忽略了比例的协调,要体现主题,尽可能多地运用观赏性强的植物种类,同时还要展现植物造景的韵律美与形式美(图13-2)。

图 13-1　宝鸡森林公园方案设计

图 13-2　伦敦运动公园

3. 坚持生态性、适地适树原则

植物造景时应合理搭配各植物群落之间的关系，充分考虑植物生长的生态特征，最大化利用特色植物的观赏形态，充分发挥乡土树种生长优势，适当引种外来树种，合理组合，形成观景效果稳定而又具有人文美感的景观场景。

4. 原生态与艺术性结合的原则

植物造景配置应避免单纯的绿色植物的堆积，很多景观设计人员认为生态就是植物越多越好，认为单纯地还原植物原生地的生长特征，纯粹的粗放栽植，就叫生态，其实不然，生态与艺术的结合不是简单地栽植，而是要经过艺术与设计的推敲，得出合理造景手法，在此基础上进行植物的种植，使植物景观源于自然、还原自然而又高于自然(图 13-3)。

图 13-3 宝鸡森林公园方案设计

二、综合性公园植物造景的类型

在综合性公园里,植物元素景观形式在整个园区范围内占有相当大的比例,与其他景观元素共同构成公园景观主体。植物造景设计时要注意植物种类及数量的选择与控制,主次分明,突出主景植物造景的特色和风格。

总体来说,植物造景就是合理组合乔木、灌木、藤本、花卉及草本植物来营造植物景观,利用植物本身的外观形态,结合植物独有的色彩、季相变化等自然美,创造极具植物美的空间环境,为游人提供游览观赏的场所。在西式园林,如法国凡尔赛宫花园、意大利埃斯特庄园、美国加州德斯康索花园、英国霍华德庄园、德国杜伊斯堡风景公园等各国的园林中,植物造景多半是规则式的,给游人庄严、肃穆、安静的感觉。规则式植物造景的植物多被整形修剪成各种几何形体及动物造型,应用人的精神与视觉审美,打破植物自身生长下的形态特征,仿造自然界的各种形态,展现植物造景的另一种美的形态。在总体设计上,规则式植物造景的造型植物多修剪成又高又厚的绿色植物墙;水池两侧修剪成圆柱形或方体;道路的平行线上种植冠型整齐的高大乔木;草地上铺设各种模纹的造型图案。另一种则是自然式的植物景观,如北京的颐和园、上海的豫园、广州的余荫山房、苏州的拙政园等都是模拟自然的林地、山川、江河水系景观,甚至是农村的田园风光,结合原有的地形、水体、道路来组织创造植物景观的。自然式植物造景尽可能还原生态自然的植物景观特色,创造优美舒适的生活环境,营造更加适合于人类生存所要求的生态环境。

在造景形式上,综合性公园植物多以规则式与自然式并存。

(1)规则式植物多分布在主轴线、广场、道路等地方,造景手法以造型灌木、绿篱及观花小乔木或大乔木组合为主(图 13-4 至图 13-6)。花灌木有时候会组合成模纹图案分布在比较开阔的位置,大乔木多以行列或阵列的形式排布种植,空间序列上以对称式为主,树木多被整形修剪(图 13-7、图 13-8)。

图 13-4　宝鸡森林公园方案设计鸟瞰图

图 13-5　宝鸡森林公园方案设计效果图

图 13-6　行道树造景

图 13-7　广场植物造景

图 13-8　珠江公园植物造景

（2）自然式植物造景的线形多采用弯曲的弧线形，依据地形高差的变化、水系驳岸曲折的自然形态而进行植物搭配，形成接近自然的生长形态，更好地表现出植物在自然状态下生长的生态特色（图 13-9、图 13-10）。植物搭配应做到疏密有致、高低错落，运用孤植、丛植、散植、片植多形式组合，色叶植物与绿色植物相互映衬，做到"意在山水，置身自然"（图 13-11、图 13-12）。

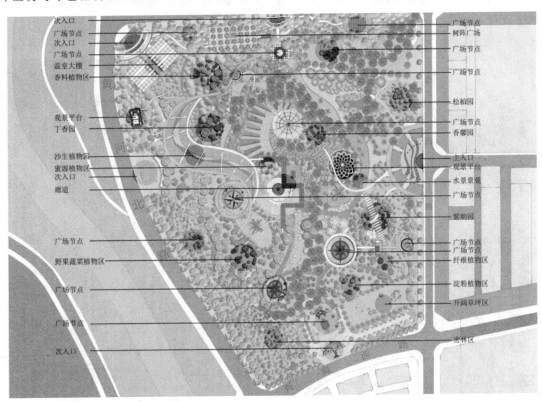

图 13-9　青海共和城市公园平面图

图 13-10　青海共和城市公园鸟瞰图

图 13-11　西北农林科技大学游园

图 13-12　珠江公园植物配置

三、综合性公园植物造景设计的功能特征

在公园绿地系统中,植物造景分布在不同的功能区域,造景手法与植物种类也会因此有所差别,进而表现出不同的景观特色。

(一)引导作用

综合性公园植物造景多以常绿或高大乔木为主,分布于道路两侧及广场周边,树种相对单一、整齐,树种具有分支点较高、通透性好等特点。

道路绿化多选择景观性强、观赏价值高的植物,合理配置。各路段绿带的植物配置相互配合,一道一树,注意道路绿化层次变化,充分表现出道路绿化的标志性与绿化的隔离防护功能。公园里的道路绿化的主景树多选择树形高大、枝冠丰满的乔木,底部种植绿篱、草坪,还可以栽种各种花卉,如鸢尾、麦冬、迎春、月季等观花类植物,形成有节奏与韵律的景观(图 13-13)。分车绿带的植物配置应形式简洁、树形整齐、排列一致(图 13-14、图 13-15)。

广场绿地布置和植物配置要考虑广场功能类别、规模及空间尺度。广场植物造景具有很强的装饰性,应充分考虑植物与广场环境的关系,多采用病虫害少、无异味、无絮的植物。绿篱、花坛应选用色叶、花、植株整齐一致的植物,植物造景应配置合理、主题突出、具有艺术性(图 13-16 至图 13-18)。

图 13-13 上海辰山植物园

图 13-14 某入口道路绿化设计

图 13-15 某道路绿化设计

图 13-16 公园绿地设计

图 13-17　广场植物设计

图 13-18　广场绿地平面图

（二）生态功能

美化功能是植物景观的最主要功能,通过植物自身的色、香、形来表现植物的景观特色。同时植物还具有科普功能,不同的植物种类因不同的生长习性,造景时多以群落的形式存在,可以把同类植物设计在一个范围内,形成特有的植物群落特色(图 13-19)。植物造景又具有围合性,在营造私密与半私密空间中,植物种类的选择多以常绿树种为主,也可以搭配竹类、攀爬类植物形成优雅安静的活动空间(图 13-20)。

图 13-19 广州宝墨园植物群落

图 13-20 广州宝墨园植物造景

（三）园林特性

公园植物造景具有不同的园林特性,植物具有很强的视觉感,可以让游客触景生情,不同区域的植物设置均有不同的思想表达,所传达的对美的感受也是不同的。例如儿童区及娱乐活动区相对开敞,植物选择上多为落叶乔木和观花乔木为主,搭配以灌木,乔木要选择无刺、无毒、无异味的种类,要求树干挺拔,分支点较高,视野通透;花卉要选择色泽艳丽的种类;灌木可以修剪成动物的造型,以增加趣味性;同时要有供儿童嬉戏玩耍的开敞草坪(图 13-21、图 13-22)。老年区及学习区较安静,植物种类以高大乔木、常绿树种为主,形成较为安静的半私密空间。公园绿地植物组合要求植物与建筑、景观小品、假山置石、水体、硬质铺装等有机组合,形成完整的公园景观系统(图 13-23)。

图 13-21　广州云台公园开敞草坪

图 13-22　广州云台公园动物造型的灌木

图 13-23　广州云台公园假山置石、硬质铺装

四、综合性公园植物造景设计的手法

综合性公园植物造景运用艺术表现的手法进行设计,充分利用自然界不同植物种类的不同特征,从景观平面、立面、竖向进行全方位的艺术构思与对比,最大化表现植物造景的自然美。下面主要以广州云台花园为例,来说明如何在植物搭配上从造型、色叶、花果、体态、比例等方面入手进行植物造景。地处白云山三台岭的云台花园是以世界著名花园——加拿大的布查特花园为蓝本,于1993 年筹建的,是全国最大的中西合璧园林式花园,也是一处综合性很强的城市公园。花园有谊园、玻璃温室、醉华苑、岩石园、太阳广场、欧陆风情与东方园林等几大功能分区。

(一)自然式植物造景

云台花园是一个以欣赏四季珍贵花木为主的大型花园,是目前我国最大的园林式花园。自然式造景手法在云台花园中应用广泛,组景随处可见。自然式的植物造景配置手法多选冠形饱满、枝干劲俊、姿态优美的乔木,及不同种类的观花、观叶植物相互搭配,以艺术的构思、技巧进行种植配置。常见的造景配置手法有以下几种。

1. 孤植

孤植树有两种类型,一种类型是在较开阔的广场、草地等位置,人流相对交汇、停留较频繁的地方栽植冠型丰满、枝叶浓密的庇荫乔木;还有一种是选择树龄较长,树形苍穹、优美的孤赏树种搭配景石、小品等景观元素进行配置。综合性公园中单株树孤立种植时,多处在视野开阔的草坪绿地或广场中心及道路拐点的重要位置,与山石、水、天空及其他元素遥相呼应,起到庇护与观赏的作用,并且可以体现单一树种独有的艺术美感(图 13-24、图 13-25)。孤植作为园林植物造景的主要形式,充分发挥单株植物形态美的特点,并常作为植物观赏的主题。如广州珠江公园的榕树,上海辰山植物园的大国槐等。西方园林的孤植树,最典型的要数英国皇家植物园——邱园的孤植树等,淳朴而又回归自然(图 13-26)。

2. 丛植

丛植则是指用多株枝叶优美,适合密植的景观树种进行造景,形成单独的组景,多以观花、观叶的小乔木为主,位置多设置在道路的交汇点、拐角,或者作为景石、亭廊的配景。在植物景观配置应用方面,丛植多以小组团的形式出现,植物种类以竹类、棕榈类、色叶类、观花类等为主,配以其他景

图 13-24　甘肃礼县新城公园孤植树

图 13-25　广州云台花园孤植树

图 13-26　英国皇家植物园孤植树

观元素,如假山置石、景观小品(图 13-27)。丛植在植物造景上多用观赏价值较高的树种或者花卉,发挥和强调植物色、叶、花的自然特性,展现植物的集体美。常用的植物如常绿的竹类、棕榈、桂花等植物;观叶的红枫、鸡爪槭、樱花、梅花等(图 13-28)。丛植在造景形式上常作为近景、中景、隔景、障景等,以增加景色的高低层次与表现远近视景的变化(图 13-29、图 13-30)。

图 13-27 广州云台花园丛植景观

图 13-28 西北农林科技大学游园丛植景观

图 13-29　广州云台花园丛植景观一

图 13-30　广州云台花园丛植景观二

3. 群植

　　群植常见的造景手法,是以同种类树种或比较有特色的乔木,搭配灌木或草坪花卉等形成具有较强观赏性的幽静空间。群植在植物种植竖向设计上应该注意高、中、低三类植物层次的组合关系。群植的树木多以林地或者背景墙的形式存在,一般相对高大的植物处在视线尽头(图 13-31、图13-32)。群植可体现出"三木一林,五木一景"的林地景观特色(图 13-33)。

图 13-31 广州云台花园群植景观

图 13-32 广州岐江公园群植景观

图 13-33 某公园群植景观

4. 片植

片植也称带植,常用于主景的障景与背景。片植多在公园的尽头或相对安静的区域,以常绿树种或色叶树种为主(图 13-34、图 13-35)。

图 13-34 广州云台花园片植景观

图 13-35 英国莱斯特植物园片植景观

(二)规则式植物造景

1. 对植与列植

植物造景形式中,对植与列植是公园植物造景的重要形式,要求株距、行距基本一致,对植物的冠型、枝干生长密度以及造型都有特定要求。对植与列植的种植形式多用在公园入口、规则式道路、广场周边或围墙边沿。景观轴线上多为对称式分布(图 13-36)。

图 13-36　青海共和城市公园广场植物配置图

云台花园园区规则式植物造景的植物以高大乔木、常绿乔木为主,搭配其他植物种类。多选用枝叶茂密、耐修剪、萌蘖迅速的灌木进行搭配,灌木常根据景观效果的需要修剪成球体、方体、流线形等形状(图 13-37)。

图 13-37　广州云台花园植物配置

2. 几何形栽植、图案栽植

在几何形栽植、图案栽植中,植物造型多以花灌木栽植为主,间植乔木。几何形栽植一般要求对称式栽植,植物颜色根据设计要求有变化。图案栽植多采用具有历史文化及民族特色的纹样,应用不同颜色的灌木进行搭配,如黄色系的金叶女贞、金叶菝;红色系的紫叶矮樱、红叶小檗;绿色系的龙柏、女贞、黄杨、卫矛等。在植物造型修剪时应注意高度与宽度的变化(图 13-38)。

图 13-38　广州云台花园植物造型

植物造景应注意营造人与植物的亲近感,协调游人游览、欣赏之间的关系;注意植物的季相变化带给人的自然美与视觉美;在设计构图时还要合理安排不同植物类别的高低次序、落叶与常绿、色彩搭配及自然式形态和人为造型的关系(图 13-39、图 13-40)。

图 13-39　植物造景

图 13-40 德国无忧宫植物造景

五、综合性公园植物的季相性

在公园植物造景时体现植物四季的季相是造景设计的重要环节,应依据不同植物种类及不同植物季相特色进行合理植物搭配。

植物季相是植物景观的重点表现内容。植物在一年四季的生长过程中,花、叶、果实、枝干的色彩都会随季节的变化而变化,表现出不同的季相特色。从生长习性上讲植物分为常绿与落叶两大类;从观景角度上讲分为色叶、观花、赏果及树形几类。在造景设计过程中,应充分考虑植物种类搭配,做到科学种植与艺术设计相结合、绿化与美化相协调的原则(图 13-41)。如北京的香山红叶,日本的樱花,荷兰的郁金香,美国的红槭都具有典型的季相特征。

图 13-41 不同植物造景搭配

我们应该注意的是在不同的气候带,即使是同一种植物,季相表现的时间也会不同,所体现的景观特色也不一样。即使在同一地区,受当年具体气候的影响,也会使季相出现的时间和色彩不尽相同。另外,温度、湿度也会影响植物本身的季相变化,所以进行植物造景设计也要充分考虑地区之间的差异性,尽量最大化地表现出某类造景植物在特定地区所展现的季相美感(图 13-42)。南方热带亚热带地区,常年温湿,适合各类植物生长,在季相表现上主要以花、果、树形为主,而北方地区,四季变化鲜明,花、叶、果、枝干都有明显的季节景观性。

图 13-42 不同植物造景季相表现

植物造景应利用有较高观赏价值和鲜明特色的季相植物进行配置,增强人们对植物季节变化的感触,表现出园林景观中植物特有的艺术效果。植物造景应寻求各类植物四季季相特色变化,在规定的区域突出植物季节交替的变化,运用丛植或者片植的办法,表现植物季相演变及其独特的形态、色彩、意境(图 13-43、图 13-44)。如春天观赏玉兰、海棠、牡丹、春梅、桃花;夏天则感受大树的浓荫清凉;秋天欣赏各种颜色的树叶,如火炬树、黄栌、马褂木、栾树、枫香、鸡爪槭;冬天则享受踏雪寻梅的美景。有的植物常年绿色,如松柏类、棕榈类、竹类植物;有的植物一年只有一到两季是最美的,如牡丹、芍药、西府海棠、蜡梅等;还有的植物每个季节都可以观赏它自身美景的变化,如火棘、玉兰、银杏、紫薇、梧桐等。常绿植物有独特的绿叶之美,落叶植物有自己的树形之美,因此为了避免季相单一现象,我们应该将不同季相的树木与常绿植物和花草混合配置,使得一年四季都可以欣赏植物的特色(图 13-45、图 13-46)。

图 13-43 植物四季表现特点

图 13-44 植物四季表现特点

图 13-45　植物春景

图 13-46　植物冬景

第二节　纪念性公园植物造景

一、纪念性公园植物造景的性质

纪念性公园具有特殊的地位,有一定的教育意义。纪念性公园多以具有特殊意义的人物、事件等为背景而专门建设,所以植物造景给游客的视觉感受相对比较严谨、肃穆、规整,以常绿、松柏类植物为主。

二、纪念性公园植物造景的手法

植物造景在纪念性公园中具有重要作用及特殊意义,它是构成纪念性公园的重要景观元素。纪念性公园可以通过不同的植物造景形式营造特定的景观环境。

(一)拟人化造景手法

植物有象征性作用,在纪念性公园的植物配置中,人们往往将不同植物种类搭配在一起,以植物的生命力来表达特殊的情感。例如,松柏类可以代表生命的延续,万古长青;蜡梅、竹林代表坚韧、清秀;色叶类的银杏、枫树象征永恒、眷恋,能够引发内心深处的思念等情怀。

(二)植物的空间建造与意境表达

在纪念性公园中,不同植物元素具有不同的表现作用,不同区域的植物造景手法与植物种类的选择有一定的关系,对总体布局和空间的形成进行序列的分割。常绿、高大乔木多在纪念性公园的中心位置,形成景观中心衬托主体建筑。而在公园的园林区和边界,植物搭配多采用组合式、自由式造景手法,给人以舒适、自由的感觉。

纪念性公园中常将植物拟人化,利用植物特有的形态和色彩烘托公园的主题和意境,通过设计手法进行植物造景以塑造纪念性氛围,展现纪念性情感,激发游人内心情感的向往。

三、纪念性公园植物造景设计

纪念性公园总体规划具有明显的轴线,在竖向设计上依据纪念性公园的特性会专门有高差处理。植物种植多以规则式与自由式相结合。

(一)出入口

纪念性公园的大门植物造景一般采用阵列式对称的种植方式,多选用植株茂密、树形整齐的常绿高大乔木作背景,配以灌木、草坪,给人以肃穆、庄严、敬仰的气氛,突出纪念性公园的特殊性(图13-47)。纪念公园出入口一般连接公园主题建筑,两者在同一景观轴线上,因此,植物种植在注意整齐、统一的基调的前提下,还要注意乔木的高度,要凸显出主题纪念雕塑或建筑,衬托纪念人或事件的地位。

图 13-47　孙文纪念公园大门造景

(二)纪念区

在布局上,纪念区常以规则的平台式建筑为主,纪念碑或主体性建筑一般位于广场的几何中心,因此,在造景种植上应与主体建筑相协调,在配置设计上,主体建筑周围以草坪花卉为主,适当种植具有规则形状的常绿树种,衬托出纪念性公园中心主体的严肃、高大、雄伟之感(图 13-48)。

图 13-48　孙文纪念公园纪念区造景

(三)园林区

纪念性公园有激发人们的思想感情,瞻仰、凭吊、开展纪念性活动的功能,同时作为城市公园绿地的一种,还具有供游人游览、休憩、学习和观赏的作用。因此,园林区一般与纪念区有效分割开来(图 13-49、图 13-50)。在园林区,植物配置应结合地形条件,按自然式布局,如一些树丛、灌木丛,就是最常用的自然式种植方式。另外,在进行园林区造景设计时在植物种类的选择上应注意与纪念区有所区别,可结合景石、亭廊、雕塑小品等,营造自由轻松的景观空间(图 13-51)。

图 13-49　纪念公园园林区设计一

图 13-50　纪念公园园林区设计二

图 13-51　杨凌教稼园公园入口区与园林区造景对比

四、植物造景搭配的表达

纪念性公园的植物选择可根据功能区的性质进行配置,如选择种植松柏类为基调树种并结合树形挺拔的高大乔木以象征伟人的高尚精神品质永垂不朽;带有造型的植物多列植在公园中心干道或纪念馆周边来体现庄重肃穆的纪念性氛围;适当种植色叶、素色观花类植物营造庄严、肃穆、静雅的意境。通过拟人意境的表达,把植物的花开叶落,季相变化赋予生命及信仰的传承。

纪念公园植物造景需注意植物种类的选择,做到景观层次分明、丰富。纪念公园多是开放式空间,出入口多,考虑植物的通透性,整个公园的植物要服从于纪念性的特点,以纪念中心为主体,有重点、有特色地进行设计,形成完整的公园植物景观系统。

第三节　植物园的植物造景

一、植物园功能设置

植物园植物种类繁多,景观构成复杂,植物种类的搭配要求相对严格,具有较强的科普性与展示型。

植物园的造景设计多按植物的分类区域不同进行配置。植物园的植物分区多分为:专类园区、科研引种驯化区、科普展览温室区、水生植物区、沙漠植物区、藤本植物区、药用植物区、宿根植物区、园艺展示区等区域。

二、植物园植物造景设计的重要性

植物园的植物种类比一般公园的植物种类齐全,为了全面展现植物种类的群落习性,在景观性设计时要尽可能展示同类植物的生长特性。在景观组合元素中植物类元素占有很大的比重,同时植物元素可以充分地表达地域性自然景观,带有很强的指导性与教学性。植物园又具有很强的地域性,每个地区的植物园因为所处的地域不尽相同,所以植物种类会以本地域内的乡土植物占主导,适当引种其他植物,以作为反映园区景观的代表性的元素进行重点设计。植物造景设计,一方面影响并加强公园环境的审美意境,另一方面满足公园的休闲娱乐和实用功能,并且响应国家对现代园林城市文明生态发展的需求。

三、植物的种类搭配

1. 乔木类植物

植物园内有许多采用植物名命名的道路,并以命名的植物作为行道树。除此还有许多孤植或群植的乔木,形成自然林地的园林效果,如皂角树、旱柳、榉树、楸树、广玉兰、水杉、枫杨、银杏、白杨、国槐、三角枫、栾树、无患子、梧桐、法桐、桦树、榕树等。

2. 灌木类植物

植物园内采用大量的灌木,与其他种类植物进行配置,力求布局合理、高低结合、单群结合。灌木类植物以底层景观的形式存在,呈现线性、带状、模纹图案等景观特色。其次是色彩上的搭配如金叶女贞、金叶莸、紫叶矮樱、紫叶小檗、红叶石楠、黄杨、金叶小檗、红瑞木等。形态上追求艺术性造型,力求种类繁多、变化丰富,并在变化中求统一(图 13-52)。

图 13-52 灌木造景

其他观花类的植物品种有牡丹、月季、榆叶梅、杜鹃、美人梅、碧桃、贴梗海棠、紫荆、紫丁香、金丝梅、蜡梅等,以呈现四季观花的纷繁景象(图 13-53)。

图 13-53 英国谢菲尔德植物园灌木造景

3. 草本地被植物

地被植物多以区域片植为主,比较自由,并与植物园的乔木、灌木、花卉等不同分类的植物搭配。地被花卉多为宿根植物,种类繁多,花色艳丽,可以依据这一特点,设计很多图案造型,也可以沿道路周边流线形栽植,形成美丽的色带,结合其他园林景观元素构成意境丰富的空间(图 13-54、图 13-55)。

图 13-54　德国无忧宫地被植物

图 13-55　英国莱斯特植物园地被植物

4. 水生植物

　　水生植物是重要的水景观配景要素,从护坡驳岸到浅滩水系都会有水生植物的存在,疏密有致的种植方式结合栈道、亲水平台、水景雕塑等会形成丰富的水生态景观空间。黄菖蒲、芦苇、芦竹、芦笛、荷花、睡莲、菱角、香蒲等都是配置水生植物的主要种类,可丛植,也可片植(图 13-56、图 13-57)。

图 13-56 上海辰山植物园水生植物

图 13-57 水生植物造景设计

5. 温室植物

　　玻璃温室作为植物园的另一个重点,具有很强的科普性、观赏性。很多植物园为丰富植物的种类,满足植物园的教学特性,都会设置温室植物区,以满足受气候温度等环境影响的植物的生长需求(图 13-58)。如上海辰山植物园温室展区是一个浓缩的热带植物园,温室分为几个馆区,由热带花果馆、沙生植物馆和珍奇植物馆三个单体温室组成温室群,里面有仙人掌、多浆植物、棕榈科、兰花类及其他热带植物。

图 13-58　杨凌创新园温室展示区内景

四、植物配置的实际应用与造景原则

植物园的植物配置要做到植物种类多而不乱,分区细致而不繁杂,步移景异,季相明确。植物的种类繁多,应做到标示明确,而造景形式需要在变化中求统一。

植物园多作为科普性、娱乐性较强的公园,在游人休闲、娱乐的同时还可以学习科学知识。在植物造景搭配上以主调种类为主,适当搭配其他品种,以形成统一群类的植物群落。

1. 根据植物园绿地的性质发挥植物的综合作用

依据植物园的性质或分区绿地的类型明确植物要发挥的主要功能,明确其目的性。不同性质的植物分区选择不同的植物种类,体现植物不同的造景功能。如在科普展示区,植物造景时,应首先考虑树种的科普性功能,而在珍稀植物区,植物种类的特色美化功能则体现得淋漓尽致。不同的植物造景形式应选择不同的设计手法进行植物造景,创造优美的公园环境的同时又把整个园区的植物造景形式串联成一体。

2. 根据植物园的植物生态要求,处理好种群关系

在整个公园的生态环境里,很多种类的植物脱离了自己本土的生长环境,所以,本土植物与外来树种相互交错种植搭配,形成了一个新的生存空间,彼此影响着生长的环境,在进行造景搭配时要充分了解各类植物的生长习性,把握各类植物的生态特征,为植物园各生态群落营造良好的景观环境(图 13-59)。

3. 植物造景的艺术性原则

植物景观对人的视觉会产生刺激作用,结合其他类景观元素,共同组合成景观环境,从而激发脑海深处对艺术美的感悟。植物园作为主题公园,环境的营造应该以欢快、神秘、舒心为主,植物的形态、色彩、风韵、芳香和氛围浓烈,因时体现出春意盎然、夏荫清澈、秋景意浓、冬装素裹的不同意境,让游客触景生情、流连忘返。

4. 植物园空间关系的营造

在任何植物景观中,任何一处植物的组合都很重要,植物园造景配置过程中,整体与局部要协调统一,应突出主题特色,充分展现植物造景后所形成的园林艺术效果,做到三季观花、四季有色、

图 13-59　上海辰山植物园

处处赏景。配置时可将速生树种与慢生树种相结合,乔灌草相搭配,构图时应注意合理搭配色叶植物、观花植物、树形植物之间的三维空间与平立剖之间的关系。

5. 植物园空间关系的营造

植物造景设计是植物园内植物景观体现的根本,既有科学技术的要求,又有艺术设计的展现。在植物造景过程中,突出各植物群落的季相性,搭配植物时注意各类植物之间的比例关系,无论观花还是观叶植物,首先确立一种基调树种,然后其他陪衬的植物占三分之一左右的比例,使所要表达的主题相对突出,明确设计意图,激发观赏者的视觉神经,给其留下深刻的印象。一般设计手法是:确立同类观叶或观花的树种,无论是叶色还是花色需要基本统一,在同一时间段观赏一个类别,如观叶的日本红枫、元宝枫、美国红枫、五角枫、三角枫等红黄色叶比例的搭配;赏花类的西府海棠、垂丝海棠、木瓜海棠、彩叶秋海棠等观花类植物花期的控制都是需要研究的重点,还有常绿植物与落叶植物、灌木与乔木之间的搭配比例及花期与观叶期的时间也要控制得恰到好处。常绿植物与落叶植物的比例一般控制在1∶3;专类乔木与花灌木的比例要以专类乔木占主导。合理的造景设计使花海与绿树相协调,展现植物的季相变化,让游客在不同的季节欣赏不同的美景。

以上海辰山植物园的矿坑花园、盲人植物园、水生植物区为例(图 13-60),我们一起来研究植物园造景的基本手法与技巧。上海辰山植物园位于上海市松江区辰花公路 3888 号,由上海市政府与中国科学院以及国家林业局、中国林业科学研究院合作共建,由德国瓦伦丁城市规划与景观设计事务所负责园区整体的设计规划,具有鲜明的现代综合植物园特征,具有典型的科研、科普和观赏游览的功能。植物园园区分中心展示区、植物保育区、五大洲植物区和外围缓冲区等四大功能区,为华东地区规模最大的植物园,同时也是上海市第二座植物园。

辰山植物园收集有 9000 余种特色植物种类,主要以具有经济、科学和园艺价值的种类为主,依

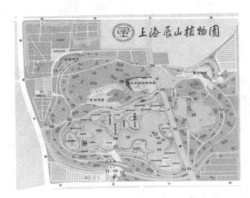

图 13-60　上海辰山植物园总规划图

据不同特色的植物,全园又设置了 26 个具有不同类别的特色园。专类园作为全园的核心展示区,植物设置根据世界植物园专类园的设置规范进行,并需符合辰山植物园的地理气候特点。在中心植物展示区,通过对地形的处理,其他景观元素的搭配,及适宜不同植物生长环境的营造,来完成对植物环境的前期设置。然后通过对植物进行种植设计、造景设计,使植物环境形成风格各异、季相分明、步移景异的景观效果。其中矿坑花园、盲人植物园、水生植物园、岩石药物园等都颇具特色。植物种植时要做到突出特色树种,与其他陪衬树种栽植自然衔接,尽量避免人工化,将各种植物进行不同的配置组合形成千变万化的景观效果,给人以丰富多彩却又不杂乱的艺术感受。

(1)矿坑花园。矿坑花园在植物园的中部位置,是辰山植物园的重要景点之一,辰山植物园依据因地制宜、生态恢复的原则,将矿坑花园分为镜湖区、台地区、望花区和深潭区,花园设计将场地中的后工业元素、辰山文化与植物园的特性整合为一体。望花区的植物多以地被花卉为主,因为上海地区的气候特色,可以常年观花,望花区栽种超过 1500 种地被花卉,各种植物或依坡而种,或栽植于崖边壁旁,或丛植于游步道两侧,应用前高后底、或疏或密的造景手法,让游客如身临花的海洋,感觉置身于春野自然的梦幻境界(图 13-61 至图 13-63)。

图 13-61　上海辰山植物园矿坑花园之一

图 13-62　上海辰山植物园矿坑花园之二

图 13-63　上海辰山植物园矿坑花园之三

　　(2)盲人植物园。植物造景不仅体现人们审美情趣，还兼备生态自然、人文关怀等多种功能。以"一米阳光"为主题的辰山植物园盲人植物区，通过研究植物对社会特殊人群的植物景观影响进行配置，创造出能满足盲人的触觉、听觉、嗅觉等需求的造景组合，种植无毒、无刺，具有明显的嗅觉特征、植株形态独特的植物，创造出具有人文关怀的社会环境与自然环境(图 13-64)。

　　(3)水生植物园。水生植物区作为辰山植物园的另一大亮点，水生植物种类最多、展示最为集中。其中分为观赏水生植物池、科普教育池、浮叶植物池、沉水植物池、食用水生植物池、禾本科与莎草科植物池、泽泻科异形叶植物池和睡莲科植物池。栽植时，根据每类水生植物的生长特性、生活环境形成唯一的景观特色，如靠近岸边分割成很多均等的种植块，种植挺水型水生植物，如荷花、千屈菜、菖蒲、黄菖蒲、水葱、再力花、梭鱼草、芦竹、芦苇、香蒲、泽泻、旱伞草等。挺水植物植株高大，花色艳丽，绝大多数有茎、叶之分；直立挺拔，下部或基部沉于水中，根或地茎扎入泥中生长，上

图 13-64　上海辰山植物园盲人植物区

部植株挺出水面。还可以采用自然式设计，以植物原生地的生长状态为参考进行栽植，还原植物的野趣感觉。造景配置时可以挺水植物、浮水植物、水岸植物等自由搭配，但是要控制面积比例，主要展示的植物占主体，单类展示区域内一般将三种以下的水生植物进行配置，过多会显得杂乱无章，不能体现主题(图 13-65)。

图 13-65　上海辰山植物园水生植物区之一

　　为防止水岸植物在自然条件下成片蔓延生长，常采用种植池、种植钵的栽植方式，加上人工修剪以控制植物的长势，以保持最佳的观赏状态(图 13-66)。

图 13-66　上海辰山植物园水生植物区之二

此外,还有专为儿童设计的儿童植物园,展示 50 种国内外珍稀濒危植物的珍稀植物园,收集品种达 500 个蔷薇属植物的月季园。还有华东区系园、药用植物园、植物造型园、珍稀植物园、旱生植物园、新品种展示园春景园植物系统园、国树国花园等园区,这里不一一列举。

第四节　动物园的植物造景

动物园作为城市文明发展的重要组成部分,具有其特殊性,在满足科学研究、科普教育、野生动物保护和休闲娱乐的需求的同时,植物景观在动物园景观中又具有重要特征。动物园的植物造景应尽可能还原动物原生地的生态特征,模拟相似的生存环境、活动空间,结合动物的生态习性和生活环境,创造自然的生态模式,并使其具有躲藏、御寒、遮阴和有助繁殖的功能(图 13-67)。

一、动物园植物造景的设计要求

(1)动物园的植物造景既有一般公园的绿化特点,又有模拟动物自然生长环境的不同之处,植物具有提供部分饲料和保持水土的作用,还要求体现植物的功能与景观特色。动物园的植物造景应既为各种动物创造接近自然的生活场所,又要为游人展现美丽的花园般的公园环境(图13-68)。

(2)动物园的植物造景力求体现生态、自然,植物搭配要恰到好处,不能复杂,同时植物覆盖要让游人有置身于美丽的大自然环境中的感觉,与动物的尽情戏耍要构成美丽的天然图画。

(3)动物展区的绿化形式多样化,不同动物的生态习性、生活环境不同,在植物配置上要呈现动物原生地的植物特色。大型动物区的视野要开阔,植物多以大乔木散植,结合地被植物;禽类区树

图 13-67　威海动物园之一

图 13-68　威海动物园之二

木要密植,并且有枝叶繁茂的高大乔木供鸟类休息繁衍;灵长类区域要提供供它们攀援嬉戏的孤植大树;兽舍外部都要尽可能地进行绿化,同时需设置一定的私密、安静的环境(图 13-69)。

(4)动物园的道路与休息区应注意植物的密度与艺术景观效果,要给游人创造休息和遮阴的良好条件。满足游人参观的需求同时,要注意植物的遮阴及观赏视线的通透性,可种植乔木或搭花架

图 13-69　威海动物园之三

棚,设置花坛、花境、花架和开花乔灌木等。

二、动物园植物的造景设计

1. 从组景的要求考虑

人们观赏动物的同时,还要了解、熟悉动物的生活环境,因此植物配置设计应尽量展现不同动物对植物群落的不同需求。如西安野生动物园,在猕猴区周围种植观果类植物,以造成花果山的氛围;在鸣禽馆栽各类观花小乔木,营造鸟语花香的画面。

2. 从动物的生活环境需要考虑

依据动物原生地的生活场景,再现动物原生地植物环境,根据不同地域营造不同植物景观与生态环境,增强真实感和科学性。如威海动物园在山顶大面积栽植油松,点缀杏、梅,创造优美又具有气势的滨海山地动物园特色;北京动物园在熊猫馆配植竹林还原大熊猫的生活场景;广州动物园的大象馆地段种植密林、棕榈类等,形成热带风光景观。动物园的植物环境相对特殊,依据动物园不同的地形,不同的动物区域绿地选用不同的空间围合。如鸣禽区、猛兽区、夜间活动类型动物区可用封闭性空间,与外界的嘈杂声、灰尘等环境隔离,形成一个宁静、和谐的活动游览场所。动物园植物造景应选择避免对动物有害的植物(图 13-70)。

3. 从场地环境考虑

动物园场地复杂多变,应依据地形与场地打造不同的场所环境。地形起伏较大或山石堆砌的地方种植根系相对发达的且观赏性较强的植物,如梅花、竹、连翘、棣棠、迎春、麦冬、鸢尾、结缕草等。在动物观赏区种植高大、枝冠茂密的乔木起到为游客、动物遮阴的作用。在休息区及道路广场节点的地方采用公园的一般造景手法,或孤植,或散植,结合绿境、草地为游人提供休憩、娱乐的场所。

图 13-70　威海动物园之四

动物园的植物造景应充分考虑植物林地的立体感和树形轮廓,通过高低、疏密的种植搭配和对复杂地形的合理应用,强化乔木形体的韵律美,丰富造景的形式。

第五节　湿地公园的植物造景

湿地公园具有特殊的生态性,是被纳入城市绿地系统规划的,具有湿地的生态功能和典型特征的,以生态保护、科普教育、自然野趣和休闲游览为主要内容的公园,其植物景观有很强的地域特征。湿地公园的植物造景强调湿地生态系统特性和基本生物群落的保护和展示,突出湿地植物特有的自然景观属性,湿地公园重点体现湿地生态系统的生态特性和基本功能的保护、展示,突出了湿地所特有的科普教育内容和自然文化属性。

一、湿地公园植物及其造景含义

湿地公园用地一般分旱地、湿地、沼泽、水体四种,植物选择以湿地、水生植物为主。植物大致分为陆生植物、浮水植物、挺水植物、沉水植物、海生植物以及沿岸耐湿的乔灌木、花草等滨水植物。在湿地公园植物造景中应用较多的有浮水花卉如睡莲、浮萍、凤眼莲、满江红、槐叶萍、菱等;挺水花卉如荷花、菖蒲、蒲草、荸荠、莲、水芹、茭白、香蒲、水葱、芦竹、芦苇等;滨水乔灌木如水杉、竹类、柳树、沙柳等。湿地公园的造景植物根据其生理特性和景观需求可以分为水面植物、水边植物、驳岸植物、场地植物四类,在不同的区域和气候条件下植物的种类又各不相同。湿地公园植物造景,在植物生长能够满足当地生态环境条件的前提下,尽量配置观赏价值较高的水生植物,运用艺术的手法,科学、合理规划水体形态并营造湿地景观。

二、湿地公园植物的园林应用特点

湿地公园的植物依据不同的生态环境种植搭配,水生植物种类繁多、资源丰富,造景手法应相对单一,以避免杂乱无章。在湿地公园中,依据不同的功能分区,植物搭配各有特色。湿地公园的植物造景配置还要兼顾总园区的竖向设计,以及植物种类的整体布局(图 13-71)。

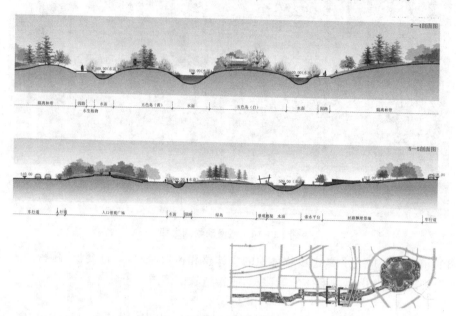

图 13-71 湿地公园方案设计之一

(1)水面是湿地公园重点体现的部分,水面植物的栽植应疏密有致,要与水面的功能分区结合,占用水面面积一般不超过三分之一,水面植物还要考虑植物高度与单类植物的种植面积,与岸边、驳岸植物遥相呼应,形成水景倒影特色,还应考虑水生动物的生活场所及观赏性(图 13-72)。

图 13-72 湿地公园方案设计之二

（2）岸边的造景植物如芦苇、芦竹、菖蒲等形态优美，可以丰富岸边景观视线、增加水面层次、突出自然野趣（图 13-73）。

图 13-73 湿地公园方案设计之三

（3）驳岸无论在造型还是竖向设计上形态各异，其造景模式也有很多种。驳岸种植多选择冠型茂密，枝条伸展、优美的树种，如垂柳、旱柳、水杉、池杉等。结合丛生植物，如种植在岩石、壁隙的迎春、棣棠、花灌木、地被、宿根花卉和水生花卉如鸢尾、菖蒲等组成图案式的植物景观（图 13-74）。

图 13-74 湿地公园方案设计之四

（4）其他场所植物应符合湿地公园植物造景的特色需求，满足游人游览之余休憩的需要（图13-75）。

图 13-75 湿地公园方案设计之五

三、湿地公园植物景观设计

（1）湿地公园的植物造景，按植物的生态习性设置深水、中水、浅水和陆生栽植区。结合自然水系或人工水景（如瀑布、叠水、小溪、汀步等）创造丰富的景观效果。在种植设计上，按水生植物的生态习性选择适宜的深度栽植，高低错落、疏密有致。

（2）在林地保护带功能区及全园植物景观设计中，要充分考虑人在游览过程中对植物产生的亲近性的情感需求，为满足景观需求、生态需求可在现有植被的基础上适度增加植物品种，从而完善植物群落，美化植物景观效果（图 13-76）。

图 13-76 上海辰山植物园水生植物区之一

（3）植物群落的合理搭配从生态功能考虑，应选用可以固土防沙、净化水系的植物，在带有坡度的区域种植根系发达的地被植物防止水土的流失。在植物造景方面，尽量模拟自然湿地中各种植物群落的组成和分布状态,将各类水生植物进行合理搭配,还原自然的多层次水生植物景观特色(图 13-77)。

图 13-77　广州云台花园水生植物区

(4)保持湿地水域环境和陆域环境的完整性,避免湿地环境的过度分割而造成的环境退化;保护湿地生态的循环体系和缓冲保护地带,避免城市发展对湿地环境的过度干扰(图 13-78)。在重点保护区外围建立湿地展示区,重点展示湿地生态系统、生物多样性和湿地自然景观,开展湿地科普宣传和教育活动。

图 13-78　上海辰山植物园水生植物区之二

四、湿地公园岸线植物造景

　　湿地公园的岸线植物丰富了水系景观特色,使整个公园的水域、沼泽、湿地与陆地之间起到了很好的过渡作用。在湿地公园,驳岸的设计多以原土地、碎石卵石组成,所以植物配置要依据驳岸的特点进行布置。驳岸多为自然式或规则式,根据景观需要也会两种模式结合,也就是常说的复合式驳岸。在进行植物造景搭配时,规则式驳岸构成形式相对单一、呆板,视觉效果弱,植物要选择枝条飘逸、干形苍穹的树种,如垂柳等;适当搭配迎春、金钟花、绣线菊等丛生性状优美的灌木,形成优美的水景岸线植物景观(图13-79)。

图13-79　上海辰山植物园水生植物区之三

　　公园植物造景是现代园林景观的重要组成部分,作为景观设计工作者,应该尊重自然生态的可持续发展,在进行植物造景时应该以人为本,以恢复自然生态景观、创造和谐景观环境为己任。充分发挥植物的环境功能,形成丰富的植物群落,展现季相各异的植物景观,遵循生态理念打造合理的、丰富多彩的空间序列,满足人们对自然景观的需求。

扫描二维码
查看更多本书彩图

参 考 文 献

[1] 苏雪痕.植物造景[M].北京:北京林业出版社,1994.

[2] 李树华.园林种植设计学理论篇[M].北京:中国农业出版社,2009.

[3] 金煜.园林植物景观设计[M].沈阳:辽宁科学技术出版社,2008.

[4] 周道瑛.园林种植设计[M].北京:中国林业出版社,2008.

[5] 刘蓉凤.园林植物景观设计与应用[M].北京:中国电力出版社,2008.

[6] 徐振,韩凌云.风景园林快题设计与表现[M].沈阳:辽宁科学技术出版社,2009.

[7] 刘扶英,王育林,张善峰.景观设计新教程[M].上海:同济大学出版社,2010.

[8] 彭一刚.中国古典园林分析[M].北京:中国建筑工业出版社,1986.

[9] 陈有民.园林树木学[M].北京:中国林业出版社,1990.

[10] 王燊.杭州西湖园林植物景观与游人感受研究[D].浙江大学硕士学位论文,2007.

[11] 徐红梅.植物季相景观与空间营造[J].陕西:新西部,2008(4).

[12] 赵爱华,李冬梅,胡海燕,等.园林植物与园林空间景观的营造[N].西北林学院学报,2004.

[13] 陈敏红,林选泉.现代景观设计中的植物空间营造[J].中外建筑,2009.

[14] 曹菊枝.中国古典园林植物景观配置的文化意蕴探讨[M].武汉:华中师范大学,2001.

[15] 曹林娣.中国园林文化[M].北京:中国建筑工业出版社,2005.

[16] 赵健民.园林规划设计[M].北京:中国农业出版社,2001.

[17] 陈其兵.风景园林植物造景[M].重庆:重庆大学出版社,2012.

[18] 徐云和.园林景观设计[M].沈阳:沈阳出版社,2011.

[19] 余树勋.园林美与园林艺术[M].北京:中国建筑工业出版社,2006.

[20] 赵世伟,张佐双.园林植物种植设计与应用[M].北京:北京出版社,2006.

[21] 朱均珍.中国园林植物景观艺术[M].北京:中国建筑工业出版社,2003.

[22] 任军.文化视野下的中国传统庭院[M].天津:天津大学出版社,2005.

[23] 胡长龙.园林规划设计[M].北京:中国农业出版社,2002.

[24] 陈鹭.城市居住区园林环境研究[M].北京:中国林业出版社,2007.

[25] 魏贻铮.庭园设计典例[M].北京:中国林业出版社,2001.

[26] 高永刚.庭院设计[M].上海:上海文化出版社,2005.

[27] 张吉祥.园林植物种植设计[M].北京:中国建筑工业出版社,2001.

[28] 尹吉光.图解园林植物造景[M].北京:机械工业出版社,2007.